"十三五"江苏省高等学校重点教材

高等院校计算机类规划教材

全国高等院校计算机基础教育研究会重点立项项目

Android 开发实验教程

主编　叶保留　任　凯

参编　吴冬芹

U0282108

北京邮电大学出版社

www.buptpress.com

内 容 简 介

本书内容基于 Android Studio 开发环境,使用 Java 语言开发,可供有 Java 基础的开发人员参考。本书介绍了常用的四大组件 Activity、Service、Broadcast Receiver 和 Content Provider 的使用,同时补充了常用的网络数据交互方式 JSON、Bmob 云存储、高德地图等技术的使用。本书可以帮助 Android 初学者快速入门,使其初步掌握 Android 开发技能,激发读者的实践和创新能力。

"Android 移动开发技术"是一门操作性较强的课程,需要通过反复练习、勤于思考才能完全掌握。本书结合编者长期的项目开发设计经验,使读者通过学、做、练的方式学习 Android 移动开发技术。一方面,本书介绍了 Android 移动应用程序开发、调试、构建、发布的整个过程,作为课堂理论教学的有效补充,以加强读者的动手能力;另一方面,本书紧随行业发展,介绍了业内常用界面设计方式、常用开发技巧、常用数据访问存储方式等。对本书的学习可为读者独立开发一个主流移动应用打下基础,从而提高读者的创新创业能力。

本书可作为计算机相关专业本科生学习 Android 移动开发技术的实验教材,也可作为 Android 开发爱好者的参考书。

图书在版编目(CIP)数据

Android 开发实验教程 / 叶保留,任凯主编. -- 北京:北京邮电大学出版社,2020.9
ISBN 978-7-5635-6217-6

Ⅰ. ①A… Ⅱ. ①叶… ②任… Ⅲ. ①移动终端—应用程序—程序设计—教材 Ⅳ. ①TN929.53

中国版本图书馆 CIP 数据核字(2020)第 181850 号

策划编辑:马晓仟 责任编辑:徐振华 米文秋 封面设计:七星博纳

出版发行:北京邮电大学出版社
社 址:北京市海淀区西土城路 10 号
邮政编码:100876
发 行 部:电话:010-62282185 传真:010-62283578
E-mail:publish@bupt.edu.cn
经 销:各地新华书店
印 刷:保定市中画美凯印刷有限公司
开 本:787 mm×1 092 mm 1/16
印 张:19.5
字 数:481 千字
版 次:2020 年 9 月第 1 版
印 次:2020 年 9 月第 1 次印刷

ISBN 978-7-5635-6217-6 定价:49.80 元

前 言

Android 系统是 Google 公司开发的一款开源移动操作系统,Android 被国内用户称为"安卓"。Android 操作系统基于 Linux 内核设计,Android 5.0 及后续版本使用了 Google 公司自己开发的 ART(Android Runtime)虚拟机。

据 Kantar 咨询公司统计,截至 2019 年第二季度,Android 移动终端的全球市场占有率约为 70%。Android 系统包括操作系统、用户界面应用程序——移动终端工作所需的全部软件,而且不存在任何以往阻碍移动产业创新的专有权障碍,它是第一个完全定制、免费、开放的平台,并且具有较好的可移植性,目前使用该系统的设备有手机、平板电脑、电视、可穿戴设备等,应用范围广泛。

在 Android 教学过程中编者发现,有些学生实际开发、调试 Android 代码能力不强,对理论知识的掌握不透彻,遇到问题容易产生畏难情绪,开发出的应用程序和界面跟不上产业发展现状。基于以上问题,本书的每个章节都有明确的教学目标,对每一个知识点先展开叙述,然后展示要实现的界面和功能,引发读者思考,最后给出解决步骤。本书中的示例针对目前大部分教材章节结构的展开方式,从四大组件到常用功能,由浅入深。由于本书的目的是让读者能尽快进入开发角色,因此本书的所有程序都有详细的操作步骤,包括语法讲解、出错调试,以及容易犯的错误,以便降低学习难度,激发学习兴趣。为了方便具有不同教学背景和实验学时的学生使用,教师可以根据实际情况对教学内容进行删减。

本书凝聚了编者多年的教学和实践经验,但由于编者水平有限,疏漏之处在所难免,欢迎广大读者和同行专家提出宝贵意见,编者电子邮箱:renkai_jlxy@163.com。

编 者

目 录 →

第 1 章 Android Studio 的安装 ……………………………………………………… 1

实验 1 Java SE 的安装与配置 …………………………………………………… 1

实验 2 Android Studio 开发环境的安装 ……………………………………… 5

实验 3 Android Studio 配置与虚拟机配置 …………………………………… 9

第 2 章 Android 界面设计 …………………………………………………………… 18

实验 1 登录界面设计 ……………………………………………………………… 18

实验 2 Activity 切换 ……………………………………………………………… 27

实验 3 Activity 生命周期 ………………………………………………………… 38

实验 4 ViewPager 导航页面 ……………………………………………………… 50

实验 5 常用控件 …………………………………………………………………… 55

实验 6 界面布局 …………………………………………………………………… 68

实验 7 导航栏界面的实现 ………………………………………………………… 77

第 3 章 广播消息 ……………………………………………………………………… 92

第 4 章 后台服务 ……………………………………………………………………… 108

实验 1 简单的音乐播放器 ………………………………………………………… 108

实验 2 Handler 的使用 …………………………………………………………… 129

第 5 章　数据存取与访问 ……………………………………………………………………… 144

实验 1　JSON 入门 …………………………………………………………………… 144

实验 2　Web 服务器的访问 ……………………………………………………………… 163

实验 3　SQLite 数据库和 Bmob 云存储 ………………………………………………… 189

第 6 章　高德地图入门 ……………………………………………………………………………… 216

实验 1　高德地图入门 ………………………………………………………………… 216

实验 2　地图定位 ……………………………………………………………………… 227

实验 3　地图 POI 搜索 ………………………………………………………………… 239

第 7 章　动画 ………………………………………………………………………………………… 251

实验 1　基础动画 ……………………………………………………………………… 251

实验 2　动画进阶 ……………………………………………………………………… 260

第1章 Android Studio的安装 →

2015 年 6 月，Google 公司宣布在年底前停止对 Eclipse Android 开发工具的一切支持，取而代之的是基于商用 IntelliJ IDEA 的 Android Studio 版本。目前，IntelliJ IDEA 的易用性公认是其他开发环境无法超越的，从 Android Studio 推出的几个版本来看，其受到了行业内的极大推崇。但是 Android Studio 环境的安装同 Eclipse 一样，相对复杂，本章将分步骤介绍 Android Studio 开发环境的安装。

实验 1 Java SE 的安装与配置

1. 实验目的

（1）下载并安装 Java SE 8.0 版本，并配置环境变量。

（2）配置 Java 运行环境变量。

（3）验证 Java 运行环境。

2. 环境要求

本书使用 Android Studio 为开发环境，该开发环境对软硬件环境要求较高，所以在安装前需要清理操作系统的自启动进程，关闭不需要的服务，卸载不需要的应用程序。如果条件允许，推荐安装固态硬盘。除此之外，对软硬件还有如下要求。

（1）内存：8 GB 或以上。

（2）CPU：Core i5 或以上。App 最终运行在模拟器上，由于大部分 AMD 处理器的 CPU 不支持 VT（Virtualization Technology，虚拟化技术），因此 AMD 处理器可能不能安装模拟器，可使用真机或其他模拟器（GenyMotion 或夜神模拟器等）进行调试。

（3）操作系统：Windows 7 或 Windows 10 操作系统，也可以使用 Mac 和 Linux 较新版本的操作系统。

3. 实验步骤

步骤 1：下载 JDK 8。通过浏览器访问 Oracle 中国网站下载 JDK（Java Development Kit，Java 开发工具包），下载地址为 https://www.oracle.com/cn/java/technologies/javase-jdk8-downloads.html。Android 4.4 及以上版本必须使用 JDK 7 及以上版本，JDK 6 只能用于 Android 4.4 以前的版本，否则在调试程序中可能会出现 JDK 与 Android API 的兼容性问题，本书以 JDK 8 为例。打开网页后找到 JDK 8 的"Download"按钮，单击进入，出现图 1.1 所示的界面，下载所需版本。

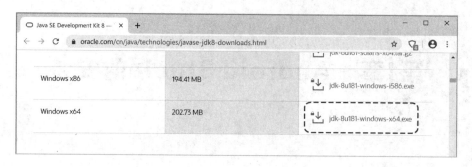

图 1.1　JDK 8 下载界面

步骤 2：安装 JDK 8。右击 JDK 安装可执行程序，选择"以管理员身份运行"，弹出图 1.2 所示的界面，单击"下一步"。然后在图 1.3 所示的界面中选择 JDK 安装路径，默认的路径为"C:\Program Files\Java\jdk1.8.0_*"，单击"更改…"按钮可以更改 JDK 安装路径，选择路径后单击"下一步"继续安装。

图 1.2　JDK 8 安装界面

图 1.3　选择 JDK 安装路径

步骤 3：自动安装 JRE。JDK 安装完毕后程序会自动安装 JRE（Java Runtime Environment，Java 程序的运行环境），在图 1.4 所示的界面中选择 JRE 安装路径，选择"下一步"继续安装，直至出现图 1.5 所示的界面，此时已完成安装，关闭安装程序即可。

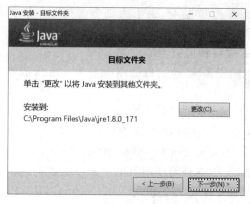
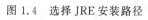

图 1.4　选择 JRE 安装路径

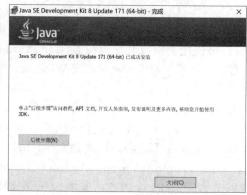

图 1.5　JRE 安装完成

步骤 4：安装 JDK 和 JRE 后还需要配置 JDK 的环境变量，环境变量的配置主要供系统调用 JDK 中的可执行程序。在桌面找到"此电脑"（此处针对 Windows 10 操作系统，有些系统中称为"我的电脑"）或者在资源管理器中右击"此电脑"，选择"属性"，在随后出现的"系统"窗口中选择"高级系统设置"，然后单击"环境变量"按钮，如图 1.6 所示。

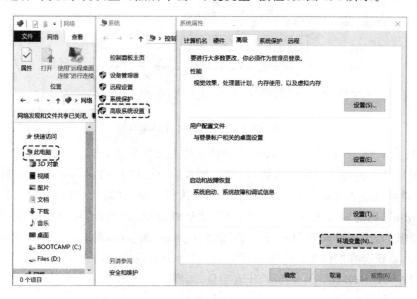

图 1.6　打开环境变量配置界面

步骤 5：在"环境变量"窗口单击"新建"按钮新建 JAVA_HOME 环境变量，供其他环境变量调用，在出现的窗口中的"变量名"处输入"JAVA_HOME"，"变量值"处输入步骤 2 中选择的 JDK 安装路径，如"C:\Program Files\Java\jdk1.8.0_171"，单击"确定"，如图 1.7 所示。

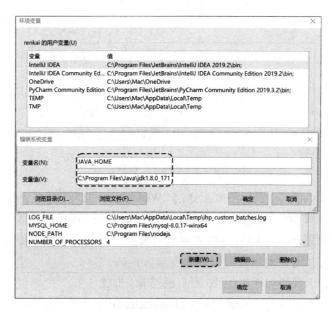

图 1.7　设置 JAVA_HOME 环境变量

步骤 6：继续在"环境变量"窗口新建环境变量，"变量名"处输入"CLASSPATH"，"变量值"处输入".；%JAVA_HOME%\lib\dt.jar；%JAVA_HOME%\lib\tools.jar；"，这里需要注意开始的".；"两个标点符号不能遗漏，另外需要注意其中的分号是半角的英文标点，确定输入无误后单击"确定"，如图 1.8 所示。

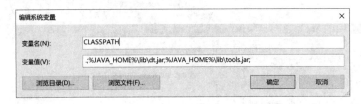

图 1.8　设置 CLASSPATH 环境变量

步骤 7：为 PATH 环境变量增加一个取值，其主要作用是，当运行某个可执行程序时，如果在当前目录中查找不到这个可执行程序，那么系统会到 PATH 环境变量声明的目录中去查找，否则必须进入可执行程序的目录下方可执行。单击"新建"按钮并输入"%JAVA_HOME%\bin"，确定输入无误后单击"确定"，然后继续单击"确定"按钮关闭"环境变量"窗口。设置正确后，当用户调用 JDK 下的常用命令 javac 和 java，即 javac.exe 和 java.exe 这两个文件时，系统会在"%JAVA_HOME%\bin"目录中找到这两个文件并运行。同样地，再增加"%JAVA_HOME%\jre\bin"环境变量，如图 1.9 所示。

图 1.9　增加 PATH 环境变量

步骤 8：检查 Java 安装是否正确。通过"Windows＋R"键打开 Windows 运行，输入"cmd"打开命令行终端，在命令行终端中输入"java -version"查看当前版本。如果显示已经安装的 Java 版本则表示安装成功，否则表示安装失败。安装失败则需要逐步检查前面 7 个步骤是否有错误，尤其需要确认环境变量是否输入正确。

提示：如果没有出现类似于图 1.10 所示的结果，步骤 5、6、7 中环境变量的配置错误的可能性比较大，可以在命令行终端通过 set classpath、set java_home、set path 查看当前的环境变量是否配置正确。

图 1.10 验证 Java 是否安装成功

实验 2 Android Studio 开发环境的安装

1. 实验目的

（1）下载并安装 Android Studio。

（2）下载 Android SDK（Software Development Kit，软件开发工具包）。

（3）配置 Android Studio 开发环境。

2. 实验步骤

步骤 1：打开网址 http://www.android-studio.org 下载 Android Studio，打开网页就可以看到推荐版本，Android Studio 版本众多而且更新较快，推荐使用较新的版本。Android 开发需要 IDE（Integrated Development Environment，集成开发环境）和 SDK。IDE 是用于提供程序开发环境的应用程序，包括代码编辑器、编译器、调试器和图形用户界面等，SDK 为开发者提供 Android 系统框架、Android 开发软件包，两者缺一不可。在下载界面中有针对 Windows 32、Windows 64、Linux 和 Mac 等操作系统的版本，也有单独 IDE、单独 SDK 和 bundle 包的版本，其中 bundle 包包含 IDE 和 SDK 两部分，初次使用建议下载推荐的安装包，如图 1.11 所示。

图 1.11 Android Studio 下载界面

步骤 2:下面以 Windows 64 的操作系统为例,下载 Android Studio 完成后,右击可执行程序,在出现的快捷菜单中选择"以管理员身份运行"进行安装,在安装初始化界面、选择安装模块界面、许可协议界面中保持默认选项进行安装,如图 1.12 和图 1.13 所示。

 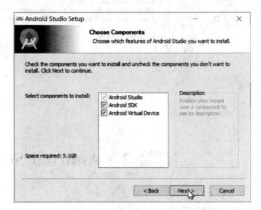

图 1.12　Android Studio 安装初始化界面　　　图 1.13　Android Studio 选择安装模块界面

注意:① Windows 系统的用户名尽量不要使用中文名,否则在安装时或者安装完成后可能会出现不可预料的错误。如果用户名为中文名请自行通过网络搜索等方法将其更改为英文名。

② 在 Android Studio 安装完成之前不能切断网络,并且要在网络速度正常的情况下安装,否则会导致安装失败。

步骤 3:选择 IDE 和 SDK 的存放路径,该路径可以自定义,如图 1.14 所示。IDE 和 SDK 文件较大,建议选择比较大的磁盘空间进行安装。IDE 和 SDK 的安装路径因为后面还需要使用,请读者自行记录,其他保持默认继续安装。在安装过程中,由于各个计算机性能以及网络状态不同,有些环境出现安装进度(见图 1.15)非常缓慢的现象属正常状态,需要读者耐心等待或者调整网络状态、升级硬件。

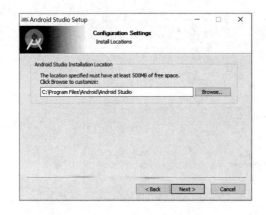

图 1.14　Android Studio 选择 IDE 和 SDK 安装路径界面　　　图 1.15　Android Studio 安装界面

步骤 4:安装完成后启动 Android Studio,如图 1.16 所示,如果是首次启动,则在随后出现的界面中选择"I do not have a previous version of Studio or I do not want to import my settings"选项。

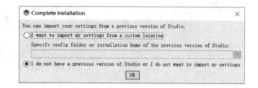

图 1.16　Android Studio 安装完成界面　　　图 1.17　Android Studio 首次启动配置设置文件

步骤 5:启动 Android Studio,出现图 1.18 所示的界面,如果要设置网络代理则选择"Setup Proxy",此处选择"Cancel",不需要设置代理。在随后出现的界面中继续保持默认选择完成安装向导,如图 1.19 和图 1.20 所示,直至出现图 1.20(d)所示的界面。该过程在下载和安装组件时比较耗时,在网络状态不是很好的情况下更加明显。

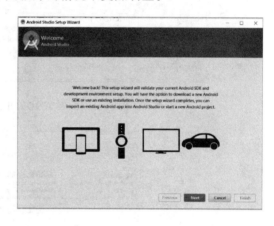

图 1.18　Android Studio 首次启动界面　　　图 1.19　Android Studio 继续安装向导

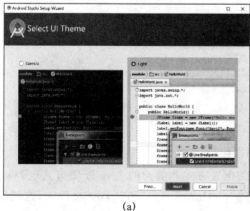

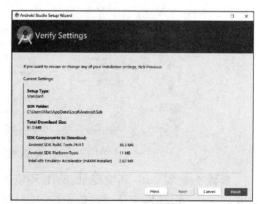

(a)　　　　　　　　　　　　　　　　(b)

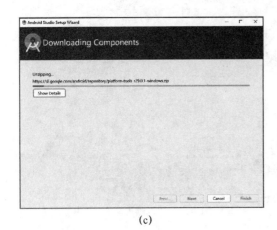 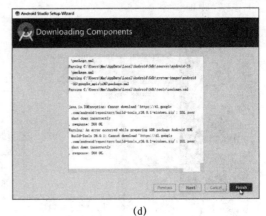

(c)   (d)

图 1.20　Android Studio 组件安装

步骤 6： 配置 ANDROID_HOME 系统变量。配置方法参考实验 1 的步骤 4 和步骤 5，该变量取值为 SDK 的存放路径，默认为"C:\Users\<用户名>\AppData\Local\Android\Sdk"，如图 1.21 和图 1.22 所示。

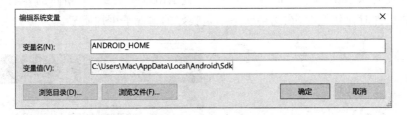

图 1.21　配置 ANDROID_HOME 系统变量

图 1.22　ANDROID_HOME 系统变量配置

步骤 7： 配置 path 环境变量，path 环境变量的配置方式和前面的 Java 配置方式（实验 1 的步骤 7）一致，环境变量的取值为 SDK 目录下的"platform-tools"和"tools"文件夹，这两个文件夹下有一些常用的可执行程序,在后面的实验或者日常的开发和测试中需要调用这些目录下的可执行程序,配置结果如图 1.23 所示。

图 1.23　设置 Android Studio 的环境变量

提示:由于 Android Studio 更新较快,各个版本之间安装界面可能存在一些差异,但是基本过程相似。

实验 3　Android Studio 配置与虚拟机配置

1. 实验目的

(1)掌握新建 Android 项目的方法。在 Android Studio 中,project 是存放项目的目录,一个项目中可创建若干个 Module(模块)。虽然一个项目中可以放入多个模块,但是 Android Studio 在构建工程时整个工程是一起构建的,如果一个项目中放入太多无关模块会降低开发效率。

(2)了解 Android Studio 的基本设置,设置功能是每个应用程序常用的功能。

(3)配置 Android 的虚拟机并进行验证。

2. 实验步骤

步骤 1:实验 2 完成之后,Android Studio 已安装完毕,IDE 和 SDK 已经基本能用了。在图 1.24 所示的界面中单击"Start a new Android Studio project"新建项目,打开新建项目窗口"Create New Project"。

步骤 2:在图 1.25 所示的界面中为应用程序添加一个空的 Activity(Empty Activity),Activity 是 Android 中为用户提供交互界面的组件。

步骤 3:在"Configure your project"窗口中输入项目名称"My Application",并输入工程的包路径,如图 1.26 所示,Android 开发采用了和 Java 类似的包机制,所以必须输入唯一的包路径,这里采用默认的包路径。如果需要自定义项目存放路径,则单击"Save location"文

 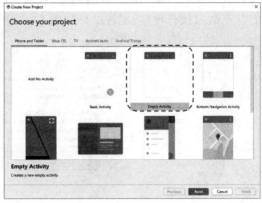

图 1.24　Android Studio 组件安装完成后的首界面　　图 1.25　为新应用添加一个 Activity

本框旁的按钮选择目标文件夹，该路径下将生成一个名为"MyApplication"的项目，这个项目下将存放后期所有我们将要编写的代码。这里建议读者独立创建一个文件夹，用于存放所有的 Android 程序代码。单击"Finish"按钮完成项目创建。

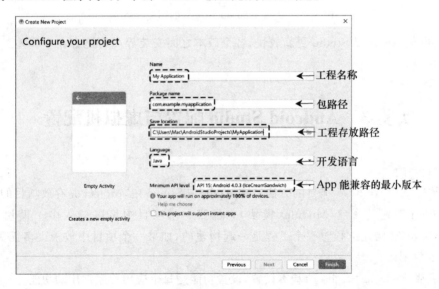

图 1.26　配置项目

步骤 4：进入 Android Studio 主要开发界面，如图 1.27 所示，如不需要下次提示，去掉"Show Tips on Startup"，单击"Close"关闭提示。

步骤 5：因为 Gradle 具有强大的构建能力，所以 Android Studio 采用 Gradle 来构建版本。开发环境会自行下载 Gradle，下载过程可以在开发环境下方的"Build"窗口中查看，如图 1.28 所示，在下载过程中用户不要做任何操作。由于网络问题下载可能会比较缓慢，需要耐心等待。如果长时间不能完成下载，可以自行到 Gradle 的官网 https://gradle.org/releases 下载对应的版本，复制并解压至"C:\Users\<用户名>\.gradle\wrapper\dists\gradle-*-all*\"文件夹下，如图 1.29 和图 1.30 所示，自行下载 Gradle 工具需要重新启动 Android Studio 才能生效。

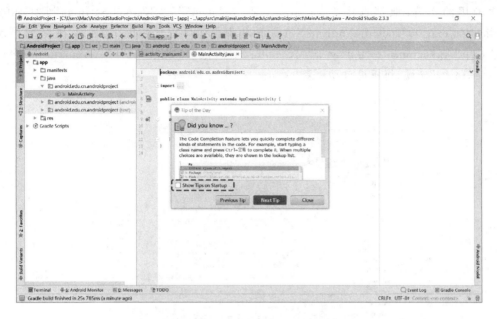

图 1.27　Android Studio 主要开发界面

图 1.28　下载构建工具 Gradle(方法一)

图 1.29　下载构建工具 Gradle(方法二)

图 1.30　Gradle 安装完成后存放的目录

步骤 6: 为了使开发变得更加便捷,可以对 Android Studio 进行一些设置。此步骤非必选步骤,读者可根据自身需要进行设置。进入"File"|"Settings"进行常规的设置,例如:"Appearance & Behavior"|"Appearance"|"Theme"中可以更改 IDE 界面风格;取消选中"Appearance & Behavior"|"System Settings"|"Reopen last project on startup"选项,下次打开 Android Studio 时将会出现最近经常使用的实验界面与功能供选择,而不是直接打开

上次使用的工程；取消选中"Appearance & Behavior"|"System Settings"|"Confirm application exit"选项，退出 Android Studio 时将不再询问是否关闭该项目，如图 1.31 所示；取消选中"Appearance & Behavior"|"System Settings"|"Updates"|"Automatically check updates for…"选项，将不再自动更新。

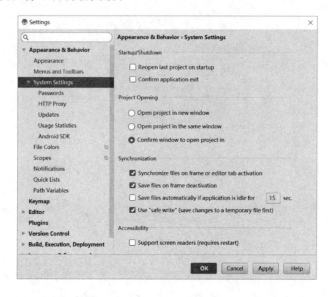

图 1.31　Android Studio 设置界面

步骤 7：下载 SDK。单击工具栏上的"SDK Manager"按钮 ⚙，即打开图 1.32 所示的界面。建议初级开发者选择第二版本，如图 1.32 中的 API 28 这个版本，最高版本一般为在研版本，可能存在不能预料的问题。这里需要注意每个 Android SDK 版本占用硬盘空间都较大，一般选中一个即可，不需要的版本可以通过取消选中来卸载。单击"Apply"按钮进行安装或者卸载，安装进程如图 1.33 所示。

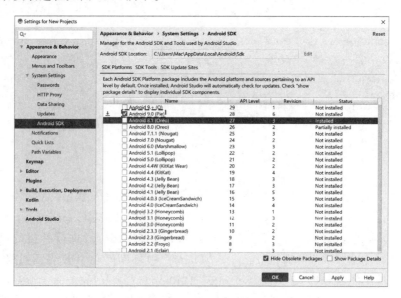

图 1.32　SDK Manager 界面

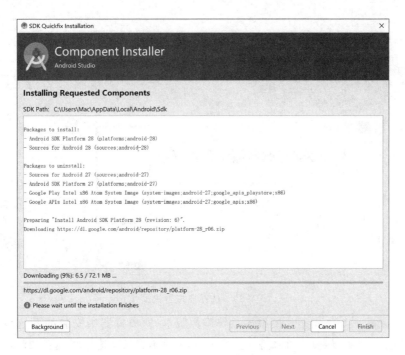

图 1.33　安装 SDK

步骤 8: 配置模拟器,如果使用真机进行调试请直接跳转至步骤 16。单击 Android Studio 工具栏上的 AVD Manager(Android Virtual Device Manager,Android 模拟器管理)图标 ,出现创建模拟器界面,如图 1.34 所示,单击"Create Virtual Device…"按钮。

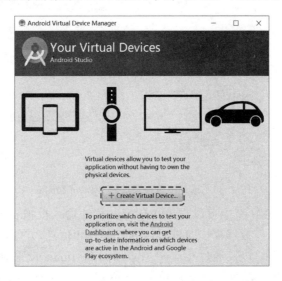

图 1.34　Android Studio 创建模拟器界面

步骤 9: 选择模拟器的机型,有些机型和步骤 7 中选择的版本不匹配,会导致模拟器运行出错,这里选择 Nexus 6,如图 1.35 所示。

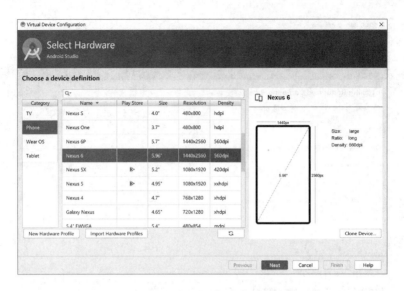

图 1.35　选择模拟器机型

步骤 10：选择一个 Android 模拟器系统镜像版本，即模拟器中安装的系统版本，一般和 SDK 版本相近。例如，步骤 7 中安装的 SDK API 版本是 28，这里可选择 27 的版本，单击"Download"进行下载，如图 1.36 所示。

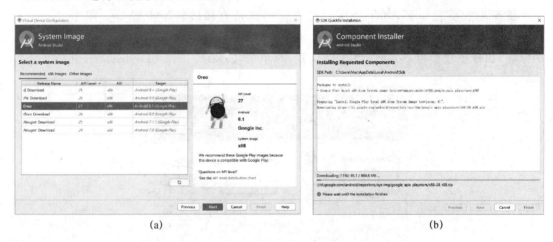

(a)　　　　　　　　　　　　　　　(b)

图 1.36　选择下载模拟器的 System Image

步骤 11：在接下来的界面中可以在"AVD Name"处输入模拟器的名字，如图 1.37 所示，名字中最好能够包含模拟器模拟的机型和使用的 API 信息，方便后期调试程序，在该界面中还可以修改机型、API 以及通过"Show Advanced Settings"设置随机存储器（RAM）、内存储器、SD 卡的大小等信息，配置完成后单击"Finish"。

步骤 12：在图 1.38 所示的界面中可以查看、修改、新建模拟器，单击模拟器后的三角形图标可启动模拟器。

图 1.37　配置模拟器的基本参数

图 1.38　启 动 模 拟 器

步骤 13：有的计算机在出厂时并未打开虚拟化技术选项，使得模拟器不能使用并会报错，如图 1.39 所示。这时需要进入 BIOS 中打开虚拟化技术选项才能使用 Android Studio 提供的模拟器，由于不同品牌、型号的计算机进入 BIOS 的方法不同，需要查阅计算机说明书后打开虚拟化技术。图 1.40 所示为惠普台式机打开虚拟化技术的界面，具体步骤是"Security"|"System Security"|"Virtualization Technology（VTx）"，设置为"Enabled"后保存退出，重新进入系统启动模拟器。

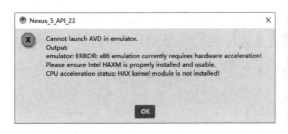

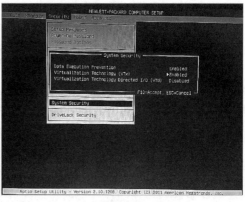

图 1.39　模拟器不能使用　　　　　　　　　图 1.40　打开虚拟化技术

步骤 14: 模拟器启动完成后，选择"Settings"|"Languages & input"|"Languages"|"Languages preferences"|"Add a language"|"简体中文"|"中国"，并在"Languages preferences"界面将第一偏好语言改成"简体中文（中国）"，模拟器的语言将变成中文。

步骤 15: 回到 Android Studio 主界面，单击工具栏中的运行图标 ，等待一段时间，模拟器将出现之前创建的项目，该项目默认创建了一个模块"app"，该模块有且只有一个界面，该界面默认包含了"Hello World!"的标签，如图 1.41 所示。自此 Android Studio 的开发环境搭建基本完成。

步骤 16: 如果不适用自带模拟器，还可以使用真机进行调试，或者安装 GenyMotion、夜神等第三方模拟器，如图 1.42 所示，设计比较复杂的 App 时可使用真机或其他模拟器进行调试。使用真机进行调试时需要安装真机的驱动程序，当真机连接至计算机后，在 Android Studio 中运行 App 就会出现真机选项。夜神模拟器不支持短信、拨号等功能，每次运行前需要在命令行运行"adb connect 127.0.0.1:62001"命令，才能在该模拟器上运行应用程序。GenyMotion 是付费软件，读者可以根据自己的具体情况进行选择。**模拟器占用空间较大，模拟器的镜像文件和系统文件默认在 C 盘下，所以在一般情况下无须配置多个模拟器。**

  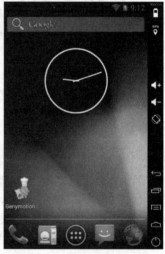

图 1.41　模拟器运行第一个应用程序　图 1.42　夜神模拟器和 GenyMotion 模拟器启动后的界面

 知识拓展:Android Studio 的目录

安装 Android Studio 常用的目录较多，对安装目录的了解有助于更好地运用该开发环境，便于解决开发中遇到的各种问题。以默认安装路径为例，这些目录及其作用如表 1.1 所示。

表 1.1　**Android Studio 安装相关目录**

序　号	目　　　录	功　　能
1	C:\Program Files\Android	Android Studio 开发环境的安装目录
2	C:\Users\<用户名>\AppData\Local\Android\Sdk	SDK 安装目录,需要配置为 ANDROID_HOME 系统变量
3	C:\Users\<用户名>\. gradle\wrapper\dists	Android Studio 构建工具 Gradle 所在目录
4	C:\Users\<用户名>\. android\avd	Emulator 模拟器目录
5	C:\Users\<用户名>\. gradle\caches\modules-2\files-2.1	Gradle 下载的 jar、arr 等文件所在目录
6	%ANDROID_HOME%\build-tools	构建项目时用到的工具
7	%ANDROID_HOME%\platform-tools	存放通用平台工具,如 adb.exe、sqlite3.exe 等,需要配置为 path 环境变量
8	%ANDROID_HOME%\emulator	Android Emulator 模拟器主程序
9	%ANDROID_HOME%\platform	存放 SDK Manager 下载的不同版本的 SDK,是 SDK 里最重要的文件
10	%ANDROID_HOME%\system-images	创建模拟器前需下载的镜像文件,即模拟器上运行的系统文件
11	%ANDROID_HOME%\tools	Android 开发、调试、测试的工具存放目录,主要有 sdkmanager、uiautomatorviewer、mksdcard 等重要工具,需要配置 path 环境变量
12	%ANDROID_HOME%\extras	该文件夹下存放了 Android support 包,还有 Google 提供的 USB 驱动、Intel 提供的硬件加速等附加工具包
13	%ANDROID_HOME%\source	Android 的源代码存放目录

第2章 Android 界面设计

实验1 登录界面设计

1. 实验目的

（1）通过用户界面的基本练习初步掌握 Android 开发的目录结构和各个文件的作用。

（2）熟悉界面组件 Activity。Activity 是 Android 中的四大组件之一，是用户和应用程序之间进行交互的接口。Activity 是一个类，最新版本优化为 AppCompatActivity，而 AppCompatActivity 属于 sdk\platforms\android-＊\android.jar 中的一个类，在以后的实验中所使用的 Android 开发相关的类大部分都在这个 jar 文件中。

（3）掌握 Android 代码编写模式。最新版本中如果要实现一个界面，Java 代码中必须继承父类 AppCompatActivity，并且必须覆盖 onCreate()方法，该方法在初始化 Activity 界面时调用。

（4）掌握界面设计基本方法。Android 中界面外观一般由 XML 文件表示，该文件可通过可视化界面编辑器添加与用户进行交互的控件，用户可配合文本编辑器对该文件进行修改，最后通过代码获取控件，并通过代码对界面控件做各种控制。

2. Android 模块目录结构

在 Android Studio 中新建工程后，即可看到工程目录，对工程目录的掌握是 Android 开发入门必须具备的基础知识，经常使用的目录或文件的功能如下所述。

（1）**AndroidManifest.xml 文件**：整个项目的配置文件。该文件主要用于 Activity 和 Service 等组件的注册、权限登记，以及设置 App 图标和名称、启动类等重要信息。

（2）**drawable 和 mipmap 目录**：存放工程中所使用的不同分辨率的图片。两个文件夹都可以用于存放工程中用到的图片资源，但是 mipmap 目录下存放的图片资源具有更高的访问效率，另外 drawable 目录下可以存放样式文件，如动画的样式文件、控件的 selector 文件等。如果 mipmap 目录下有张图片 pic.png，则 Java 代码中访问该图片资源的方式为 R.mipmap.pic，资源配置文件（即 XML 文件）中访问该资源的方式为@mipmap/pic。

（3）**layout 目录**：存放布局文件的目录。例如，layout 目录下有一个 activity_main.xml 文件，则 Java 代码中访问该文件的方式为 R.layout.activity_main。

（4）**strings. xml 文件**：存放常量字符串键值对的文件。如果该文件中有键值对：

```
< string name = "book_name"> Android 开发实验教程</string>
```

则 Java 代码中获取字符串"Android 开发实验教程"的方式为 R. string. book_name，资源配置文件中获取该字符串的方式为@string/book_name。原则上所有常量字符串都应该在该文件中定义。

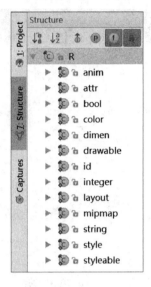

图 2.1 R. java 文件结构

（5）**colors. xml 文件**：用于存放常量颜色键值对。如 < color name＝"colorPrimary">♯3F51B5 </color >，颜色的访问方式和 strings. xml 文件中的访问方式相同。

（6）**styles. xml 文件**：定义应用程序或控件中使用的各种样式。

（7）**R. java 文件**：资源映射文件，该类是 Android 自动生成的类，不能删除、修改。res 目录下的很多资源会在该文件中生成一个内部类，如图 2.1 所示，各种资源会以内部类常量的形式自动生成。代码中资源引用的方式为 R. 资源类型. 资源名称，例如，mipmap 目录下有一个 pic. png 文件，代码中的访问方式为 R. mipmap. pic；资源配置文件中的访问方式为@资源类型/资源名称，即 mipmap 目录下的 pic. png 文件在资源配置文件中的访问方式为@mipmap/pic。

（8）**src 目录**：源代码存放路径，App 的主要逻辑功能在该目录下的 Java 代码中实现。

3. 实验界面与功能

本实验模拟经常在 App 中使用的登录界面，没有逻辑功能的实现，最终界面如图 2.2 所示。

图 2.2 实验界面

4. 实验步骤

步骤 1:打开第 1 章实验 3 创建的项目,新建一个 Android 模块 App01,依次选择"File"|"New"|"New Module",会出现图 2.3(a)所示的界面,选择"Phone & Tablet Module"(手机和平板电脑模块),单击"Next"按钮,出现图 2.3(b)所示的界面,在模块名中输入"App01"后,单击"Next"按钮。

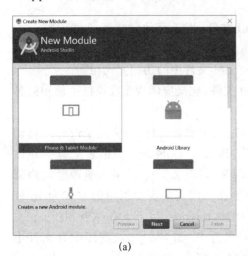
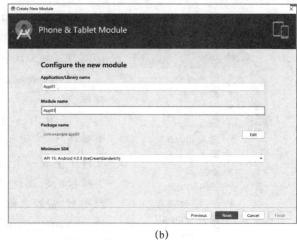

(a)   (b)

图 2.3　新建模块

步骤 2:在图 2.4 所示的界面中选择"Empty Activity",即空的 Activity,单击"Next",随后出现的图 2.5 所示的界面显示了该 App 的 Java 文件名称 MainActivity.java 和布局文件的名称 activity_main.xml,这里保持默认,单击"Finish"结束创建一个模块的过程。

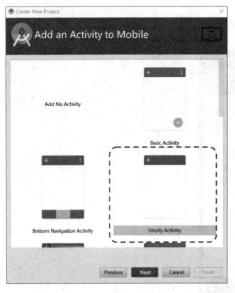

图 2.4　为新应用添加一个 Activity　　　　图 2.5　Activity 和布局文件命名

步骤 3:模块创建完成后,该模块目录结构如图 2.6 所示,其中主要的文件有:项目配置文件 AndroidManifest. xml、界面 Activity 对应的代码文件 MainActivity. java 和布局文件 activity_main. xml 等。

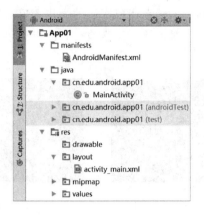

图 2.6　App01 模块目录结构

步骤 4：双击 activity_main. xml 布局文件,即可打开界面可视化编辑器,如图 2.7 所示。"Palette"面板中会显示各种控件,控件可以通过拖拽的方式放到手机界面中,左下角的"Component Tree"用于显示布局文件中的层级结构,控件也可以直接拖到"Component Tree"中,"Properties"面板用于设置、查看控件的各种属性,单击底部的"Text"标签页会出现图 2.8 所示的界面 XML 编辑器,界面控件内部的存放形式是 XML 文件,可以对该文件直接进行编辑,从图 2.8 显示的内容中可以看到该布局中有一个控件"TextView",和界面可视化编辑器中显示的内容一致。

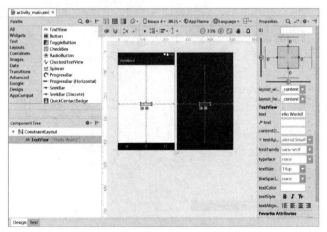

图 2.7　界面可视化编辑器

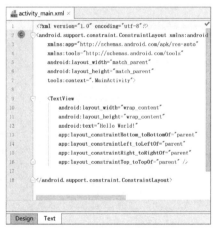

图 2.8　界面 XML 编辑器

步骤 5：由图 2.8 可知,界面可以通过"Design"界面编辑器或"Text"文本编辑器进行编辑,一般先在界面编辑器中完成初步的界面设计,再到文本编辑器中细化控件的设计。所以先单击界面编辑器中的按钮 🔃 自动创建约束,单击后界面编辑器会自动建立控件之间的约束关系。

步骤 6：在界面编辑器中通过按钮 ⊕ 放大界面,会出现图 2.9 所示的界面,下面介绍界面编辑器常用的按钮。图 2.9 中的正方形点是用于调整控件大小的手柄；圆形点用于调整该控件和其他控件的关系，这种手柄有 4 个，4 个圆点如果是实心的圆点，则该控件的位置基本确定，否则需要调整直到 4 个圆点变成实心的为止。单击按钮 ⎇ 可以删除界面中建立的所有约束，如图 2.10 所示，此时需要分别拖拽空心圆点到手机边框或其他位置固定的空间来设置约束。

图 2.9　界面编辑器常用的按钮　　　　图 2.10　未创建约束的控件

　　步骤 7：回到"Design"选项，删除界面的"Hello World！"TextView 控件，向该布局文件中添加"PlainText"控件，如图 2.11 所示，用于输入手机号码，调整该控件上下左右的约束，并在属性面板（Properties）中设置宽度 layout_width 为"match_parent"，使该控件和手机屏幕同宽，设置高度 layout_height 为"wrap_content"，使该控件的高度能够容纳当前控件内容，删除文本"text"中的默认内容，如图 2.12 所示。

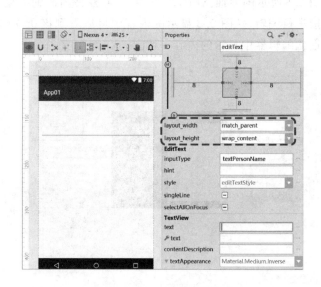

图 2.11　控件基础练习使用的控件　　　　图 2.12　EditText 设计草图

　　步骤 8：按步骤 7 继续添加用于输入验证码的"EditText"控件和两个"Button"控件，并适当地调整约束和属性，所有控件的效果如图 2.13 所示。

　　步骤 9：打开 strings.xml 文件为该应用程序添加四个常量字符串键值对，供应用程序调用，添加完成后如下所示。其中，"&♯160；"表示界面中的空格，该文件中 name 属性的取值为"键"，而 string 标签的取值为"值"，可以根据键获取对应的值。

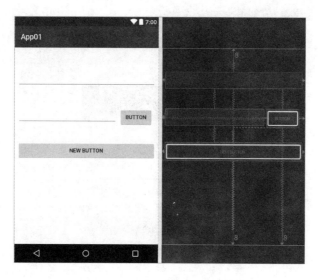

图 2.13　控件部署完成后草图

```
1.    <?xml version = "1.0" encoding = "utf-8"? >
2.    < resources >
3.        < string name = "app_name"> app01 </string >
4.        < string name = "phoneNoHint">请输入手机号码</string >
5.        < string name = "verifyCodeHint">请输入验证码</string >
6.        < string name = "getVerifyCode">获取验证码</string >
7.        < string name = "login">登     录</string >
8.    </resources >
```

步骤 10：打开界面 XML 编辑器，在第一个文本框（EditText 控件）中的任意位置加入一个 hint 属性，这个属性是界面提示信息，这里输入取值"@string/phoneNoHint"，即步骤 9 中在 strings. xml 文件中定义的键值对，设置完成后该控件将显示提示信息"请输入手机号码"。同样地，在第二个文本框加入相同的属性，输入取值"@string/getVerifyCode"，修改完成后界面如图 2.14 所示。

```
1.    < EditText
2.        <!-- 设置该控件的 ID,供代码或者其他控件调用 -->
3.        android:id = "@ + id/editText"
4.        <!-- 设置该控件的宽度,使之和父控件同宽,该控件的父控件为布局容器,所以该
            控件将与手机屏幕同宽 -->
5.        android:layout_width = "match_parent"
6.        <!-- 设置控件的高度,使之与其中显示的文字高度相适应 -->
7.        android:layout_height = "wrap_content"
8.        <!-- 设置该控件提示信息,该信息默认以灰色字体在控件中显示,当用户获取该控
            件的焦点后该提示信息自动消失 -->
9.        android:hint = "@string/phoneNoHint"
```

```
10.    <!-- 其他不重复的属性值保持不变 -->
11.    ……
12. />
```

图 2.14　界面草图

步骤 11：下面通过代码更改两个按钮显示的文字。首先打开 activity_main. xml 文件，从文本编辑器中设置两个按钮的 ID，分别为"button1"和"button2"，其他属性值不变，例如：

< Button **android: id = "@ + id/button1"**

……/>

然后打开代码目录下的 MainActivity. java 文件，在 onCreate()方法中增加如下代码。

```
1.  @override
2.  protected void onCreate(Bundle savedInstanceState) {
3.      // 调用父类进行初始化
4.      super.onCreate(savedInstanceState);
5.      // 设置该 Activity 对应的 XML 布局文件
6.      setContentView(R. layout. activity_main);
7.      /* 通过 findViewById()方法获取布局文件中定义的按钮,这里要注意,控件代码
        一定要写在初始化和设置布局之后 */
8.      Button button1 = (Button) findViewById(R. id. button1);
9.      Button button2 = (Button) findViewById(R. id. button2);
10.     button1. setText(R. string. getVerifyCode);
11.     button2. setText(R. string. login);
12. }
```

在编写代码过程中如果出现错误，请用"Alt＋Enter"键并根据提示排除错误。

步骤 12：代码编写完成后，单击工具栏上的运行按钮 ，启动模拟器就可以得到图 2.2 所示的界面。

知识拓展：常见问题

（1）模拟器启动一次可以多次用于调试，因此运行完一次 App 后如果后面还需要使用，无须关闭模拟器，等到不再需要调试时再关闭。

（2）由于 Gradle 在构建版本时需要访问网络，导致 Android Studio 在未连接网络状态下编译应用程序较慢，因此未连接网络时，需要将"File"｜"Settings"｜"Build, Execution, Deployment"｜"Gradle"中的"Offline work"选中，将 Gradle 设置为离线工作，如图 2.15 所示。但是，选中该选项后，Gradle 将不能访问 JCenter 等仓库下载需要的各种 jar 和 arr 包等。

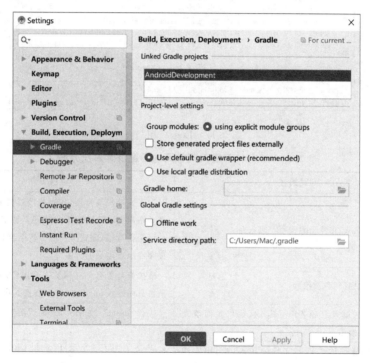

图 2.15　设置 Gradle 离线工作

（3）在 Android Studio 下方有 Build 窗口，用于显示在编译、同步、打包过程中的信息，如图 2.16 所示，如果出现错误可以根据错误提示信息进行排错，这里提示的错误一般是编译文件、项目执行环境、包引入等方面的问题。在 App 运行过程中出现的错误将在 Logcat 窗口中显示，如图 2.17 所示，这里的错误一般为代码方面的错误，代码运行出错后会显示代码执行的堆栈信息、代码出错行号和出错原因，这是排除代码错误的重要依据。

（4）初次使用该应用程序时可能会出现不能解决的异常，表 2.1 所示为刚接触 Android Studio 开发环境的读者常见的问题及其解决方案。

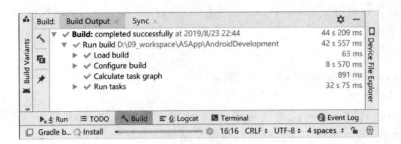

图 2.16　Build 窗口

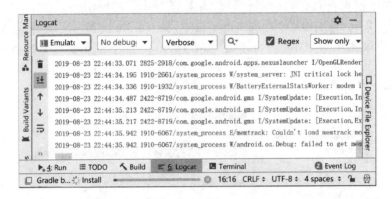

图 2.17　Logcat 窗口

表 2.1　Android 开发入门常见的问题及其解决方案

序　号	问题描述	解决方案
1	代码中 R.java 文件相关代码呈现红色	配置文件修改错误,排查修改过的配置文件,例如,查看布局文件是红色下划线还是波浪线提示,字母大小写是否写错,配置文件的标签是否写错,是否误删配置文件原来定义的标签等
2	布局文件中有红色波浪线	请排查是否有 xml 标签嵌套出错,该控件属性设置是否有问题,ConstraintLayout 布局中是否约束
3	所有的方法都是红色警告,或者代码已经修改无误,但是依然报错	执行"Build"|"Clean Project"清理工程中间文件生成目录
4	配置文件修改后代码等文件中相关的引用依然报错	单击工具栏"Sync Project with Gradle Files"按钮
5	Process ' command '/Library/Java/JavaVirtualMachines/jdk1.7.0_79.jdk /Contents/Home/bin/java " finished with non-zero exit value 1	Build Tools 版本太高,JDK 版本太低,重新安装 JAVA 8.0 版本
6	代码中没有报错,能编译通过,但运行结果和工程中不一致	adb 出现故障,在 Android Studio 底部"Terminal"选项中依次输入命令 adb kill-server、adb start-server 重新启动 adb
7	Android Studio 许多功能不可用	检查是否选中了"File"|"Power Save Mode",如果选中了,需要取消选中
8	断网状态下构建工程时,进度条一直在运行,很长时间后报错编译失败	Android Studio 经常需要下载库文件,使用该平台开发需要具有网络权限

（5）在使用模拟器调试程序的过程中，遇到模拟器不能启动、模拟器变慢、模拟器失去响应等情况可以在工具栏单击模拟器按钮 ，出现模拟器管理界面后，单击图 2.18 中框选的三角形图标，在弹出的菜单中选择"Wipe Data"删除模拟器中的内部存储器数据。如果模拟器还有异常，单击"Delete"删除模拟器，重新创建模拟器进行调试。

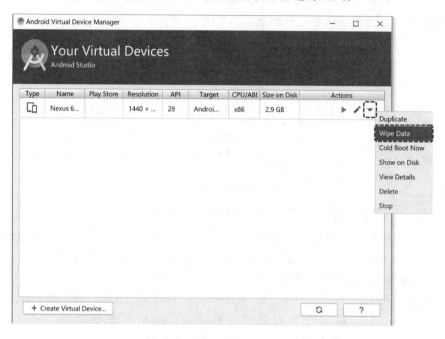

图 2.18　模拟器管理界面

📝 思考

（1）步骤 11 中如果不用代码设置控件显示的文本，应该如何实现？

（2）请尝试：修改当前模块的名称为 App001；新建一个模块，运行后彻底删除该模块，并将模拟器中运行过的 App 删除。

实验 2　Activity 切换

1. 实验目的

（1）掌握多个 Activity 之间切换的方法，通过多个 Activity 之间的切换掌握 Intent（意图）的基础用法。

（2）了解 Shape 的使用。在界面编辑器中可用的控件为基本控件，可通过布局文件中的属性对其进行美化。App 本身是一个客户端程序，出色的外观可以吸引更多用户。shape 文件可以为控件定义复杂特性，shape 文件可设置填充（solid）、渐变（gradient）、描边（stroke）、圆角（corners）和内边距（padding）属性。本实验将学习使用圆角和填充属性设置控件的外观。

（3）进一步学习本章实验 1 中描述 Android 工程的目录结构。

2．Intent

Intent 主要用于在应用程序间、组件间交互与通信，多个 Activity 之间必须使用 Intent 进行跳转。Intent 可以启动 Activity、Service（服务），还可以发送 BroadcastReceiver（广播消息接收者），启动各组件的常用方法如表 2.2 所示。

表 2.2　使用 Intent 启动各组件的常用方法

序　号	组件类型	启动方法
1	Activity	startActivity(Intent intent) startActivity(Intent intent，int requestCode)
2	Service（服务）	startService(Intent service) bindService(Intent service，ServiceConnection conn，int flags)
3	BroadcastReceiver（广播消息接收者）	sendBroadcast(Intent intent)

Intent 可以携带 6 种信息，分别为动作（Action）、数据（Data）、组件（Component）、附加信息（Extra）、类别（Category）和旗标（Flag）。本实验将用到的是组件、附加信息、动作和数据的传递，其余信息请读者自行研究。

- 组件：使用 setClass(Context thisActivity，Class cls)方法从一个 Activity 跳转到另一个 Activity。第一个参数是源组件，Context 是一个抽象类，它的实现类有 Activity 等；第二个参数 Class 是目的组件的类实例。
- 附加信息：传递额外的字符串数据时可以通过 putExtra(String key，String value)方法传递键值对，在第二个 Activity 中用 getIntent 获取该意图后，再通过 Intent 的 getStringExtra(String key)方法获取放入的键值。
- 动作：动作是 Intent 中定义的常量字符串，Intent 携带不同的动作可打开不同的系统或第三方应用程序，Android 系统自带的常用动作字符串如表 2.3 所示。读者也可以为自己的 Activity 定义动作字符串以供调用。
- 数据：使用动作一般须携带不同的数据，传递的数据一般通过 Uri 对象实现。Android 系统通过匹配动作和数据确定要调用的组件。

表 2.3　系统 Activity 常用动作

序　号	Action 常量	对应字符串	作　用
1	ACTION_MAIN	android.intent.action.MAIN	应用程序入口
2	ACTION_VIEW	android.intent.action.VIEW	显示指定数据
3	ACTION_ATTACH_DATA	android.intent.action.ATTACH_DATA	指定某块数据将被附加到其他地方
4	ACTION_EDIT	android.intent.action.EDIT	编辑指定数据

序　号	Action 常量	对应字符串	作　用
5	ACTION_PICK	android. intent. action. PICK	从列表中选择某项并返回所选的数据
6	ACTION_GET_CONTENT	android. intent. action. GET_CONTENT	让用户选择数据,并返回所选的数据
7	ACTION_DIAL	android. intent. action. DIAL	显示拨号面板
8	ACTION_CALL	android. intent. action. CALL	直接向指定用户打电话
9	ACTION_SEND	android. intent. action. SEND	向其他人发送数据
10	ACTION_SENDTO	android. intent. action. SENDTO	向其他人发送消息
11	ACTION_ANSWER	android. intent. action. ANSWER	应答电话
12	ACTION_INSERT	android. intent. action. INSERT	插入数据
13	ACTION_DELETE	android. intent. action. DELETE	删除数据
14	ACTION_SEARCH	android. intent. action. SEARCH	执行搜索

3. 实验界面与功能

本实验的界面有 3 个,如图 2.19 所示,其功能如下所述。

(1) 点击图 2.19（a）中的"发送短信"按钮将出现发送短信界面。

(2) 点击图 2.19(b)中左上角的返回按钮回到图 2.19(a),再点击"登录"按钮跳转到图 2.19(c)所示的界面。

(a) FirstActivity界面　　　　　(b) 发送短信界面　　　　　(c) SecondActivity界面

图 2.19　Activity 的切换

4. 代码结构

在本实验中有两个 Java 文件和两个布局文件,该工程最终的目录结构如图 2.20 所示。其中,FirstActivity 的代码结构如图 2.21 所示,该类包含两个内部类,分别用于"发送短信"和"登录"两个按钮的监听,还有一个默认的 onCreate()方法。

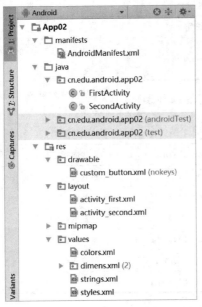

图 2.20　App02 工程目录结构　　　　图 2.21　FirstActivity 代码结构

5. 实验步骤

步骤 1:新建一个模块并命名为 App02,在新建模块的过程中,将默认的 Activity 命名为 FirstActivity.java,对应的界面布局文件为 activity_first.xml,如图 2.22 所示。

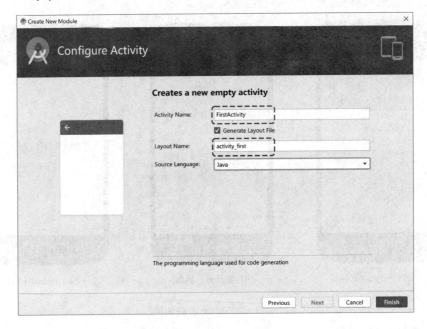

图 2.22　创建新的模块

步骤 2:在原文件夹下复制一份 FirstActivity.java 和 activity_first.xml 作为图 2.19(c)所示的界面,分别重命名为 SecondActivity.java 和 activity_second.xml,如图 2.23 所示。

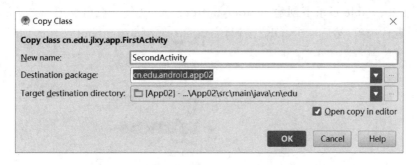

图 2.23　复制得到 SecondActivity

注意：资源文件只能以小写字母和下划线作为首字符，其后的字符只能为"a～z""0～9" "_"中的任一字符，否则编译将无法通过。

步骤 3：打开 strings. xml 文件，添加该应用要使用的常量字符串。

```
1.  ……
2.  < string name = "sendMsg">发  送  短  信</string>
3.  < string name = "login">登       录
    </string>
4.  ……
```

步骤 4：打开布局文件 activity_first. xml，在界面编辑器中删除唯一的控件 TextView，在该布局中增加两个按钮，并按图 2.13 设置好各自上下左右的约束关系，在属性面板中设置两个按钮的宽度都为 match_parent。

步骤 5：打开文本编辑器，设置"发送短信"按钮的 ID 为 button1，设置"登录"按钮的 ID 为 button2，背景图片采用随后在 drawable 下自定义的形状文件 custom_button. xml。将按钮的文字设置为白色，文字大小为 22 sp，并按图 2.19(a)设置文本，该控件布局和位置相关的其他属性值不变。例如，"发送短信"按钮的属性值如下所示，"登录"按钮的属性值可参照以下代码自行完成。

```
1.  < Button android:layout_width = "match_parent"
2.      android:layout_height = "wrap_content"
3.      android:id = "@ + id/button1"
4.      android:background = "@drawable/custom_button"
5.      android:text = "@string/sendMsg"
6.      android:textColor = "#ffffff"
7.      android:textSize = "22sp"
8.  ……/>
```

步骤 6：在步骤 5 中用到了"android:background = "@drawable/custom_button""，其含义为在 drawable 目录下有一个文件名为 custom_button. xml，将该文件中定义的外观设置为按钮的背景。完成步骤 5 之后，该属性上会出现红色标识报错，将光标放到红色报错文字上按"Alt+Enter"键进行修复，随后出现图 2.24(a)所示的菜单，在该菜单中选择第一个选项,则将在 drawable 目录下创建 custom_button.xml 文件。在出现的图 2.24(b)所示的窗口中保持默认选项,然后单击"OK"按钮,完成 custom_button.xml 文件的创建。

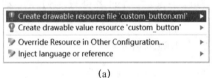

(a) (b)

图 2.24 创建 custom_button.xml 文件

步骤 7:打开 custom_button.xml 文件,删除原有内容,增加一个 Shape,设置圆角半径为 10 dp,填充为蓝色,如下所示。

```
1.  <?xml version = "1.0" encoding = "utf-8"? >
2.  < shape xmlns:android = "http://schemas.android.com/apk/res/android">
3.      < corners android:radius = "10dp"/>
4.      < solid android:color = "#00b5a9"/>
5.  </shape >
```

步骤 8:在 FirstActivity.java 文件中增加两个按钮的监听类。

```
1.  package cn.edu.android.app02;
2.
3.  import android.content.Intent;
4.  import android.net.Uri;
5.  import android.os.Bundle;
6.  import android.support.v7.app.AppCompatActivity;
7.  import android.view.View;
8.  import android.view.View.OnClickListener;
9.
10. @Override
11. public class FirstActivity extends AppCompatActivity {
12.     protected void onCreate(Bundle savedInstanceState) {……}
13.     /* Android 监听器须继承 OnClickListener 接口类,该类是 android.view.View 中
        的一个内部接口,输入这行代码后可使用快捷键"Alt + Enter"自动生成需要覆盖的
        onClick()方法 */
```

```
14.   class Button1Listener implements OnClickListener{
15.       @Override
16.       public void onClick(View v) {
17.           // 实例化一个 Uri 对象,用于传递接收者的电话号码数据
18.           Uri uri = Uri.parse("smsto://13123456789");
19.           /* 实例化一个 Intent 对象,设置该 Intent 动作为发送短信,携带接收者的
              电话号码 */
20.           Intent intent = new Intent(Intent.ACTION_SENDTO, uri);
21.           // 通过 intent 放入要发送的消息体,传递给发送短信模块
22.           intent.putExtra("sms_body", "欢迎使用《Android 开发实验教程》!");
23.           // 启动系统自带的发送短信模块
24.           startActivity(intent);
25.       } // onClick
26.   } // Button1Listener
27.   class Button2Listener implements OnClickListener{
28.       @Override
29.       public void onClick(View v) {
30.           // 实例化一个 Intent 对象,为启动另一个 Activity 做准备
31.           Intent intent = new Intent();
32.           // 设置该 Intent 将要从当前 Activity 跳转到 SecondActivity
33.           intent.setClass(FirstActivity.this, SecondActivity.class);
34.           // 通过 intent 传递字符串"欢迎使用《Android 开发实验教程》!"给第二个模块
35.           intent.putExtra("key","欢迎使用《Android 开发实验教程》!");
36.           // 启动第二个 Activity
37.           startActivity(intent);
38.       } // onClick
39.   } // Button2Listener
40. }
```

步骤 9: 在 FirstActivity. java 文件的 onCreate()方法中通过 findViewById()方法获取到两个按钮,并为这两个按钮绑定步骤 8 中定义的监听器。

```
1.  ......
2.  import android.widget.Button;
3.
4.  public class FirstActivity extends AppCompatActivity {
5.      @Override
6.      protected void onCreate(Bundle savedInstanceState) {
7.          super.onCreate(savedInstanceState);
8.          setContentView(R.layout.activity_first);
```

```
9.
10.        // 请补充通过 findViewById()方法获取到两个按钮的代码
11.        Button button1 = _____;
12.        Button button2 = _____;
13.        // 为两个按钮绑定监听器
14.        button1.setOnClickListener(new Button1Listener());
15.        button2.setOnClickListener(new Button2Listener());
16.    }
17. }
```

步骤 10：打开布局文件 activity_second.xml，将默认的 TextView 的 ID 更改为 myTextView。

步骤 11：打开文件 SecondActivity.java，在该文件的 onCreate()方法中绑定步骤 2 修改好的布局文件 activity_second.xml，并通过 findViewById()方法获取布局文件中定义的 myTextView 控件。

```
1. package cn.edu.android.app02;
2.
3. import android.content.Intent;
4. import android.os.Bundle;
5. import android.support.v7.app.AppCompatActivity;
6. import android.widget.TextView;
7.
8. public class SecondActivity extends AppCompatActivity {
9.     @Override
10.    protected void onCreate(Bundle savedInstanceState) {
11.        super.onCreate(savedInstanceState);
12.        // 为 SecondActivity 绑定布局文件
13.        setContentView(_____);
14.
15.        // 获取 ID 为 myTextView 的控件
16.        TextView myTextView = _____;
17.        // 通过 getIntent()方法获取 FirstActivity 传递来的 Intent
18.        Intent intent = getIntent();
19.        // 获取 FirstActivity 传递来的 Intent 中的数据
20.        String temp = intent.getStringExtra("key");
21.        // 为该控件设置"欢迎使用《Android 开发实验教程》!"的文本
22.        myTextView.setText(_____);
23.    }
24. }
```

步骤 12：所有 Activity 都必须在 AndroidManifest. xml 文件中注册，在该文件中注册 SecondActivity。

```
1.  <?xml version = "1.0" encoding = "utf-8"? >
2.  <!-- xmlns:android 标签定义 Android 名字控件,名字控件的设定用于解释 Android
    中各种通用元素(Element)、属性(Attribute),否则这些元素、属性不能在该文件中使
    用 -->
3.  < manifest xmlns:android = "http://schemas.android.com/apk/res/android"
            package = "cn.edu.android.app02">
4.      <!-- application 标签属性定义了该应用程序的名称、图标和样式风格 -->
5.      < application android:label = "@string/app_name"
                android:icon = "@mipmap/ic_launcher"
                android:theme = "@style/AppTheme"
                ......>
6.          <!-- 注册 FirstActivity -->
7.          < activity android:name = "cn.edu.android.FirstActivity"
                android:label = ......>
8.              <!-- 设置 FirstActivity 为入口类、默认启动类 -->
9.              < intent - filter >
10.                 < action android:name = "android.intent.action.MAIN"/>
11.                 < category android:name = "android.intent.category.LAUNCHER"/>
12.             </intent - filter >
13.         </activity >
14.         <!-- 注册 SecondActivity -->
15.         < activity android:name = "SecondActivity"/>
16.     </application >
17. </manifest >
```

步骤 13：单击工具栏的运行按钮，运行并调试该程序。

 知识拓展：Android Studio 常用功能

（1）Android Studio 采用了项目模块化管理方式，即一个项目中包含多个模块，这种方式可将复杂系统分解为更好的可管理模块。学习其他优秀代码是 Android 开发的必经之路，如果下载了一个项目，如何导入？ 如果需要导入下载的一个模块，如何操作？ 如果其他工程是由 Eclipse 环境创建的又该如何运行？

① 在导入项目和模块之前要分清项目和模块。Android Studio 项目和模块可通过目录来区分。图 2.25 所示为 Android Studio 项目目录结构，图 2.26 所示为模块目录结构，项目和模块下各个目录的作用如表 2.4 所示。

图 2.25　Android Studio 项目目录结构　　图 2.26　Android Studio 模块目录结构

表 2.4　Android Studio 各个目录的作用

	目录或文件	功　能
项目	.gradle	编译工具 Gradle 版本相关的文件夹
项目	.idea	IDEA 项目文件夹,存放开发工具产生的文件
项目	app	模块所在目录
项目	gradle	编译工具 Gradle 环境支持文件夹
项目	.gitignore	模块中的版本管理工具 Git 管理文件夹
项目	build.gradle	Gradle 项目自动编译的配置文件
项目	gradle.properties	Gradle 运行环境配置文件
项目	gradlew	Linux、Mac 系统中自动完成编译的 gradle 脚本,和 gradle 文件夹共同完成编译工作
项目	gradlew.bat	Windows 系统中自动完成编译的 gradle 脚本,配合 gradle 文件夹使用
项目	local.properties	Android SDK 环境路径配置
模块	build	模块编译时所生成的中间文件的目录
模块	libs	第三方依赖库所在目录
模块	src	模块源码所在目录
模块	app.iml	模块中的 IDEA 项目文件
模块	build.gradle	模块自动编译的配置文件
模块	proguard-rules.pro	模块代码混淆配置文件

　　② 分清项目和模块之后,即可导入一个新的项目。打开项目的方式有两种:第一种方式是,打开 Android Studio,在出现的窗口中选中"Open an existing Android Studio project",在出现的窗口中选择项目所在目录或者项目下的 build.gradle 文件,即可打开一个项目;第二种方式是在已经打开项目后再打开一个项目,依次选择"File"|"Open…",在随后出现的对话框中选择项目所在目录或者项目下的 build.gradle 文件。导入项目时经常会报错,常见的错误有以下 2 种。

- "Error:Failed to find target with hash string 'android-＊＊' in:＊＊＊＊　　Install missing platform(s) and sync project",如图 2.27 所示,主要原因是导入模块使用的 SDK 版本或者 Build Tools 版本当前环境中没有装。出现这种情况时有两种解决方法:第一种是直接单击报错信息"Install missing platform(s) and sync project"安装 SDK 和 Build Tools;第二种是修改模块下的 build.gradle 代码,先查看 sdk\build-tools 下的目录获取 Build Tools 版本号,再查看 sdk\platforms 下的目录获取 SDK 版本号,最后用记事本打开模块下的 build.gradle 文件,并修改 compileSdkVersion、buildToolsVersion 和 targetSdkVersion 为 sdk 目录下对应的版本号,然后单击按钮 进行同步。

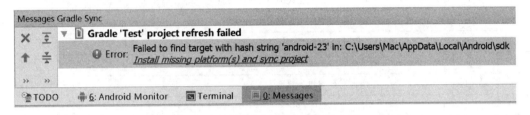

图 2.27　SDK API 版本号不匹配错误提示

- 不同版本使用的扩展包版本不同,如果扩展包版本不正确可能会报图 2.28 所示的错误,出现这种情况时,要修改模块下的 build.gradle 文件对应的扩展包版本号,如将图 2.28 中所示的"com.android.support:appcompat-v7:23.3.1"更改为适当版本,该版本号需要和 SDK 版本号相匹配。

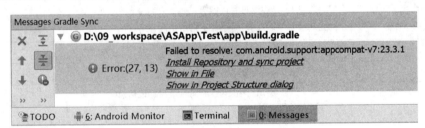

图 2.28　扩展包版本不正确错误提示

③ 在打开的项目中导入一个新的模块,依次选择"File"|"New"|"Import Module",在弹出的对话框中选择需要导入的模块即可。

④ 因为 Eclipse 开发环境是 Android Studio 出现以前使用了很久的集成开发环境,所以网络上的很多工程都是在 Eclipse 环境下创建的。与 Android Studio 开发环境相比,Eclipse 开发环境中的目录结构、编译方式等存在很大差异。如果要在 Android Studio 环境下打开在 Eclipse 环境下创建的工程,值得推荐的方法就是重建工程,然后复制核心代码和配置文件。所以,先在 Android Studio 环境下创建一个相同包路径的项目或模块,然后使用 Eclipse 环境下对应的文件替换如下目录中的内容:<模块名>\src\main\java、<模块名>\src\main\AndroidManifest.xml 和<模块名>\src\main\res,如果原工程中使用了第三方库,找到该文件并复制至<模块名>\libs 目录下。然后同步工程,Eclipse 环境可能存在和 Android Studio 版本的兼容性问题,可以根据编译或执行中的报错信息进行修改。

（2）Android Studio 以易用性闻名，Android Studio 提供了很多快捷键，可以提高开发效率，表 2.5 所示为常用的快捷键，在实验过程中使用这些快捷键可提高代码编写速度。

表 2.5　Android Studio 常用的快捷键

序　号	快捷键	功　能
1	Alt + /	代码智能提示
2	Alt + Enter	自动修正
3	Ctrl + /	行注释代码(//形式注释)
4	Ctrl + Alt + /	代码块注释代码(/ * …… * /形式注释)
5	Ctrl + Alt + L	格式化代码
6	Ctrl + Alt + O	清除无效包引用
7	Ctrl + D	复制当前行
8	Ctrl + F	查找
9	Ctrl + R	查找＋替换
10	Ctrl + Y	删除行
11	Alt + ↓或↑	在方法和内部类之间跳转
12	Alt + Shift + ↓或↑	上下移动代码
13	Alt + ←或→	在打开的 Tab 页窗口之间快速切换
14	Ctrl + Alt + ←或→	返回或者向前跳到光标历史访问代码
15	Ctrl + Shift + Backspace	上一个编辑位置
16	Ctrl + Shift +"＋"或"－"	展开/折叠代码块
17	Alt + F7	查找方法、属性等被引用的地方
18	Shift + F6	重命名,用于修改类、方法、属性、变量等的命名
19	F11	添加/移除书签
20	Ctrl + F11	添加/移除书签的同时增加标记信息
21	Ctrl + F12	查看当前文件的结构,例如:打开一个 * . java 文件,同时按下"Ctrl＋F12"后,会弹出一个小窗口,窗口中会展示该文件中所有的方法、变量、内部类等,并且可以通过单击定位代码
22	Ctrl + Shift + F12	切换编辑器全屏显示,隐藏其他面板,再次执行该操作,将会回到隐藏前的状态

实验 3　Activity 生命周期

1. 实验目的

（1）熟悉控件 EditText(输入文本框)、TextView(文本)、Button(按钮)的应用。

（2）掌握 styles. xml 文件的使用。在 styles. xml 文件中定义样式,通过样式的复用统一界面风格,减少界面代码量。

（3）掌握对话框风格的 Activity 界面的设计。

（4）掌握 Activity 的生命周期函数调用过程。

（5）进一步熟悉不同 Activity 之间的跳转实现，以及使用 Intent 传值的方式。

（6）熟练使用 Logcat，通过 Logcat 定义过滤器，查看各类信息。

2. Activity 生命周期

Activity 生命周期指 Activity 从启动到最终销毁调用函数的过程，每个函数在 Activity 的不同阶段被调用，一般根据代码逻辑选择不同的回调函数。图 2.29 所示为 Google 公司提供的 Android API 手册中 Activity 动态调用的流程图，从中可以看出各个生命周期回调函数被调用的顺序，本实验将通过动态的方式来验证该流程。

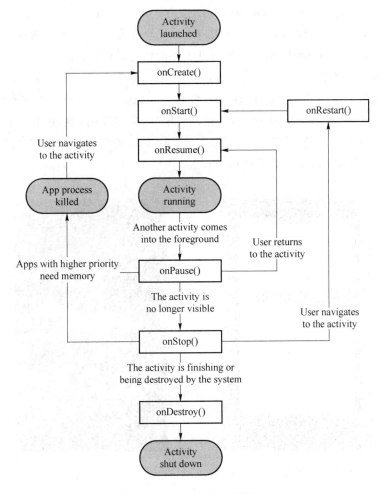

图 2.29　Activity 生命周期调用

（1）onCreate()：初始化方法，即对 Activity 的初始化代码放在该方法中。一般情况下，在该方法中先调用父类的 onCreate() 方法进行初始化，再使用 setContentView() 加载布局，然后可以对一些控件和变量进行初始化。动画不应该在该方法中进行初始化。

（2）onStart()：Activity 可见时调用该方法。与 Activity 界面绘制相关的代码可以放在该方法中。

（3）onResume()：Activity 可以接受用户事件时调用该方法。Activity 在这个阶段已经出现在界面中，并且可以和用户进行交互。

（4）onPause()：当一个 Activity 被部分遮挡、被完全遮挡或销毁前调用该方法。当从一个 Activity 跳转到另一个 Activity 时，只有在前一个 Activity 执行完 onPause()方法后，另一个 Activity 才会启动。同时，Android 中设定如果 onPause()方法在 500 ms 内没有执行完毕，就会强制关闭 Activity。

（5）onStop()：Activity 被完全遮挡或销毁前调用该方法。此时 Activity 进入停止状态，已经不可见了，但 Activity 对象还在内存中，没有被销毁，调用该方法主要的工作是做一些资源的回收。

（6）onDestroy()：Activity 被销毁时调用该方法，可将未释放的资源在该方法中释放。在两种情况下该方法会被调用：程序中调用了 finish()方法，该 Activity 被系统终止。

（7）onRestart()：Activity 从停止状态进入活动状态时调用该方法。

3. 实验界面与功能

该 App 由两个界面组成：MainActivity 和 ResultActivity。在图 2.30 所示的界面的两个文本框中输入两个数字，如 100 和 23，单击"计算"按钮，会弹出图 2.31 所示的 ResultActivity 界面，并且在该界面中会显示 100 乘以 23 的结果。另外，本实验将通过代码验证 Activity 生命周期回调函数的调用过程。

图 2.30　MainActivity 界面　　　图 2.31　ResultActivity 界面

4. 实验步骤

步骤 1：新建工程 App03，该工程由两个 Activity 组成，将该工程默认的 Java 代码 MainActivity. java 和布局文件 activity_main. xml 各复制一份，并分别重命名为 ResultActivity. java 和 activity_result. xml，过程和本章的实验 2 相同。

步骤 2：在 AndroidManifest. xml 中注册 ResultActivity。MainActivity 相关配置是默认生成的，仍为启动类，无须修改。

```
1.  < application android:allowBackup = "true"
2.      android:icon = "@mipmap/ic_launcher"
3.      android:theme = "@style/AppTheme" ……>
4.      < activity android:name = ".MainActivity">
5.          ……
6.      </activity>
7.      <!-- 注册 ResultActivity,并设定该界面风格为对话框风格 -->
8.      < activity _____
9.              android:theme = "@style/Theme.AppCompat.DayNight.Dialog"/>
10. </application>
```

步骤 3:打开 styles.xml 文件,在原来的样式文件中添加新的样式的定义,供布局文件使用。

```
1.  <!-- 定义"BaseStyle"基础样式供其他样式继承 -->
2.  < style name = "BaseStyle">
3.      <!-- 定义文字大小为 20 sp -->
4.      < item name = "android:textSize">20sp</item>
5.      <!-- 定义控件宽度和父控件适配 -->
6.      < item name = "android:layout_width">match_parent</item>
7.      <!-- 定义控件高度和父控件适配 -->
8.      < item name = "android:layout_height">wrap_content</item>
9.  </style>
10.
11. <!-- 定义一个新样式并命名为"BaseStyle.EditText",该样式继承自"BaseStyle",
        使用该样式的控件不仅具有"BaseStyle"定义的三个属性,也具有"BaseStyle.
        EditText"的属性 -->
12. < style name = "BaseStyle.EditText">
13.     <!-- 设置控件的背景颜色 -->
14.     < item name = "android:background">#EBF1FF</item>
15.     <!-- 设置控件输入文本的类型 -->
16.     < item name = "android:inputType">number</item>
17.     <!-- 设置控件输入文本的颜色 -->
18.     < item name = "android:textColor">#495892</item>
19. </style>
20.
21. <!-- 定义一个新样式并命名为"BaseStyle.TextView",同样使该样式继承自
        "BaseStyle",供 TextView 控件使用 -->
22. < style name = "BaseStyle.TextView">
23.         <!-- 设置控件输入文本的位置为水平居中 -->
```

```
24.        < item name = "android:gravity">center_horizontal</item>
25.        < item name = "android:textColor"> #495892</item>
26. </style>
27.
28. <! -- 定义一个新样式并命名为"BaseStyle.Button",供 Button 控件使用  -->
29. < style name = "BaseStyle.Button">
30.        < item name = "android:background"> #527BE1</item>
31.        < item name = "android:textColor"> #FFF</item>
32. </style>
```

步骤 4:打开 layout 目录下的 activity_main. xml,先在界面编辑器中通过"Palette"先后拖拽数字类型的 EditText `123 Number`、TextView `Ab TextView`、数字类型的 EditText 和 Button 控件 `ok Button`,在该布局文件中增加控件,并为每个控件的 4 个方向约束点建立约束,图 2.32 和图 2.33 供参考。

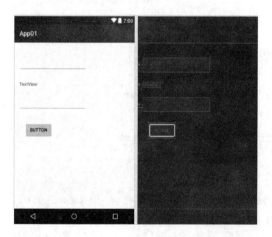

图 2.32　界面编辑器中拖完控件后效果

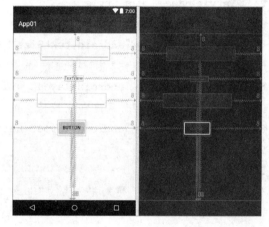

图 2.33　界面编辑器中建完约束后效果

步骤 5:在界面编辑器中为每个控件设置外边距。选中要调整的控件,在右侧的"Properties"面板中单击控件外边缘的数字,并设定边距为 8 像素,如图 2.34 所示。

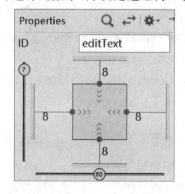

图 2.34　为控件设定边距

步骤 6：对 activity_main. xml 基本设置完成后，单击"Text"标签打开布局文件的文本编辑器，对该界面控件做如下调整。

```
1.  < android. support. constraint. ConstraintLayout…… >
2.  <! -- 为各控件增加 ID，并设置在 styles. xml 中已定义的 BaseStyle. EditText 等样
        式。android：layout_margin * 和 app：layout_constraint * 的属性值是控件的布局、
        位置相关的属性值，这类属性保持不变  -->
3.      < EditText android：id = "@ + id/leftOp"
4.          style = "@style/BaseStyle. EditText"
5.      …… />
6.
7.      < TextView android：id = "@ + id/operator"
8.          style = "@style/BaseStyle. TextView"
9.      ……/>
10.
11.     < EditText android：id = "@ + id/rightOp"
12.         style = "@style/BaseStyle. EditText"
13.     ……/>
14.
15.     < Button android：id = "@ + id/calculate"
16.         style = "@style/BaseStyle. Button "
17.     ……/>
18. </android. support. constraint. ConstraintLayout >
```

步骤 7：按照步骤 6 中的方法，为布局文件 activity_ result. xml 中默认的 TextView 标签添加 ID 属性值"result"，为其设置样式"BaseStyle. TextView"，并修改该 Activity 的调用类为 ResultActivity。

```
1.  < android. support. constraint. ConstraintLayout
2.      ……
3.      tools：context = "cn. edu. android. app03. ResultActivity">
4.      < TextView _____
5.          _____
6.          …… />
7.  </android. support. constraint. ConstraintLayout >
```

步骤 8：在 strings. xml 中增加键值对，供界面使用。

```
1.  < resources >
2.      ……
3.      < string name = "operator">乘以</string >
4.      < string name = "calculate">计算</string >
```

```
5.    < string name = "exit">退出</string >
6.    < string name = "about">关于</string >
7.  </resources >
```

步骤 9：打开 MainActivity. java 文件，对应界面布局在该文件中定义 4 个成员变量，在 onCreate()方法中通过 findViewById()方法获取 4 个控件实例，并对 ID 为"operator"的文本控件和 ID 为"calculate"的按钮控件设定显示文本。

```
1.   package cn. edu. android. app03;
2.
3.   import android. net. Uri;
4.   import android. os. Bundle;
5.   import android. support. v7. app. AppCompatActivity;
6.   import android. widget. Button;
7.
8.   public class MainActivity extends AppCompatActivity {
9.   /*  对应界面布局定义 4 个成员变量，如果在键入类名"EditText"等标出红色波浪线
         时，可用快捷键"Alt + Enter"进行修复，并且在随后出现的快捷菜单中选择"Import
         Class"导入 3 个包路径  */
10.        private EditText leftOp;
11.        private TextView operator;
12.        private EditText rightOp;
13.        private Button calculate;
14.        @override
15.        protected void onCreate(Bundle savedInstanceState) {
16.            super. onCreate(savedInstanceState);
17.            setContentView(R. layout. activity_main);
18.            // 通过 findViewById()方法获取 4 个控件实例
19.            leftOp = _____ ;
20.            rightOp = _____ ;
21.            operator = _____ ;
22.            calculate = _____ ;
23.            // 为操作符文本框设置文本"乘以"
24.            operator. setText(R. string. operator);
25.            // 为计算按钮设置文本"计算"
26.            _____ ;
27.        }
28. }
```

步骤 10：在 MainActivity. java 文件中定义一个监听器，该监听器归属的包路径为 android. view. View. OnClickListener，并实现 onClick()方法，在该方法中获取用户输入的

值，将其保存在 Intent 中传递给 ResultActivity. java。

```
1.    ……
2.    import android.view.View；
3.    import android.view.View.OnClickListener；
4.    import android.content.Intent；
5.
6.    public class MainActivity extends AppCompatActivity {
7.    ……
8.    protected void onCreate(Bundle savedInstanceState) {……}
9.
10.   class CalculateListener implements OnClickListener {
11.       @Override
12.       public void onClick(View v) {
13.               // 从输入文本框 leftOp 中获取用户的输入
14.               String strLeftOp = leftOp.getText().toString();
15.               // 从输入文本框 rightOp 中获取用户的输入
16.               String strRightOp = _____ ;
17.               Intent intent = new Intent();
18.               /* 向 Intent 中放入附加信息左操作数，附加信息是键值对，设置键为
              leftOp */
19.               intent.putExtra("leftOp", strLeftOp);
20.               // 向 Intent 中放入附加信息右操作数
21.               _____ ;
22.               // 为 Intent 设置跳转组件信息
23.               intent.setClass(_____);
24.               // 启动 ResultActivity 组件
25.               _____ ;
26.           } // onClick
27.       } // OnClickListener
28.   } // MainActivity
```

注意：CalculateListener 类是 MainActivity 的内部类，这里代码所在位置和 onCreate()
方法是同级的。

　　步骤 11：在 MainActivity. java 的 onCreate() 方法中，为"计算"按钮绑定步骤 10 中定义
的监听器。

```
1.    public class MainActivity extends AppCompatActivity {
2.        ……
3.        protected void onCreate(Bundle savedInstanceState) {
4.            ……
```

```
5.        // 为按钮 calculate 绑定 CalculateListener 监听器
6.        calculate._____;
7.      } // onCreate
8.
9.      class CalculateListener implements OnClickListener {
10.       ……
11.     } // OnClickListener
12. } // MainActivity
```

步骤 12: 在 ResultActivity. java 中使用 activity_result. xml 作为布局文件,获取布局中的文本框并定义为 resultView。通过父类中提供的 getIntent()方法获取 MainActivity 传递过来的 Intent,从 Intent 中获取的 MainActivity 传递过来的两个值相乘后,放入 resultView 文本框中。

```
1.  public class ResultActivity extends AppCompatActivity {
2.    @Override
3.    protected void onCreate(Bundle savedInstanceState) {
4.        super. onCreate(savedInstanceState);
5.        // 为该 Activity 绑定布局文件 result_activity
6.        setContentView(_____);
7.        // 用 findViewById()方法获取该控件实例
8.        TextView  resultView = _____;
9.        // 获取 MainActivity 传递过来的 Activity
10.       Intent intent = getIntent();
11.       /* 从 MainActivity 传递过来的 Intent 中获取附加信息"leftOp",并将其转
              化成整型存储在临时变量 intLeftOp 中 */
12.       int intLeftOp = Integer. parseInt(intent. getStringExtra("leftOp"));
13.       // 用同样的方法获取"rightOp"
14.       int intRightOp = _____;
15.       // 两个用于存储操作数的临时变量相乘
16.       int result = _____;
17.       // 为 resultView 控件设置结果
18.       resultView. setText(intLeftOp + " × " + intRightOp + " = "+ result);
19.     } // onCreate
20. } // ResultActivity
```

步骤 13: 打开 MainActivity. java 文件,加入其他生命周期回调函数,这里的方法无须逐个字母键入,输入方法的关键字后通过快捷键"Alt+/"便可快速完成代码部署。在每个生命周期回调函数中通过自带的 Log 类(需要引入 android. util. Log 包)将各方法名记入日志,日志级别是"Info"。

```
1.   ……
2.   import android.util.Log;
3.
4.   public class MainActivity extends AppCompatActivity {
5.
6.       @Override
7.       protected void onCreate(Bundle savedInstanceState) {
8.           ……
9.           Log.i("APP03","MainActivity ---> onCreate");
10.      }
11.
12.      class CalculateListener implements OnClickListener {
13.          ……
14.      }
15.
16.      // 生命周期回调函数 onStart(),在该方法中加入日志打印
17.      @Override
18.      protected void onStart() {
19.          Log.i("APP03","MainActivity ---> onStart");
20.          super.onStart();
21.      }
22.
23.      /* 生命周期回调函数 onRestart(),在该方法中加入日志打印,打印内容为该类
         名 MainActivity 和方法名 */
24.      protected void onRestart() {
25.          _____ ;
26.          super.onRestart();
27.      }
28.
29.      /* 分别实现 onResume()、onPause()、onStop()和 onDestroy()方法,并在各个方
         法中打印日志,日志内容为该类名和方法名 */
30.      ……
31.  }
```

　　步骤 14:参照步骤 13,打开 ResultActivity. java 文件,将所有生命周期回调函数全部加
入该类中,并在每个生命周期回调函数中通过 Log 类将类名和各自方法名记入日志,日志
级别同样为"Info"。

　　步骤 15:运行该程序,在图 2.30 所示窗口的两个文本框中输入两个整数,点击"计算"
按钮,在图 2.31 所示的界面中会显示结果,点击底部的返回按钮将回到图 2.30 所示的界

面。然后,打开 Android Studio 底部的"Android Monitor",选择"logcat"标签页,单击右侧的下拉列表,选择"Edit Filter Configuration"选项,如图 2.35 所示。

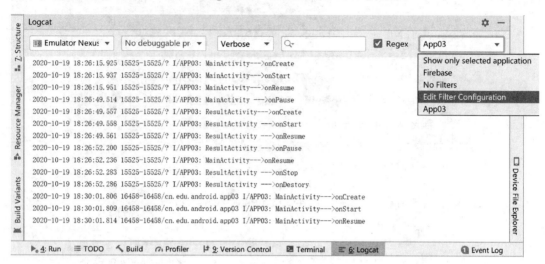

图 2.35　使用 Logcat 过滤器

步骤 16:在随后出现的图 2.36 所示的窗口中可以输入过滤器的名称(Filter Name);日志标签(Log Tag)是日志的键值,步骤 13 中定义的键值为"APP03",所以这里输入"APP03";日志信息(Log Message)处可以根据日志的内容进行查找,这里可以不输入或者输入希望查找日志的内容特征;包路径(Package Name)处可以根据应用程序的包路径进行查找;PID 是应用程序所在进程的 ID,从图 2.36 中可以看出该应用程序的 ID 为 4868;日志级别(Log Level)有 Verbose、Debug、Info、Warn、Error、Assert 这 6 种。单击左边的按钮 ➕ 可以增加一个过滤器,单击按钮 ➖ 可删除选中的过滤器。这里可以仅输入日志标签,根据日志标签"APP03"过滤出生命周期回调函数的日志,单击"OK"。

图 2.36　定义 Logcat 过滤器

步骤 17:图 2.37 显示了生命周期回调函数中的日志。从日志中可以看出,Activity 生命周期回调函数的动态过程与图 2.29 中描述的一致:

- 当启动第一个 Activity 时,按顺序调用了 MainActivity 的 onCreate()、onStart()、onResume()方法;

- 点击"计算"按钮后,先调用了 MainActivity 的 onPause()方法进入暂停状态,然后先后调用了 ResultActivity 的 onCreate()、onStart()、onResume()方法;
- 点击返回按钮后,先调用了 ResultActivity 的 onPause()方法进入暂停状态,然后调用了 MainActivity 的 onResume()方法恢复暂停的第一个 Activity,又调用了 onStop()和 onDestroy()方法进行销毁。

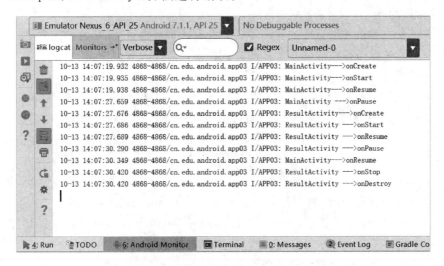

图 2.37 生命周期回调函数日志

 知识拓展:Logcat 日志工具

(1) Logcat 是 Android Studio 自带的日志工具,除了可以按照本实验步骤 16 中定义的过滤器进行过滤,Logcat 还可以根据日志级别进行过滤,不同级别过滤出来的日志结果如下所述。

- Verbose:过滤输出所有调试信息,包括 Verbose、Debug、Info、Warn、Error。
- Debug:调试信息过滤器,输出 Debug、Info、Warn、Error 调试信息,一般供程序员打印调试信息时使用。
- Info:一般信息过滤器,输出 Info、Warn、Error 调试信息。
- Warn:告警信息过滤器,输出 Warn 和 Error 调试信息。
- Error:错误信息过滤器,只输出 Error 调试信息。

(2) 在编写 Android 的代码时,可以使用 Log. v()、Log. d()、Log. i()、Log. w()、Log. e() 方法在程序中打印 Verbose、Debug、Info、Warn、Error 类型的日志。

思考

(1) 模仿 Windows 自带的计算器,如何实现?

(2) 在步骤 2 中,如果将 ResultActivity 在 AndroidManifest. xml 文件中注册时的 "android:theme = "@style/Theme. AppCompat. Dialog""属性值删除,那么对生命周期回

调函数有什么影响？请通过实验进行验证。

实验 4　ViewPager 导航页面

1. 实验目的

（1）通过首次登录导航页面的实现，掌握 ViewPager（翻页视图）的设计方法。

（2）掌握通过隐藏标题栏和状态栏的方式将应用程序设置成全屏。

2. ViewPager

ViewPager 是目前移动应用程序中的常用控件之一。例如，首次开启 App 时通过导航页面介绍 App 功能或新特性，用户可以通过滑动进入 App 主要界面，此外，首页中经常轮播最新消息，用户可以通过点击其中的某个页面进入相关 Activity。这些功能都是通过 ViewPager 实现的。

ViewPager 是 Android 扩展包（Android Support Library）中的一个容器类，扩展包用于提供向下兼容的功能，比较常用的有 support-v4 库和 appcompat-v7 库。ViewPager 需要在其中添加其他的 View 或者 Activity。ViewPager 中的内容可以通过适配器填充，该适配器为 PagerAdapter。PagerAdapter 创建过程如下所述。

（1）定义一个适配器类继承自抽象类 PagerAdapter。

（2）传递要加载的 View 集合，View 是一个重要的基类，所有界面上的可见元素都是 View 的子类，所以 PagerAdapter 可以适配很多界面元素。

（3）在新定义的适配器类中，实现 PagerAdapter 的 4 个方法 getCount()、destroyItem()、instantiateItem() 和 isViewFromObject()，它们的作用如下所述。

- public int getCount()：返回 View 集合中 View 的个数，即要适配几个视图。
- public void destroyItem(ViewGroup container, int position, Object object)：用于在页面滑出容器 container 后销毁 ID 为 position 的视图，本实验中容器即 ViewPager 本身，position 为 View 集合中的位置序号。
- public Object instantiateItem(ViewGroup container, int position)：用于在页面滑入 container 时创建视图。
- public abstract boolean isViewFromObject (View view, Object object)：用于通知底层框架这个 view 的 ID 是否为 instantiateItem() 方法返回的对象。

3. 实验界面与功能

本实验模拟安装或升级后初次登录时的导航界面，该界面由三张全屏的图片组成，通过在界面上滑动轮流获取三张图片。在商用 App 中，该功能常用于介绍应用程序的基本功能，如图 2.38 所示。

4. 实验步骤

步骤 1：创建新模块并将其命名为 App04，Activity 和布局文件的名称保持默认，复制 3 份 activity_main. xml 文件，分别将其重命名为 tab1. xml、tab2. xml 和 tab3. xml，用于设计放入三张图片的视图。

步骤 2：复制 pic1. png、pic2. png 和 pic3. png 到 mipmap 目录。

图 2.38　ViewPager 的 3 个窗口

步骤 3：打开 activity_main. xml 文件，删除默认的 TextView 文本控件，加入 ViewPager（android. support. v4. view. ViewPager）控件并调整 ViewPager 的 4 个方向的约束，调整后的 ViewPager 的布局文件如下所示。

```
1.    <android.support.v4.view.ViewPager
2.        android:id = "@ + id/viewpager"
3.        android:layout_width = "0dp"
4.        android:layout_height = "0dp"
5.        app:layout_constraintBottom_toBottomOf = "parent"
6.        app:layout_constraintLeft_toLeftOf = "parent"
7.        app:layout_constraintRight_toRightOf = "parent"
8.        app:layout_constraintTop_toTopOf = "parent" />
```

注意：该布局文件仅供参考，在实验中可以有差异。从 Android API 28 后，Android 开发团队对扩展包的 API 架构重新进行了一次划分，推出了 AndroidX，AndroidX 本质上是对 Android Support Library 扩展包的升级。本实验 build. gradle 的依赖为"implementation ' com. android. support. constraint:constraint-layout:1. 1. 3'"，布局文件中采用的布局为"android. support. constraint. ConstraintLayout"，代码中的包路径为"import android. support. v4. view. ViewPager；"。读者可以采用最新的 AndroidX 兼容包，但是依赖、布局和包路径需统一更改，依赖更改为"implementation ' androidx. constraintlayout：constraintlayout：1. 1. 3 ' "，布局文件更改为"androidx. constraintlayout. widget. ConstraintLayout"，包路径更改为"import androidx. viewpager. widget. ViewPager；"。扩展包和 AndroidX 兼容包不能混用。

步骤 4：修改 tab1. xml、tab2. xml 和 tab3. xml 文件。删除布局文件中默认的 TextView 文本控件，向视图编辑器中拖入一个 ImageView 控件，并设置 ViewPager 的 4 个方向的约束，宽度和高度都设置为 0 dp。编辑布局文本，设置图片均衡缩放以适应父视图边界(android:scaleType="centerCrop"),设置 tab1.xml 的 ImageView 的源图片为 pic1.png,其余
两张图片以此类推。以 tab1.xml 文件为例,修改后的布局文件如下所示。

```
1.  < ImageView
2.      android:layout_width = "0dp"
3.      android:layout_height = "0dp"
4.      android:scaleType = "centerCrop"
5.      android:src = "@mipmap/pic1"
6.      app:layout_constraintBottom_toBottomOf = "parent"
7.      app:layout_constraintLeft_toLeftOf = "parent"
8.      app:layout_constraintRight_toRightOf = "parent"
9.      app:layout_constraintTop_toTopOf = "parent"
10. />
```

步骤 5:打开 MainActivity.java 文件,在 onCreate()方法默认的初始化完成后,首先获
取 ViewPager 控件,并通过布局填充器 LayoutInflater 获取 tab1.xml、tab2.xml 和 tab3.xml
布局,作为 View 对象保存在 List<View>中,最后通过 PagerAdapter 适配到界面。其中,
LayoutInflater 是用于加载布局的,加载布局的任务通常都是通过在 Activity 中调用
setContentView()方法来完成的,事实上 setContentView()方法的内部也是使用
LayoutInflater 来加载布局的,代码如下所示。

```
1.  @override
2.  protected void onCreate(Bundle savedInstanceState) {
3.      super.onCreate(savedInstanceState);
4.      // 隐藏标题栏
5.      if (getSupportActionBar() != null) {
6.          getSupportActionBar().hide();
7.      }
8.      /* 隐藏状态栏(显示电池电量和信号的横栏)和隐藏标题栏,一定要写在获取布
        局文件的前面,否则不能达到全屏效果 */
9.      getWindow().setFlags(WindowManager.LayoutParams.FLAG_FULLSCREEN,
                        WindowManager.LayoutParams.FLAG_FULLSCREEN);
10.     setContentView(R.layout.activity_main);
11.     // 获取该 Activity 布局文件中设计好的 ViewPager 控件
12.     ViewPager viewPager = (ViewPager)findViewById(R.id.viewpager);
13.     // 定义一个数组,用于存放 tab1.xml、tab2.xml 和 tab3.xml 的视图
14.     List<View>  views = new ArrayList<View>();
15.     // 实例化 LayoutInflater 以填充布局
16.     LayoutInflater inflater =
                    LayoutInflater.from(getApplicationContext());
```

17.　　　/* 通过 LayoutInflater 的 inflate()方法填充布局,该方法第一个参数是要填
　　　　充的布局 ID,第二个参数是指给该布局的外部再嵌套一层父布局,如果不需要就
　　　　直接传 null */

18.　　　**View view1 = inflater.inflate(R.layout.tab1,null);**

19.　　　**View view2 = ＿＿＿＿＿＿＿＿＿＿＿＿＿＿＿＿；**

20.　　　**View view3 = ＿＿＿＿＿＿＿＿＿＿＿＿＿＿＿＿；**

21.　　　// 将获取的视图加入 views 数组,组成视图集供适配器适配视图到 ViewPager

22.　　　**views.add(view1);**

23.　　　**views.add(＿＿＿);**

24.　　　**views.add(＿＿＿);**

25. }

步骤 6:在 MainActivity.java 中定义一个内部类 HomePagerAdapter,使之继承自
PagerAdapter,定义一个带入参的构造函数,实现 4 个方法 getCount()、destroyItem()、
instantiateItem()和 isViewFromObject(),具体如下所示。

```
1.    protected void onCreate(Bundle savedInstanceState) {……}
2.    public class HomePagerAdapter extends PagerAdapter {
3.        // 定义一个成员变量,供所有方法调用
4.        List<View> views;
5.
6.        /* 定义一个带入参的构造函数,当实例化 HomePagerAdapter 时必须以入参形式
          传入视图集合,以供初始化该类中的成员变量 views */
7.        public HomePagerAdapter(List<View> views) {
8.            this.views = views;
9.        }
10.
11.       // 返回适配的视图数组中 View 的数量,即适配器需适配几个视图
12.       public int getCount() {
13.           return views.size();
14.       }
15.
16.       public boolean isViewFromObject(View view, Object obj) {
17.           return view  == obj;
18.       }
19.
20.       // 销毁视图时将该视图从容器中移除
21.       public void destroyItem(ViewGroup container, int pos, Object obj) {
22.           ((ViewPager)container).removeView(views.get(pos));
23.       }
```

```
24.
25.        // 向容器中加入视图
26.    public Object instantiateItem(ViewGroup container, int position) {
27.        ((ViewPager)container).addView(views.get(position));
28.        return views.get(position);
29.    }
30. }
```

步骤 7：在 MainActivity 类的 onCreate()方法中为 ViewPager 绑定适配器。

```
1.    protected void onCreate(Bundle savedInstanceState) {
2.        ......
3.        viewPager.setAdapter( new HomePagerAdapter(views));
4.    }
```

步骤 8：运行并测试 App04。

 知识拓展：ViewPager 的跳转

一般商业 App 会在导航页的最后一个界面中放入一个按钮，导航结束后需要用户点击该按钮进入登录页面，这个按钮的触发事件写在 instantiateItem()方法中。假设该按钮是一个 ID 为"start"的 ImageView，进入登录界面的代码如下所示。

```
1.    public Object instantiateItem(View container, int position) {
2.        ((ViewPager) container).addView(views.get(position), 0);
3.        if (position == views.size() - 1) {
4.            // 获取 start 按钮
5.            ImageView startButton = (ImageView) container.findViewById(R.id.start);
6.            // 为该按钮绑定一个监听器,该监听器通过匿名内部类的方式实现
7.            startButton.setOnClickListener(new View.OnClickListener() {
8.                public void onClick(View v) {
9.                    // 设置 Activity 的跳转
10.                   ......
11.               }
12.           });
13.       } // if
14.       return views.get(position);
15.   } // instantiateItem()
```

📝 **思考**

很多 App 的首页都有一个轮播控件,用于发布该 App 的最新动态、广告或者重要信息,该控件应该如何实现?

实验 5　常 用 控 件

1. 实验目的

(1) 学习 ProgressBar(进度条)、ListView(列表控件)、Notification(通知消息)、RadioButton(单选按钮)等常用控件的使用方法。

(2) 学习插件的下载与安装方法。

(3) 学习 Code Generator 插件的使用方法。

2. ListView

ListView 是较常用的控件,其以列表的形式展示具体内容,并且能够根据数据的类型自适应显示至界面。列表的显示需要以下 3 个元素。

- ListView 控件:用于展示列表的控件。
- 适配器:将数据映射到 ListView 上的中介。根据列表的不同功能,列表的适配器分为 3 种:ArrayAdapter(数据适配器)、SimpleAdapter(简单适配器)和自定义的适配器。ArrayAdapter 只能展示一种内容;SimpleAdapter 有较好的扩展性,可以自定义多种展示效果;自定义的适配器必须继承自 BaseAdapter,必须实现 BaseAdapter 的抽象方法,所以相对复杂,但具有较高的灵活性,适合复杂的界面。
- 数据:将被映射至界面的具体字符串、图片或者基本组件等。

ListView 子项的点击事件监听器是 AdapterView.OnItemClickListener,和前面介绍的监听器类似,该类是一个接口类,必须要实现它的 onItemClick()方法,当用户点击了 ListView 的一个选项后,选项的参数会以 onItemClick()入参的方式传入。

3. Android 插件安装

为了提高代码开发效率,Android Studio 平台上有很多插件可供开发者使用。本实验需安装 Android Code Generator,该插件的作用是根据布局文件生成对应的 Activity 类,并在该类中定义和通过 findViewById()方法获取该控件。该插件的安装方法如下:

(1) 依次单击"File"|"Settings"|"Plugins",出现 Plugins 窗口,如图 2.39 所示,该窗口默认显示已经安装的插件。

(2) 在图 2.40 的搜索框中搜索"Android code generator",窗口中会出现"Search in repositories"超链接,单击该超链接将弹出下载插件窗口。

(3) 在图 2.41 所示的下载插件窗口中单击"Install"按钮安装插件,安装完成后"Install"按钮变成了图 2.42 中的"Restart Android Studio"按钮,根据提示重启 Android Studio,插件即安装完成,该插件的使用将在实验步骤部分介绍。

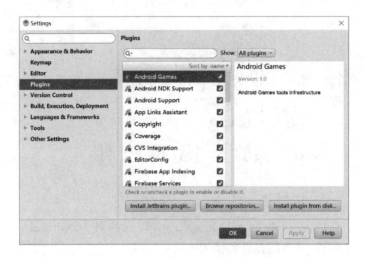

图 2.39　Android Studio 插件窗口

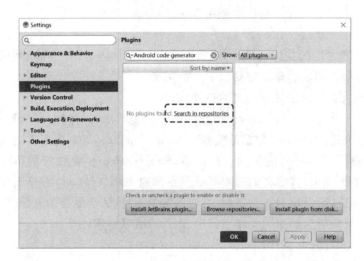

图 2.40　Android Studio 插件搜索

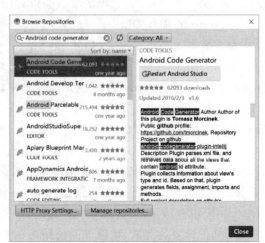

图 2.41　Android Studio 下载插件窗口　　　　图 2.42　插件安装完成

Android Studio 有很多插件可以使用,但是不能安装太多插件,否则会占用太多资源,还会引起不可预料的异常,常用的插件还有 GsonFormat、Android Selector 等。

4. Notification 的功能与用法

Notification 是一种具有全局效果的通知,可以在系统的通知栏中显示。当 App 向系统发出通知时,通知将先以图标的形式显示在通知栏中,用户可以下拉通知栏查看通知的详细信息。通知栏由系统控制,用户可以随时查看。创建一个简单的 Notification 主要有以下 5 个步骤。

(1) 首先要获取 NotificationManager 实例,NotificationManager 是通知管理类,是一个系统服务。获取的代码如下所示。

```
NotificationManager nm = (NotificationManager) getSystemService
(Context.NOTIFICATION_SERVICE);
```

(2) 在 Android 8.0 及以上版本中,增加了 NotificationChannel 类(通知渠道),用于为要显示的每种通知类型创建用户可自定义的渠道,用户界面将通知渠道称为通知类别,所以需要先定义一个通知渠道类实例,如下所示:

```
NotificationChannel channel = new
NotificationChannel("YOUR_CHANNEL_ID", "YOUR_CHANNEL_NAME",
NotificationManager.IMPORTANCE_HIGH);
```

然后,在通知管理中注册该通知渠道:

```
nm.createNotificationChannel(channel);
```

低版本中不需要注册通知渠道。

(3) NotificationCompat. Builder 使用构造者模式构建 Notification 对象,并设置相关属性,如图 2.43 中的通知消息发出时间(When)、标题(ContentTitle)、内容(ContentText)、图标(SmallIcon),还可以设置通知消息跳转到新的 Activity,以及消息提醒的声音、震动、闪灯等属性。

图 2.43　Notification 通知界面

(4) 通过 builder. build()方法生成 Notification 对象。

(5) 通过通知管理器 NotificationManager 的 notify()方法发起通知。

5. 实验界面与功能

本实验的初始界面如图 2.44(a)所示,选中"下载歌曲列表"后点击"下载"按钮会启动图 2.44(b)中的进度条,连续点击"下载"按钮进度条会向前移动,进度条运行到 100% 后会得到图 2.44(c)所示的 ListView 显示数据。选中图 2.44(c)中的"后台下载",再点击"下载"按钮十次,状态栏会出现通知消息的图标,下拉通知栏查看会得到图 2.44(d)所示的通知消息。

(a) App05启动界面　　　(b) 模拟下载界面　　　(c) 下载列表完成界面　　　(d) 弹出通知消息界面

图 2.44　实验界面

6. 代码结构

本实验仅有 1 个类,该类由 4 个方法组成,并且定义了 8 个全局变量供 4 个方法使用,代码结构如图 2.45 所示。

图 2.45　App05 代码结构

7. 实验步骤

步骤 1:新建工程 App05,Activity 和布局文件的名称保持默认。

步骤 2:将布局文件 activity_main. xml 复制一份,并将其重命名为 name_size. xml,供后面的 ListView 适配数据使用。

步骤 3:本实验用到的 strings. xml 文件中的常量字符串如下所示,其中" "表示空格。这里注意不要把默认的字符串资源删除。

```
1.  < string name = "begin">下       载</string>
2.  < string name = "newMsg">新消息</string>
3.  < string name = "finish">您的歌曲列表下载完毕!</string>
4.  < string name = "downlist">下载歌曲列表</string>
5.  < string name = "downloadbackground">后台下载</string>
```

步骤 4：打开布局文件 activity_main.xml，向其中拖入一个 RadioGroup 容器 ，然后向该 RadioGroup 中拖入两个 RadioButton，由于 RadioButton 必须放在 RadioGroup 容器中，因此在拖入的过程中不好控制，可以直接将控件拖入界面编辑器的 Component Tree 中，如图 2.46 所示，然后设置 RadioGroup 的布局约束。

　　步骤 5：设置 RadioGroup 的高度为 wrap_content，宽度为 match_parent，内部控件方向为水平排列。为两个 RadioButton 设置 ID，分别为 downlist 和 downloadbackground，设置文本分别为步骤 3 中定

图 2.46　拖入两个 RadioButton

义的"下载歌曲列表"和"后台下载"，权重属性（android:layout_weight）都设置为 1，表示两个控件在水平方向各占屏幕的 1/2，默认第一个"下载歌曲列表"单选按钮选中。以下属性值的设置可供参考。

```
1.   < RadioGroup
2.       android:id = "@ + id/radioGroup"
3.       android:layout_width = "match_parent"
4.       android:layout_height = "wrap_content"
5.       android:orientation = "horizontal"
6.       ……>
7.           < RadioButton
8.               android:id = "@ + id/downlist"
9.               android:layout_width = "0dp"
10.              android:layout_height = "wrap_content"
11.              android:layout_weight = "1"
12.              android:checked = "true"
13.              android:text = "@string/downlist" />
14.          < RadioButton
15.              android:id = "@ + id/downloadbackground"
16.              android:layout_width = "0dp"
17.              android:layout_height = "wrap_content"
18.              android:layout_weight = "1"
19.              android:text = "@string/downloadbackground" />
20.  </RadioGroup >
```

　　步骤 6：继续向布局文件 activity_main.xml 的视图界面中拖入一个 Button、一个水平进度条 ProgressBar (Horizontal) 和一个 ListView，然后按图 2.47 所示设置各个控件的布局约束，将水平进度条的宽度设为 200 dp。

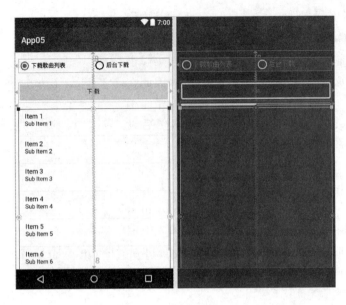

图 2.47　界面控件布局

　　步骤 7：为步骤 6 中的 3 个控件定义 ID 值，分别为 download、progressbar 和 listview，其宽度均为与父控件同宽，即与手机屏幕同宽。设置水平进度条和 ListView 的 visibility（可见性）为"invisible"，即初始状态为隐藏。

```
1.  <Button
2.      android:id = "@ + id/download"
3.      style = "? android:attr/buttonStyleSmall"
4.      android:layout_width = "match_parent"
5.      android:layout_height = "wrap_content"
6.      android:text = "@string/begin"
7.      ……/>
8.  <ProgressBar
9.      android:id = "@ + id/progressbar"
10.     style = "? android:attr/progressBarStyleHorizontal"
11.     android:layout_width = "match_parent"
12.     android:layout_height = "wrap_content"
13.     android:visibility = "invisible"
14.     ……/>
15. <ListView
16.     android:id = "@ + id/listview"
17.     android:layout_width = "match_parent"
18.     android:layout_height = "wrap_content"
19.     android:visibility = "invisible"
20.     ……/>
```

步骤 8:此步骤将介绍用 Android Code Generator 生成控件相关的代码。右击布局文件 activity_main. xml 文本编辑窗口中的任意地方,在出现的快捷菜单中依次选择"Generate Android Code"|"Activity",在随后出现的窗口中进行复制,如图 2.48 所示,并覆盖 MainActivity. java 中相同部分代码。

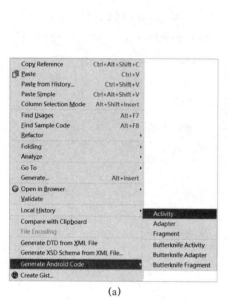

(a)

(b)

图 2.48 使用 Android Code Generator 生成代码

```
1.   package cn. edu. android. app05;
2.   import android. os. Bundle;
3.   import android. support. v7. app. AppCompatActivity;
4.   import android. widget. RadioButton;
5.   import android. widget. Button;
6.   import android. widget. ProgressBar;
7.   import android. widget. ListView;
8.
9.   public class MainActivity extends AppCompatActivity
                     implements View. OnClickListener {
10.      private RadioButton downlist;
11.      private RadioButton downloadbackground;
```

```
12.        private ProgressBar progressbar;
13.        private ListView listview;
14.
15.        @Override
16.        protected void onCreate(Bundle savedInstanceState) {
17.            super.onCreate(savedInstanceState);
18.            setContentView(R.layout.activity_main);
19.            downlist = findViewById(R.id.downlist);
20.            downloadbackground = findViewById(R.id.downloadbackground);
21.            findViewById(R.id.download).setOnClickListener(this);
22.            progressbar = findViewById(R.id.progressbar);
23.            listview = findViewById(R.id.listview);
24.        } // onCreate
25.
26.        /* 因为本类已经实现了 OnClickListener 接口,所以不需要再定义内部类实现
           监听器,直接实现 onClick()方法即可,该方法接受该界面中所有点击事件 */
27.        @Override
28.        public void onClick(View view) {
29.            switch (view.getId()) {
30.                case R.id.download:
31.                    // TODO implement
32.                    break;
33.            }
34.        } // onClick
35. } // MainActivity
```

步骤 9:在 name_size.xml 文件中将布局从约束布局"android.support.constraint. ConstraintLayout"改为线性布局"LinearLayout",并增加线性布局必须具备的属性 "orientation",该属性的取值为"horizontal",即该布局中的控件是水平排列的。在该布局文件中有一个默认的 TextView 文本控件,设置该控件的 ID 为"name",宽度为 0 dp,权重为 1,高度为 30 dp,文本靠左显示。再拖入一个 TextView 文本控件,设置该控件的 ID 为 "size",文本靠右显示,其他属性和"name"控件的相同。布局文件如下所示。

```
1.  <?xml version = "1.0" encoding = "utf - 8"? >
2.  <LinearLayout xmlns:android = "http://schemas.android.com/apk/res/android"
3.      xmlns:tools = "http:// schemas.android.com/tools"
4.      android:layout_width = "match_parent"
5.      android:layout_height = "match_parent"
```

```
6.        android:orientation = "horizontal"
7.        tools:context = "cn.edu.android.app05.MainActivity">
8.        < TextView
9.            android:id = "@ + id/name"
10.           android:layout_width = "0dp"
11.           android:layout_weight = "1"
12.           android:layout_height = "30dp"
13.           android:gravity = "left"/>
14.       < TextView
15.           android:id = "@ + id/size"
16.           android:layout_width = "0dp"
17.           android:layout_weight = "1"
18.           android:layout_height = "30dp"
19.           android:gravity = "right" />
20. </LinearLayout >
```

步骤 10：初始化 ListView。首先需要定义 ArrayList 全局变量，用于适配界面数据；其次定义一个 initListView()方法用于封装初始化 ListView 的代码；最后在 onCreate()方法中调用 initListView()方法。代码如下所示。

```
1.  ……
2.  import android.util.Log;
3.  import android.view.View;
4.  import android.widget.AdapterView;
5.  import java.util.ArrayList;
6.  import java.util.HashMap;
7.
8.  public class MainActivity extends AppCompatActivity
                          implements View.OnClickListener {
9.      ……
10.     ArrayList < HashMap < String, String >> list;
11.     protected void onCreate(Bundle savedInstanceState) {
12.         ……
13.         // 初始化 ListView
14.         initListView();
15.     }
16.
17.     private void initListView(){
18.         // 初始化 ArrayList
19.         list =  new ArrayList < HashMap < String, String >>();
```

20. /* 定义 3 个 HashMap 放入 list 中,HashMap 中的键为步骤 9 中定义的两个 TextView 文本控件的 ID,适配器会将 TextView 文本控件的 ID 作为键,到 HashMap 中查找对应的值,再根据找到的值按步骤 9 的样式适配到 ListView 中 */

21. HashMap < String, String > map1 = new HashMap < String, String >();

22. HashMap < String, String > map2 = _____ ;

23. HashMap < String, String > map3 = _____ ;

24. // 向 HashMap 中放入歌曲名的键值对和歌曲文件大小的键值对

25. map1.put("name", "When You believe");

26. map1.put("size", "0.7M");

27. map2.put(_____);

28. map2.put(_____);

29. _____ ;

30. _____ ;

31. // 将 3 个 HashMap 放入 list 中

32. list.add(map1);

33. _____ ;

34. _____ ;

35. /* 定义一个适配器,该适配器可根据布局文件 name_size.xml 中定义的两个 ID 值 name 和 size 适配数据至视图 */

36. SimpleAdapter listAdapter = new SimpleAdapter(this, list,
         R.layout.name_size, new String[]{"name", "size"},
         new int[]{R.id.name, R.id.size});

37. // 为 ListView 设置适配器

38. listview.setAdapter(listAdapter);

39. /* 用匿名内部类的方式定义一个监听器,并在 onItemClick()方法中监听 ListView 点击事件 */

40. AdapterView.OnItemClickListener listViewListener = new
         AdapterView.OnItemClickListener() {

41. @Override

42. public void onItemClick(AdapterView <?> arg0, View arg1, int arg2,
      long arg3) {

43. /* 当点击了 ListView 中某一行数据,将触发这个 onItemClick()方法,该方法的入参 arg0 即为当前的 ListView,arg1 为当前点击的这行数据采用的视图,即布局文件 name_size.xml 的根视图 LinearLayout,arg2 为点击的位置,arg3 为 ID */

44. Log.i("App05", "ID:" + arg3);

```
45.              Log.i("App05", "position：" + list.get(arg2).get("name") + "：" +
                     list.get(arg2).get("size"));
46.            }
47.        };
48.        listview.setOnItemClickListener(listViewListener);
49.    }
50. }
```

步骤 11：初始化 Notification。与步骤 10 相同，先定义方法中用到的全局变量，再写一个方法 initNotification()进行初始化，最后在 onCreate()方法中调用 initNotification()方法，代码如下所示。

```
1.  import android.app.Notification;
2.  import android.app.NotificationManager;
3.  import android.support.v4.app.NotificationCompat;
4.
5.  public class MainActivity extends AppCompatActivity
                          implements View.OnClickListener {
6.      ……
7.      // 状态栏通知的管理类，负责发送通知、清除通知等
8.      private NotificationManager nm = null;
9.      private Notification notify = null;
10.     final int NOTIFICATION_ID = 0x123;
11.
12.     protected void onCreate(Bundle savedInstanceState) {
13.         ……
14.         initNotification ();
15.     }
16.     ……
17.
18.     private void initNotification(){
19.         // 获取发送系统通知的服务
20.         nm = (NotificationManager) getSystemService(NOTIFICATION_SERVICE);
21.         NotificationChannel channel = new
                 NotificationChannel("CHANNEL_ID","CHANNEL_NAME",
                 NotificationManager.IMPORTANCE_HIGH);
22.         nm.createNotificationChannel(channel);
23.         // 创建通知
```

```
24.          notify = new NotificationCompat.Builder(MainActivity.this,
                 "CHANNEL_ID")
25.          // 设置打开通知该通知自动消失
             .setAutoCancel(true)
26.          // 设置显示在状态栏的通知提示信息
             .setContentText(getResources().getString(R.string.finish))
27.          // 设置通知内容的标题
             .setContentTitle(getResources().getString(R.string.newMsg))
28.          // 设置通知图标
             .setSmallIcon(R.mipmap.ic_launcher)
29.          // 设置发送通知时使用系统默认的声音、默认的LED灯、默认的振动
             .setDefaults(Notification.DEFAULT_SOUND |
                 Notification.DEFAULT_LIGHTS |
                 Notification.DEFAULT_VIBRATE)
             .setWhen(System.currentTimeMillis()).build();
30.      } // initNotification()
31. }
```

步骤 12：实现 MainActivity 类中按钮的点击动作。先定义一个全局整型变量 i 并赋值为 0，在 onClick()方法中实现点击事件，代码如下所示。

```
1.  public void onClick(View view) {
2.      switch (view.getId()) {
3.          case R.id.download:
4.              if (i == 0) {
5.                  // 首次点击时设置 ListView 控件不可见
6.                  listview.setVisibility(View.GONE);
7.                  // 设置进度条处于可见的状态
8.                  progressbar.setVisibility(View.VISIBLE);
9.                  // 设置进度条最大进度为 100
10.                 progressbar.setMax(100);
11.             }
12.             // 当 i 小于最大进度时
13.             if (i < progressbar.getMax()) {
14.                 /* 设置主进度条的当前值，主进度条即为图 2.44(b)中进度条的深
                       色部分 */
15.                 progressbar.setProgress(i);
16.                 /* 设置第二进度条的当前值，第二进度条即为图 2.44(b)中进度条
                       的浅色部分 */
17.                 progressbar.setSecondaryProgress(i + 10);
```

```
18.              // 每点击一次进度 i 加 10
19.              i = i + 10;
20.          }
21.          else {
22.              // 当 i 等于进度条的最大进度时,设置进度条不可见
23.              progressbar.setVisibility(View.GONE);
24.              // 当进度条运行完毕将 i 置 0,供下次触发点击事件使用
25.              i = 0;
26.              // 如果选中了 downlist 单选按钮,则下载
27.              if (downlist.isChecked()) {
28.                  listview.setVisibility(View.VISIBLE);
29.              }
30.              else {
31.                  nm.notify(NOTIFICATION_ID, notify);
32.              }
33.          }
34.          break;
35.      } // switch
36. } // onClick()
```

步骤 13:修改 App05 模块的 build.gradle 文件中 minSdkVersion 的值为 26。

步骤 14:运行并测试 App05。

 知识拓展:Notification 弹出新窗口

在很多应用程序中,收到通知消息后,下拉通知栏并点击产生的通知消息会弹出新 Activity,该功能如何实现?

(1) 定义一个 Intent,该 Intent 从当前 Activity 跳转到另一个 Activity,如 SecondActivity。

```
Intent mainIntent = new Intent(this,SecondActivity.class);
```

(2) 定义一个 PendingIntent,PendingIntent 是一种特殊的 Intent,可理解为延迟的 Intent,用于在某个事件结束后执行特定的动作。所以当用户点击通知时,才会执行该动作。

```
PendingIntent pendingIntent = PendingIntent.getActivity(this, 0, mainIntent,
                        PendingIntent.FLAG_UPDATE_CURRENT);
```

第四个参数是标量,PendingIntent 具有以下几种 flag。

- FLAG_CANCEL_CURRENT:如果当前系统中已经存在一个相同的 PendingIntent 对象,则会先将已有的 PendingIntent 取消,再重新生成一个 PendingIntent 对象。

- **FLAG_NO_CREATE**:如果当前系统中不存在相同的 PendingIntent 对象,系统将不会创建该 PendingIntent 对象而是直接返回 null。
- **FLAG_ONE_SHOT**:该 PendingIntent 只用一次。
- **FLAG_UPDATE_CURRENT**:如果系统中已存在该 PendingIntent 对象,那么系统将保留该 PendingIntent 对象,但是会使用新的 Intent 来更新之前 PendingIntent 中的 Intent 对象数据,如更新 Intent 中的 Extras。

(3) 在步骤 11 第 29 行前增加代码设置 PendingIntent。

```
setContentIntent(pendingIntent);
```

实验 6 界面布局

1. 实验目的

(1) 学习线性布局和网格布局,掌握通过 XML 布局文件和代码设计界面的方式。

(2) 掌握通过代码在 XML 布局文件中加入控件的方法。

(3) 了解 Handler 的基本用法。

2. Android 界面布局

Android 界面所有控件都必须放在界面布局中,布局中还可以嵌套其他控件。Android 中有很多布局,由于不同布局有不同特点,应用场景也各不相同。

- **约束布局(ConstraintLayout)**:该布局是 Android Studio 2.2 中推出的布局,该布局使用约束的方式来指定各个控件的位置和关系,是 Android Studio 最新版本中默认的布局。使用以前的布局设计界面时,复杂的布局总会伴随着多层的嵌套,而嵌套越多程序的性能就越差,使用约束布局可提高界面性能。
- **相对布局(RelativeLayout)**:该布局通过指定显示对象相对于其他显示对象或父级对象的位置来设置布局,是较灵活、较常用的一种布局方式,适合一些较复杂的界面。
- **线性布局(LinearLayout)**:以单一方向对其中的显示对象进行排列显示的布局。如以垂直排列显示,则布局管理器中所有控件将按列排列;如以水平排列显示,则布局管理器中所有控件将按行排列。
- **表格布局(TableLayout)**:适用于多行显示的布局格式。TableLayout 一般由多个 TableRow 组成,一个 TableRow 表示 TableLayout 中的一行,一行中可以放入多个子元素或控件。
- **网格布局(GridLayout)**:Android 4.0 之后添加的布局,该布局将界面划分为网格,可将每个控件放入其中的一个网格,也支持一个控件跨行或跨列排列。
- **框架布局(FrameLayout)**:将多个显示对象层叠显示的布局。后定义的视图可直接在前一个视图之上进行覆盖显示,把前一个控件部分或全部覆盖。
- **绝对布局(AbsoluteLayout)**:允许以坐标的方式指定显示对象的具体位置,左上角的坐标为(0,0),向右则增加 x 轴的值,向下则增加 y 轴的值。绝对布局由于显示对象的位置固定,因此在不同的设备上有可能会出现最终的显示效果不一致的现象。

该布局目前使用较少。

3. Android 中颜色的表示

Android 中的颜色值通过红（Red）、绿（Green）、蓝（Blue）三原色，以及一个透明度（Alpha）值来表示，每个分量用 8 或 4 个比特位表示，颜色值以符号♯开头，随后的数值依次是 Alpha、Red、Green、Blue 每个分量的取值。其中 Alpha 值可以省略，如果省略 Alpha 值，那么该颜色默认是不透明的。颜色值一般有以下 4 种表示方法。

- ♯RGB：该表示方法支持 0～F 共 16 个等级的颜色，全部取值为 0 表示黑色，全部取值为 F 表示白色，每个分量相等表示灰色，哪个分量上取值越大最终显示该颜色成分也就越多。例如：♯F00 表示红色。

- ♯ARGB：带透明度的颜色表示方法。该表示方法支持 0～F 共 16 个等级的透明度，0 表示全透明，F 表示完全不透明，支持红、绿、蓝三原色每个分量 0～F 共 16 个等级的颜色。例如：♯300F 表示带透明度的蓝色。

- ♯RRGGBB：该表示方法支持红、绿、蓝三原色每个分量 00～FF 共 256 个等级的颜色。例如：♯FFFF00 表示明亮的黄色。

- ♯AARRGGBB：该表示方法支持 00～FF 共 256 个等级的透明度，支持红、绿、蓝三原色每个分量 00～FF 共 256 个等级的颜色。例如：♯BF00FF00 表示带透明度的绿色。

另外，Android 中有以下 4 种设置颜色的方式。

（1）利用系统自带的颜色类。例如，将文本控件设置为红色：

```
textview.setTextColor(Color.RED);
```

（2）利用数字表示颜色。例如，将文本控件设置为白色：

```
textview.setTextColor(0xFFF);
```

（3）通过 ARGB 构建和表示颜色。例如：

```
int color = Color.argb(127, 255, 0, 255);
textview.setTextColor(color);
```

Color.argb(int alpha, int red, int green, int blue)方法中第一个参数表示透明，0 表示完全透明，255 表示完全不透明，后三位分别代表红、绿、蓝三原色的取值。以上示例代码将文本控件设置为半透明的紫色。

（4）利用 colors.xml 文件定义颜色。例如，Android 默认定义的标题栏颜色：

```
<color name="colorPrimary">♯3F51B5</color>
```

在代码中使用该颜色：

```
textview.setTextColor(getResources().getColor(R.color.colorPrimary));
```

在资源文件中使用该颜色：

```
android:textColor = "@color/colorPrimary"
```

4. Handler 运行机制简介

Android 中当程序要更新界面时,需要使用 Handler 来处理。Handler 最基本的应用需

图 2.49 实验界面实现

先创建一个 Handler 对象,需要更新界面时向刚创建的 Handler 对象通过 sendMessage()方法发送 Message,Handler 在 handleMessage()方法中接受这个 Message 对象并处理。Message 类中有 4 个常用的类型,分别为 what、arg1、arg2 和 obj。what、arg1、arg2 可以传递整型数据,obj 可以传递 Object 对象。Handler 的用法在后面的章节中再详细介绍。

5. 实验界面与功能

本实验的界面实现如图 2.49 所示。

上方"迷你计算器"5 个字通过 5 个 TextView 文本控件水平地放在一个 LinearLayout 中实现,分别用 5 种颜色填充背景,5 个 TextView 每 200 毫秒接收定时消息,并通过 Handler 依次替换背景颜色,形成简单的动画效果。

下方的计算器通过 GridLayout 实现,计算器数字输入域和"清除"按钮通过布局文件实现,而其余 16 个按钮由于基本属性相同,通过代码加入 GridLayout 中。

6. 代码结构

本实验有一个 Java 代码文件 MainActivity.java,该类中有 2 个方法和 7 个全局变量,代码结构如图 2.50 所示。

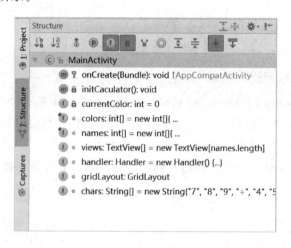

图 2.50 App06 代码结构

7. 实验步骤

步骤 1:新建模块 App06,Java 代码类名和布局文件名保持默认。

步骤 2：修改 App 默认的标题栏和状态栏的颜色，并增加颜色常量供其他文件调用。

```xml
1.  <?xml version = "1.0" encoding = "utf-8"? >
2.  < resources >
3.      < color name = "colorPrimary">#303036 </color >
4.      < color name = "colorPrimaryDark">#303036 </color >
5.      < color name = "colorAccent">#303036 </color >
6.      < color name = "color1">#cfff </color >
7.      < color name = "color2">#dfff </color >
8.      < color name = "color3">#efff </color >
9.      < color name = "color4">#dfff </color >
10.     < color name = "color5">#cfff </color >
11.     < color name = "backgroundColor">#303036 </color >
12.     < color name = "buttonColor">#FF9202 </color >
13. </resources >
```

步骤 3：将当前的布局修改成 LinearLayout，并增加必须具备的属性 orientation，将其设置为垂直。向该布局中依次拖入一个 LinearLayout ▤ LinearLayout (horizontal) 和一个 GridLayout ▦ GridLayout。新增的 LinearLayout 的 orientation 属性设置为 horizontal，左边距和右边距设置为 4 dp，权重为 1。GridLayout 的 ID 设为 gridlayout，权重为 16，有 4 列，每个单元格采用默认外边距。通过权重的设置，将内层的 LinearLayout 设置为在垂直方向上占界面的 1/17，而 GridLayout 占 16/17。

```xml
1.  <?xml version = "1.0" encoding = "utf-8"? >
2.  < LinearLayout xmlns:android = "http://schemas.android.com/apk/res/android"
3.      xmlns:tools = "http://schemas.android.com/tools"
4.      android:layout_width = "match_parent"
5.      android:layout_height = "match_parent"
6.      android:background = "@color/backgroundColor"
7.      android:orientation = "vertical"
8.      tools:context = "cn.edu.android.app06.MainActivity">
9.      < LinearLayout
10.         android:layout_width = "match_parent"
11.         android:layout_height = "0dp"
12.         android:layout_weight = "1"
13.         android:paddingLeft = "4dp"
14.         android:paddingRight = "4dp"
15.         android:orientation = "horizontal"/>
16.     < GridLayout
17.         android:id = "@ + id/gridlayout"
18.         android:layout_width = "match_parent"
```

```
19.        android:layout_height = "0dp"
20.        android:layout_weight = "16"
21.        android:columnCount = "4"
22.        android:useDefaultMargins = "true"/>
23. </LinearLayout >
```

步骤 4：使用界面编辑器中的 Component Tree 向内层的 LinearLayout 布局文件中拖入 5 个 TextView，5 个控件的 ID 分别设置为 textview01、textview02、textview03、textview04 和 textview05，权重都设为 1，使 5 个 TextView 在水平方向平分整个屏幕，背景颜色为步骤 2 中定义的颜色常量 color1、color2、color3、color4 和 color5，文字居中显示，文字描述分别为 "迷""你""计""算""器"，文本颜色为步骤 2 中定义的颜色常量，文字大小为 30 sp。以下是第一个 TextView 的属性值。

```
1.  < TextView
2.        android:id = "@ + id/textview01"
3.        android:layout_width = "0dp"
4.        android:layout_height = "match_parent"
5.        android:layout_weight = "1"
6.        android:background = "@color/color1"
7.        android:gravity = "center"
8.        android:text = "迷"
9.        android:textSize = "30sp" />
```

步骤 5：使用界面编辑器中的 Component Tree 向 GridLayout 中拖入一个 EditText 和一个 Button 控件，用于显示结果和清除。EditText 和 Button 的宽度都为横跨 4 列，EditText 的文本靠右显示，背景颜色采用步骤 2 中定义的颜色常量 color4，提示文本为 "0.0"，内边距为 3 pt，文字大小为 50 sp。按钮的文本设置为 "清除"，文字大小为 30 sp。以下代码仅供参考，图 2.51 所示为设置完成后界面编辑器的 Component Tree 中布局文件的结构。

```
1.  < EditText android:layout_width = "match_parent"
2.        android:layout_height = "wrap_content"
3.        android:layout_columnSpan = "4"
4.        android:gravity = "right"
5.        android:background = "@color/color4"
6.        android:hint = "0.0"
7.        android:padding = "3pt"
8.        android:textSize = "50sp" />
9.  < Button android:layout_width = "match_parent"
10.       android:layout_columnSpan = "4"
11.       android:text = "清除"
12.       android:textSize = "30sp"/>
```

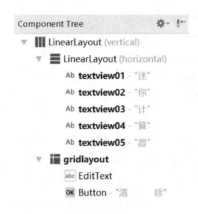

图 2.51　布局结构

步骤 6：在 MainActivity 中定义以下全局变量。

```
1.   package cn.edu.android.app06;
2.
3.   import android.widget.GridLayout;
4.   import android.widget.TextView;
5.   import android.os.Handler;
6.   import android.support.v7.app.AppCompatActivity;
7.   import android.os.Message;
8.
9.   public class MainActivity extends AppCompatActivity {
10.      // 用于接收每条消息后记录每轮颜色的标量
11.      private int intColor = 0;
12.      // 用于获取布局中的网格布局
13.      GridLayout gridLayout;
14.      /* 获取在 colors.xml 文件中定义的 5 种颜色,用于轮流设置 5 个 TextView 的背
         景色。所有的资源文件在 R.java 文件中都映射成整型值,所以这里用整型数组存
         放 */
15.      final int[] colors = new int[]{
16.          R.color.color1,
17.          R.color.color2,
18.          R.color.color3,
19.          R.color.color4,
20.          R.color.color5
21.      };
22.      // 获取 5 个 TextView 的 ID 值
23.      final int[] textviews = new int[]{
```

```
24.          R.id.textview01,
25.          R.id.textview02,
26.          R.id.textview03,
27.          R.id.textview04,
28.          R.id.textview05
29.       };
30.    // 定义一个 TextView 的数组,用于存放界面中的 5 个对应控件
31.    TextView[] views = new TextView[textviews.length];
32.
33.    // 定义一个 Handler,并实现 handleMessage()方法,用于接收 0x123 信号
34.    Handler handler = new Handler() {
35.       public void handleMessage(Message msg) {
36.          if (msg.what == 0x123) {
37.             /* 接收到信号值后,将 5 个 TextView 的背景颜色依次更改成 colors 数组中
                定义的颜色 */
38.             for (int i = 0; i < views.length; i++) {
39.                views[i].setBackgroundResource(colors[(i + intColor) %
                   textviews.length]);
40.             } // for
41.             // 每接收一个信号量就更改一次颜色
42.             intColor = (intColor + 1) % (textviews.length - 1);
43.          } // if
44.          super.handleMessage(msg);
45.       } // handleMessage
46.    }; // handler
47.    // 定义 16 个按钮上显示的文本
48.    String[] chars = new String[]{
49.       "7", "8", "9", "÷",
50.       "4", "5", "6", "×",
51.       "1", "2", "3", "-",
52.        "0", ".", "=", "+"
53.    };
54.    ......
55. }
```

步骤 7: 在 onCreate()方法中通过 findViewById()方法对 views 进行初始化,使用 Timer 定时器的 schedule()方法安排定时任务,每 200 毫秒重复发送 0x123 消息给 Handler,最后初始化计算器界面。

```
1.    ......
2.    import android.os.Bundle;
3.    import java.util.Timer;
4.    import java.util.TimerTask;
5.
6.    public class MainActivity extends AppCompatActivity {
7.
8.      protected void onCreate(Bundle savedInstanceState) {
9.        super.onCreate(savedInstanceState);
10.       setContentView(R.layout.activity_main);
11.       // 使用 findViewById()方法对 views 进行初始化,以供 Handler 设置界面
12.       for (int i = 0; i < textviews.length; i++) {
13.         views[i] = findViewById(textviews[i]);
14.       }
15.       /* 定义一个定时器,并实现 schedule(TimerTask task, long delay, long
          period)方法。该方法的第一个参数为定时任务,在该任务中通过 Handler 的
          sendEmptyMessage()方法向全局变量 handler 发送信号量 0x123;schedule()方
          法的第二个参数为延时时长,这里不需要延时;schedule()方法的第三个参数为
          周期分隔,单位为毫秒,这里设置成每 200 毫秒发送一次消息 */
16.       new Timer().schedule(new TimerTask() {
17.         @Override
18.         public void run() {
19.           handler.sendEmptyMessage(0x123);
20.         } // run()
21.       }, 0, 200);
22.       // 通过 findViewById()方法获取网格布局
23.       gridLayout = _____;
24.       // 初始化计算界面
25.       initCalculator();
26.     } // onCreate()
27.   } // MainActivity
```

步骤 8:实现 initCalculator()方法,对计算器主界面进行优化。

```
1.    ......
2.    import android.view.Gravity;
3.    import android.widget.Button;
4.    import android.support.v4.content.ContextCompat;
5.    public class MainActivity extends AppCompatActivity {
6.      ......
```

```
7.      protected void onCreate(Bundle savedInstanceState) {……}
8.
9.      private void initCalculator() {
10.         // 通过代码定义 16 个按钮,设置文字大小、ID、内边距、颜色和位置后,加入网格布局中
11.         for (int i = 0; i < chars.length; i++) {
12.             // 实例化一个按钮
13.             Button button = new Button(this);
14.             // 设置显示的文字
15.             button.setText(chars[i]);
16.             // 设置文字大小
17.             button.setTextSize(40);
18.             // 设置按钮的 ID
19.             button.setId(i);
20.             // 通过 setPadding(int left, int top, int right, int bottom)设置内边距
21.             button.setPadding(15, 35, 15, 35);
22.             // 设置按钮的背景色
23.             button.setBackgroundColor(ContextCompat.getColor(this,
                R.color.buttonColor));
24.             // 指定该组件所在的行,因为按钮从网格布局中的第 3 行开始,所以必须加上 2
25.             GridLayout.Spec rowSpec = GridLayout.spec(i / 4 + 2);
26.             // 指定该组件所在的列
27.             GridLayout.Spec columnSpec = GridLayout.spec(i % 4);
28.             // 通过 rowSpec 和 columnSpec 实例化一个布局参数对象
29.             GridLayout.LayoutParams params = new GridLayout.LayoutParams(rowSpec,
                                                        columnSpec);
30.             // 指定该组件占满网格布局中的一个单元格
31.             params.setGravity(Gravity.FILL);
32.             // 根据布局参数 params 加入按钮
33.             gridLayout.addView(button, params);
34.         } // for
35.     } // initCalculator()
36. } // MainActivity
```

步骤 9：运行并测试 App06。

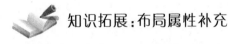 **知识拓展：布局属性补充**

本实验的布局中用到了 gravity 和 layout_gravity 属性,这两个属性非常相似,还有 padding 和 layout_margin,它们有什么区别?

（1）gravity 和 layout_gravity 的区别：

• gravity 属性是控件内部内容相对于控件本身的位置。

• layout_gravity 属性是控件在父控件中的位置。

（2）padding 和 layout_margin 的区别：

• padding 属性用于设置控件内容与控件边缘的距离，分别有上、下、左、右 4 个方向的内边距可以设置，如图 2.52 所示。

• layout_margin 属性用于设置控件之间的距离，或控件与父控件边缘的距离，其具有上、下、左、右 4 个方向的外边距可以设置。

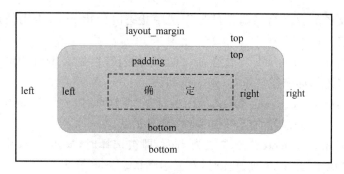

图 2.52　Android 控件的内外边距示意图

📝 思考

在本实验中内层嵌套的 LinearLayout 占屏幕的 1/17，如何将这个 LinearLayout 的高度增加或减少？

实验 7　导航栏界面的实现

1. 实验目的

（1）掌握使用 RadioButton 和 Fragment 实现导航栏的方式。

（2）熟悉 Selector（选择器）的用法。

（3）掌握 Fragment 和 FragmentStatePagerAdapter 的用法。

2. Selector

Selector 在 Android 中常用于控件在不同状态下外观的设置，如为按钮、Tab 标签页、ListView 中的一个选项的不同状态设置不同的颜色、图片，这样省去了用代码控制控件在不同状态下使用不同的背景颜色或图片。Selector 是 drawable 目录下的 XML 文件，以 selector 为根标签，在 item 子标签中定义不同状态下的颜色或图片等。例如：

```
1.   <?xml version = "1.0" encoding = "utf-8"? >
2.   < selector xmlns:android = "http://schemas.android.com/apk/res/android">
3.       < item android:drawable = "@mipmap/pic1" android:state_pressed = "false"
4.   android:state_selected = "true" />
5.       < item android:drawable = "@mipmap/pic1" android:state_checked = "true"
6.   android:state_pressed = "false" />
7.       < item android:drawable = "@mipmap/pic2" />
8.   </selector >
```

上述配置文件的含义为当前控件处于选中状态时使用 pic1，否则使用 pic2。Selector 常用的控件状态有以下几种。

- android:state_pressed：当取值为 true，即被按压时，显示 item 中定义的图片或颜色，取值为 false，即未被按压时，则显示默认。
- android:state_focused：当取值为 true，即获得焦点时，显示 item 中定义的图片或颜色，取值为 false，即没有获得焦点时，则显示默认。
- android:state_selected：当取值为 true，即被选择时，显示 item 中定义的图片或颜色，取值为 false，即未被选择时，则显示默认。
- android:state_checkable：当取值为 true，即能选中时，显示 item 中定义的图片或颜色，取值为 false，即不能选中时，则显示默认。
- android:state_checked：当取值为 true，即被选中时，显示 item 中定义的图片或颜色，取值为 false，即未被选中时，则显示默认。
- android:state_enabled：当取值为 true，即该控件能使用时，显示 item 中定义的图片或颜色，取值为 false，即该控件不能使用时，则显示默认。
- android:state_window_focused：设置当前窗口是否获得焦点状态，取值为 true 表示获得焦点，取值为 false 表示未获得焦点。例如，拉下通知栏或弹出对话框时，当前界面就会失去焦点。

3. Fragment

Fragment 是 Android 3.0(API 11)提出的控件，可看作一个轻量级的 Activity，又称 Activity 的片段。Fragment 具有以下特点：

(1) 使用 Fragment 必须继承自 Fragment 这个类。

(2) 同一个 Fragment 可放置到多个不同的 Activity 中，同一个 Activity 也可以动态加载不同的 Fragment。

(3) Fragment 有自己的布局文件，其布局文件和 Activity 的布局文件相同。

(4) Fragment 不能独立运行，必须放入 Activity 中才能被加载。

(5) Fragment 有自己的布局和生命周期回调函数。

Fragment 的生命周期回调函数与所归属的 Activity 同步，具体如图 2.53 所示。Fragment 特有的生命周期回调函数如下所示。

- onAttach(Activity)：当所归属的 Activity 与 Fragment 发生关联时调用。
- onCreateView(LayoutInflater, ViewGroup, Bundle)：创建该 Fragment 的视图。该方法是最常用的方法。

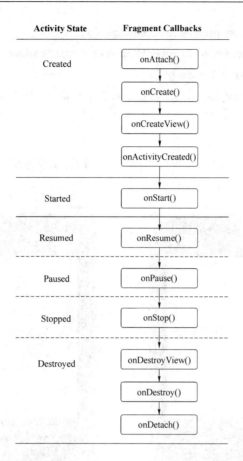

图 2.53　Fragment 和 Activity 的生命周期回调函数

- onActivityCreate(bundle)：当所归属的 Activity 的 onCreate()方法返回时调用。
- onDestroyView()：与 onCreateView()相对应，当该 Fragment 被移除时调用。
- onDetach()：与 onAttach()相对应，当 Fragment 与 Activity 的关联被取消时调用。

Fragment 创建步骤为：创建 Fragment 的布局文件；自定义 Fragment 类，使其继承自 Fragment，在其中绑定 Fragment 的视图；编写 Fragment 中控件的触发事件。

```
1.   public class MyFragment extends Fragment {
2.       public View onCreateView(LayoutInflater inflater, ViewGroup container,
                           Bundle savedInstanceState) {
3.           View view = inflater.inflate(R.layout.myfragment_layout,container,false);
4.           return view;
5.       }
6.   }
```

在 Activity 中动态加载 Fragment 还需要两个常用类，分别是：android. app. FragmentManager（主要用于在 Activity 中操作 Fragment）和 android. app. FragmentTransaction（对 Fragment 进行增加、删除等操作）。Activity 的 getFragmentManager（）方法可返回 FragmentManager 对象，FragmentManager 对象的 beginTransaction（）方法即可返回 FragmentTransaction 对象，FragmentTransaction 对象的 add()方法可用于添加 Fragment。代码如下所示。

```
1.   FragmentManager fm = getFragmentManager();
2.   FragmentTransaction ft = fragmentManager.beginTransaction();
3.   MyFragment mf = new MyFragment();
4.   ft.add(R.id.activity_layout, mf);   // 将 Fragment 加入 activity_layout 布局中
5.   ft.commit();
```

4. 实验界面与功能

图 2.54 是常用的导航栏界面,点击界面下方的按钮分别加载不同的 Fragment,用户界面可以放在 Fragment 中实现。

(a)

(b)

图 2.54　导航栏界面

5. 工程结构

本实验有 5 个 Java 类,包括 1 个 Activity 和 4 个 Fragment,与之对应的有 5 个布局文件。导航栏有 4 个选项,4 个选项分为选中和未选中状态,所以本实验有 8 张图片。每组图片选中和未选中状态的切换通过 Selector 实现,文字颜色的变化也通过 Selector 实现,所以在 drawable 目录下有 5 个 selector 文件,工程结构如图 2.55 所示。

6. 实验步骤

步骤 1:新建工程 App07,Java 代码类名和布局文件名保持默认。

步骤 2:在 strings.xml 文件中增加常量字符串。

```
1.   < resources >
2.       < string name = "app_name"> App07 </string>
3.       < string name = "home_home">首页</string>
4.       < string name = "home_find">发现</string>
5.       < string name = "home_search">搜索</string>
6.       < string name = "home_profile">我</string>
7.   </resources >
```

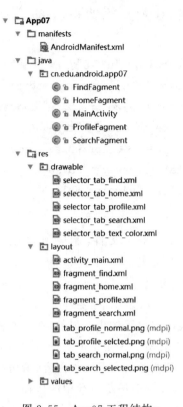

图 2.55　App07 工程结构

步骤 3：在 colors. xml 文件中定义工程中用到的颜色，分别取值如下。

```
1.   < color name = "yellow">＃FCFC0C </color >
2.   < color name = "white">＃FFFFFF </color >
3.   < color name = "tab_bg">＃6f22dd </color >
```

步骤 4：复制图片至 mipmap 目录下，在 drawable 目录下为图片生成 4 个 selector 文件，以"发现"按钮为例，该按钮状态对应的 selector_tab_find. xml 文件内容如下所示。

```
1.   <?xml version = "1.0" encoding = "utf-8"? >
2.   < selector xmlns:android = "http://schemas. android. com/apk/res/android">
3.       < item android:drawable = "@mipmap/tab_find_selected"
             android:state_pressed = "false" android:state_selected = "true" />
4.       < item android:drawable = "@mipmap/tab_find_selected"
             android:state_checked = "true" android:state_pressed = "false" />
5.       < item android:drawable = "@mipmap/tab_find_normal" />
6.   </selector >
```

上述文件意为：当采用该配置文件的控件处于选中状态时采用 tab_find_selected. png，否则采用 tab_find_normal. png。请根据上述文件自行编写 selector_tab_home. xml、selector_tab_profile. xml 和 selector_tab_search. xml 文件。

步骤 5：导航栏的按钮被选中时文字为白色，未被选中时文字为黄色，这两种颜色的切换也是通过 Selector 来设置的,对应的文件为 drawable 目录下的 selector_tab_text_color. xml,内容如下所示。

```
1.  <?xml version = "1.0" encoding = "utf-8"? >
2.  < selector xmlns:android = "http://schemas.android.com/apk/res/android">
3.       < item android:color = "@color/white" android:state_pressed = "false"
               android:state_selected = "true" />
4.       < item android:color = "@color/white" android:state_checked = "true"
               android:state_pressed = "false" />
5.       < item android:color = "@color/yellow" />
6.  </selector>
```

步骤 6:打开 activity_main.xml 文件,删除默认的文本控件。在可视化视图的 Component Tree 中按图 2.56 所示拖入一个 FrameLayout,用于放置 Fragment,当用户选中不同的导航按钮后,将加载不同的 Fragment。将该 FrameLayout 的 ID 更改为 homeContent,并根据图 2.57 所示定义高度和宽度。在 FrameLayout 下面拖入一个 RadioGroup 控件,在可视化视图中设置约束。另外,在文本视图中设置 RadioGroup 与外边框同宽,高度为 58 dp,背景色为步骤 3 中定义的 tab_bg,方向为水平放置。在该控件中放入 4 个 RadioButton,以下是"首页"按钮的布局文件内容,请仿照该按钮完成其他按钮的设计。 RadioButton 是单选按钮,是 Android 开发中常用的按钮。一组互斥的单选按钮必须放在 RadioGroup 容器中。默认的 RadioButton 图片是◉,本实验采用自定义的图片作为按钮图片。

图 2.56　activity_main.xml 布局

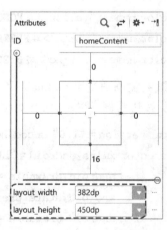

图 2.57　FrameLayout 属性值

```
1.  < android.support.constraint.ConstraintLayout ……>
2.       < FrameLayout ……></FrameLayout >
3.       < RadioGroup
4.            android:id = "@ + id/radioGroup"
5.            android:layout_width = "0dp"
```

```
6.            android:layout_height = "58dp"
7.            android:background = "@color/tab_bg"
8.            android:orientation = "horizontal"
9.        ……>
10.        < RadioButton
11.            android:id = "@ + id/rbHome"
12.            android:layout_width = "0dp"
13.            android:layout_weight = "1"
14.            android:layout_height = "wrap_content"
15.            android:layout_marginTop = "8dp"
16.            android:background = "@color/tab_bg"
17.            android:button = "@null"
18.            android:drawableTop = "@drawable/selector_tab_home"
19.            android:gravity = "center"
20.            android:text = "@string/home_home"
21.            android:textColor = "@drawable/selector_tab_text_color"
22.            android:textSize = "12dp" />
23.        ……
24.        </RadioGroup >
25. </android.support.constraint.ConstraintLayout >
```

权重为1，宽度在水平方向和其余3个按钮平均分配

高度为自适应

顶部内边距为 8 dp

设置背景色

不采用默认单选按钮图标

用Selector更改按钮状态

设置按钮文字、颜色，文字大小，颜色采用Selector进行动态切换

步骤 7：在 layout 目录下建立 4 个 Fragment 的布局文件，用于点击不同的选项后加载的不同 Fragment。将 4 个 Fragment 的布局文件命名为 fragment_home. xml、fragment_find. xml、fragment_profile. xml 和 fragment_search. xml。4 个文件可采用任意布局。在 4 个布局文件中各放入一个 TextView，TextView 中设置不同的文字，方便观察界面的切换。具体内容请读者自行完成。

步骤 8：新建 4 个类，使其继承自 Fragment，分别将其命名为 HomeFragment. java、FindFragment. java、ProfileFragment. java 和 SearchFragment. java。在该类中重载 onCreateView()方法用于初始化界面，重写 setMenuVisibility()方法用于设置视图可见情况的切换。以"首页"按钮加载的 HomeFragment 为例，代码如下：

```
1.  package cn.edu.android.app07;
2.
3.  import android.os.Bundle;
4.  import android.support.v4.app.Fragment;
5.  import android.view.LayoutInflater;
6.  import android.view.View;
7.  import android.view.ViewGroup;
8.
9.  public class HomeFragment extends Fragment {
10.     @Override
```

```
11.    public View onCreateView(LayoutInflater inflater, ViewGroup container,
                       Bundle savedInstanceState) {
12.        View view = LayoutInflater.from(getActivity())
                               .inflate(R.layout.fragment_home, null);
13.        return view;
14.    }
15.
16.    // 重写 setMenuVisibility()方法,否则会出现叠层的现象
17.    @Override
18.    public void setMenuVisibility(boolean menuVisibile) {
19.        super.setMenuVisibility(menuVisibile);
20.        if (this.getView() != null) {
21.            this.getView().setVisibility(menuVisibile ? View.VISIBILE :
                               View.GONE);
22.        } // if
23.    } // setMenuVisibility()
24. } // HomeFragment
```

步骤 9：打开 MainActivity.java 文件,在文件中定义步骤 6 中的所有控件,控件的初始化代码封装在 initView()中,并且定义常量 NUM_ITEMS 用于表示有 4 个选项。

```
1.  package cn.edu.android.app07;
2.
3.  import android.os.Bundle;
4.  import android.support.v7.app.AppCompatActivity;
5.  import android.widget.FrameLayout;
6.  import android.widget.RadioButton;
7.  import android.widget.RadioGroup;
8.
9.  public class MainActivity extends AppCompatActivity {
10.     private FrameLayout homeContent;    // 导航栏上方的框架布局
11.     private RadioGroup radioGroup;      // 导航栏放置 4 个按钮的容器
12.     // 导航栏 4 个按钮
13.     private RadioButton rbHome, rbFind, rbSearch, rbProfile;
14.     static final int NUM_ITEMS = 4;
15.
16.     @Override
17.     protected void onCreate(Bundle savedInstanceState) {
18.         super.onCreate(savedInstanceState);
19.         setContentView(R.layout.activity_main);
```

```
20.        initView();
21.    }
22. }
```

步骤 10：完成视图的初始化方法 initView()。

```
1.  protected void initView() {
2.      // 通过 findViewById()方法对步骤 9 中定义的 6 个控件进行初始化
3.      homeContent = _____ ;
4.      radioGroup = _____ ;
5.      rbHome = _____ ;
6.      rbFind = _____ ;
7.      rbSearch = _____ ;
8.      rbProfile = _____ ;
9.      // 为底部的 RadioGroup 绑定状态改变的监听事件
10.     radioGroup. setOnCheckedChangeListener(new
                RadioGroup. OnCheckedChangeListener() {
11.         @Override
12.         public void onCheckedChanged(RadioGroup group, int checkedId) {
13.             // 为 4 个不同的选项设置不同的标量
14.             int index = 0;
15.             switch (checkedId) {
16.                 case R. id. rbHome:
17.                     index = 0;
18.                     break;
19.                 case R. id. rbFind:
20.                     _____ ;
21.                     _____ ;
22.                 case R. id. rbSearch:
23.                     _____ ;
24.                     _____ ;
25.                 case R. id. rbProfile:
26.                     _____ ;
27.                     _____ ;
28.             }
29.             // 根据选中的 Fragment 更新 homeContent
30.             updateHomeContent(index);
31.         } // onCheckedChanged()
32.     });
33. } // initView()
```

步骤 11：根据选择的 Fragment 更新 homeContent。

```
1.   void updateHomeContent(int i){
2.       // 通过 fragment 这个 Adapter 以及 index 来替换 FrameLayout 中的内容
3.       Fragment fragment = (Fragment) adapter.instantiateItem(homeContent, i);
4.       // 一开始将帧布局中的内容设置为第一个
5.       adapter.setPrimaryItem(homeContent, 0, fragment);
6.       // 设置回调，完成更新
7.       adapter.finishUpdate(homeContent);
8.   }
```

步骤 12：在 MainActivity. java 中定义 Fragment 的 Adapter，用 Adapter 来管理 4 个 Fragment 界面的变化，这里用的 Fragment 是 v4 包里面的类。

```
1.   package cn.edu.android.app07;
2.
3.   ......
4.   import android.support.v4.app.FragmentStatePagerAdapter;
5.
6.   public class MainActivity extends AppCompatActivity {
7.       ......
8.       protected void onCreate(Bundle savedInstanceState) {······}
9.       protected void initView() {······}
10.      FragmentStatePagerAdapter adapter = new
                FragmentStatePagerAdapter(getSupportFragmentManager()) {
11.
12.          @Override
13.          public int getCount() {
14.              return NUM_ITEMS;   // 一共有 4 个 Fragment
15.          }
16.
17.          // 根据步骤 10 中传递过来的索引值对 Fragment 进行初始化
18.          @Override
19.          public Fragment getItem(int i) {
20.              Fragment fragment = null;
21.              switch (i) {
22.                  case 0: // "首页" 选项
23.                      fragment = new HomeFragment();
24.                      break;
25.                  case 1: // "发现" 选项
```

```
26.                              _____;
27.                     _____;
28.             case 2：//"搜索"选项
29.                     _____;
30.                     _____;
31.             case 3：//"我的"选项
32.                     _____;
33.                     _____;
34.
35.             default：
36.                 fragment = new HomeFragment();
37.                 break;
38.             }
39.             return fragment; // 返回初始化后的 fragment
40.         } // getItem()
41.     }; // FragmentStatePagerAdapter
42. } // MainActivity
```

步骤 13：导航栏中的 4 个选项实质上是 4 个单选按钮，4 个按钮在被点击之前和上方的 Fragment 是没有任何联系的，所以在加载视图时需要设置按钮和 Fragment 的关系，否则默认 4 个 Fragment 全部自动加载。具体做法是在 MainActivity.java 中增加 onStart()方法，即界面可见时加载默认 Fragment，从而避免了 4 个 Fragment 一起加载的现象。

```
1.  protected void onStart() {
2.      super.onStart();
3.      radioGroup.check(R.id.rbHome);
4.      // 加载 HomeFragment
5.      updateHomeContent(0);
6.  }
```

步骤 14：运行并测试 App07。

 知识拓展：gradle 文件

Android Studio 采用了 Gradle 作为构建工具，它使用 Groovy 语言来声明项目设置，避免了 Ant 和 Maven 中采用的 XML 语言的各种烦琐配置。通常只有一个模块的 Android 项目中有 3 个 Gradle 插件的配置文件，包括项目的 build.gradle 文件、模块的 build.gradle 文件和 settings.gradle 文件。

（1）项目的 build.gradle 文件：该文件内容如图 2.58 所示，该脚本文件默认由 buildscript{}和 allprojects{}两个脚本块以及一个清理任务组成。

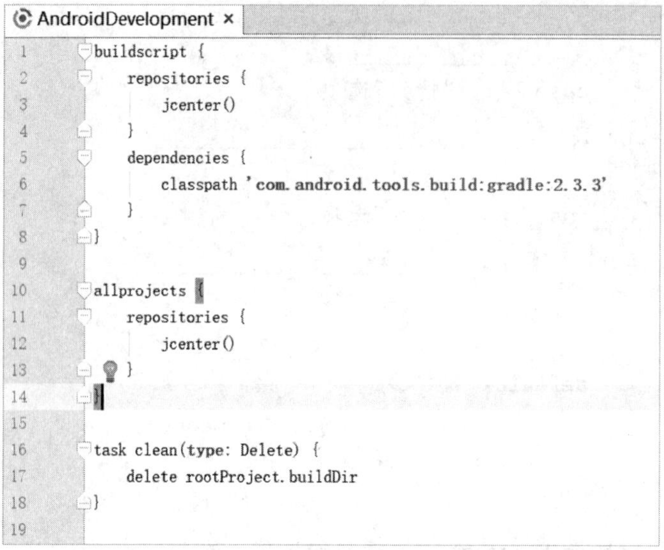

```
AndroidDevelopment ×
1    buildscript {
2        repositories {
3            jcenter()
4        }
5        dependencies {
6            classpath 'com.android.tools.build:gradle:2.3.3'
7        }
8    }
9
10   allprojects {
11       repositories {
12           jcenter()
13       }
14   }
15
16   task clean(type: Delete) {
17       delete rootProject.buildDir
18   }
19
```

图 2.58　项目的 build.gradle 文件

① buildscript{}:设置的是 Gradle 脚本执行所需依赖。使用了 repositories{}这个方法的闭包,调用了 jcenter()方法,这个方法会访问 JCenter 远程仓库,设置之后可以在项目中轻松引用 JCenter 上的开源项目。在工程构建过程中如果缺少依赖,就会在远程仓库中查找,如果引用的依赖不在 JCenter 远程仓库中,用户需要自行添加,常用的有 mavenCentral()、google()等。dependencies{}中声明了 Android Studio 使用的 Gradle 插件的版本号。dependencies{}的 Gradle 版本可通过 Project Structure 的 Project 设置和查看,如图 2.59 所示。

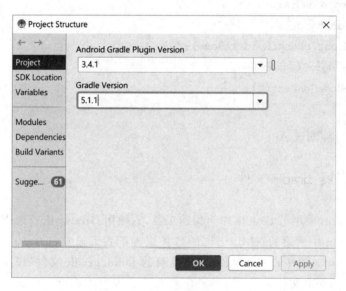

图 2.59　Project Gradle 设置

② allprojects{}:配置项目远程仓库。例如,项目中需要调用阿里云的 Maven 仓库,那么需要增加"maven { url 'https://maven.aliyun.com/repository/jcenter' }",这样在模块

的 build. gradle 文件中即可访问该仓库,调用相关依赖。

③ task clean(type:Delete){}:每次构建时需要清理的目录。

(2) 模块的 build. gradle 文件如图 2.60 所示。

```
1    apply plugin: 'com.android.application'
2
3    android {
4        compileSdkVersion 28
5        buildToolsVersion '29.0.1'
6
7        defaultConfig {
8            applicationId "cn.edu.android.app09"
9            minSdkVersion 15
10           targetSdkVersion 28
11           versionCode 1
12           versionName "1.0"
13
14           testInstrumentationRunner "android.support.test.runner.AndroidJUnitRunner"
15       }
16       buildTypes {
17           release {
18               minifyEnabled false
19               proguardFiles getDefaultProguardFile('proguard-android.txt'), 'proguard-rules.pro'
20           }
21       }
22   }
23
24   dependencies {
25       implementation fileTree(include: ['*.jar'], dir: 'libs')
26       implementation 'com.android.support:appcompat-v7:28.0.0'
27       implementation 'com.android.support.constraint:constraint-layout:1.1.3'
28       testImplementation 'junit:junit:4.12'
29       androidTestImplementation 'com.android.support.test:runner:1.0.2'
30       androidTestImplementation 'com.android.support.test.espresso:espresso-core:3.0.2'
31   }
```

图 2.60 模块的 build. gradle 文件

① apply plugin:'com. android. application':表示这是一个应用程序模块,可直接运行。如果取值为"com. android. library",则表示这是一个库模块,是依附于其他的应用程序而运行的,或者是被调用才能运行的。

② compileSdkVersion:编译时用的 SDK 版本。

③ buildToolsVersion:Build 工具的版本。

④ defaultConfig:默认配置。动态配置在 AndroidManifest. xml 文件中的设置,defaultConfig 里的配置可以覆盖 manifest 文件里的配置。

⑤ applicationId "cn. edu. android. app09":应用程序的包名。

⑥ testInstrumentationRunner "android. support. test. runner. AndroidJUnitRunner":设置 Instrumentation 单元测试。

⑦ buildTypes:配置如何构建和打包当前 App,默认有 debug 和 release 两种版本。debug 版本包含调试时的信息,并且用 debug key 签名。release 版本默认是不含签名的。图 2.60 中 release 版本用了 proguard 代码混淆。

⑧ minifyEnabled false:是否对代码进行混淆,"true"表示进行混淆代码。

⑨ proguardFiles getDefaultProguardFile(' proguard-android. txt '), 'proguard-rules. pro':指定混淆时使用的规则文件,proguard-android. txt 指所有项目通用的混淆规则,

proguard-rules. pro 指当前项目特有的混淆规则，release 版本中 proguard 默认为 Module 下的 proguard-rules. pro 文件。

⑩ dependencies：配置此模块的依赖包。Android Studio 3.0 之前的版本中用 compile 引入依赖包，升级到 3.0 之后，Gradle 版本也随之升级到 3.0.0 版本，在新版本中使用 implementation。

- implementation fileTree(include：['*.jar]，dir：'libs')：本地依赖，编译模块时会 引入模块下 libs 目录下所有的依赖包，开发者如果需要引用第三方的 jar 包和 arr 包，仅需将它们复制至该目录下。

- implementation 'com. android. support:appcompat-v7：28.0.0'：引用依赖 appcompat，包路 径为 com. android. support，版本号为 v7：28.0.0，用户在使用第三方依赖时，需要在 dependencies 标签中增加类似引用。当用户在 Project Structure 中增加依赖，可通 过搜索功能在 JCenter 等仓库中进行搜索，例如，搜索"gson"后会出现多个版本，选 中需要的版本，单击"OK"按钮，则 dependencies 会增加对 gson 的依赖，如 图 2.61 所示。当构建版本时，会去 JCenter 仓库中下载相关 jar 包至 C:\Users\<用 户名>\. gradle\caches\modules-2\files-2.1 目录。

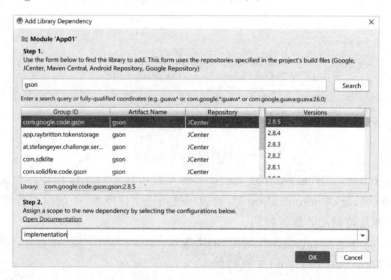

图 2.61　通过 Project Structure 搜索和增加依赖

- testImplementation 'junit:junit:4.12'：声明测试用例采用 JUnit 及其版本号。

（3）settings. gradle 文件：include '：app '中的"app"指明要构建的模块名。如图 2.62 所 示，当前项目中有两个模块，即 app 和 App01，该文件可以直接修改，可以增加或者删除一个 模块，修改后单击同步按钮即可生效。这里删除模块并非从物理上删除，只是从项目中删除 该模块。

（4）当对以上 3 个文件进行修改后，文件上方会出现"Sync Now"的提示，单击该按钮 Gradle 会同步该文件。

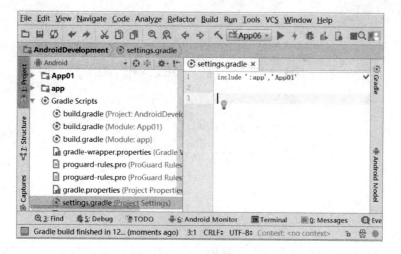

图 2.62 settings.gradle 文件

第3章 广播消息

1. 实验目的

（1）熟悉 Android 中广播消息接收者 BroadcastReceiver 的实现方法。广播消息接收者用于监听广播消息，可在 AndroidManifest. xml 文件中静态注册，也可在代码中动态注册，两种方式具有不同的作用，本实验主要在代码中注册。

（2）掌握在 AndroidManifest. xml 文件中定义权限的方法和意义，并通过代码实现动态提醒用户打开应用程序所用到的权限。

（3）熟悉 Toast 控件的使用。

（4）掌握通过 layer-list 和 Shape 实现状态栏和标题栏的渐变颜色。

2. 广播消息接收者

广播消息接收者是一个全局的监听器，是 Android 四大组件之一。要实现广播消息接收者，必须继承 BroadcastReceiver 这个类，并且覆盖 onReceive（Context context，Intent intent）方法，该方法的第一个参数是发送广播消息的组件，第二个参数是消息广播者广播的数据。该方法若在 10 s 内没有执行完毕，会产生 ANR（Application Not Responding，程序无响应）错误。接下来，需要注册广播消息接收者，有静态注册和动态注册两种方式，静态注册程序一启动 App 会一直接收广播消息，而动态注册方式只有在注册的代码被调用时才开始接收消息，而且可以通过代码取消接收广播消息。

- 动态注册广播消息接收者：

```
// 实例化一个自定义的 BroadcastReceiver, 该类须继承自 BroadcastReceiver
SMSReceiver smsReceiver = new SMSReceiver();
// 定义广播过滤器, 该过滤器指定接收哪种广播消息
IntentFilter filter = new
          IntentFilter("android. provider. Telephony. SMS_RECEIVED");
// 注册 BroadcastReceiver
registerReceiver(receiver,filter);
// 取消注册 BroadcastReceiver
unregisterReceiver(receiver);
```

- 在 AndroidManifest. xml 文件的< application……/>标签中静态注册广播消息接收者：

```
< application ……>
    ……
    < receiver android:name = ".SMSReceiver ">
        < Intent-filter >
            <action android:name = "android.provider.Telephony.SMS_RECEIVED"/>
        </intent-filter >
    </receiver >
</application >
```

3. Toast 控件

Toast 是一个视图类,其通过在应用程序下方弹出提示信息的方式,快速为用户显示信息。Toast 不能获得焦点,不会影响用户的输入。Toast 常见的使用方式是,先通过调用自带静态方法 makeText()创建一个 Toast,然后通过静态方法 show()显示,如下所示。

```
Toast.makeText(Context context, CharSequence text, int duration).show();
```

makeText()方法的入参介绍如下。

- context:指上下文或场景,即该 Toast 归属于哪个组件。该类是个抽象类,Activity、Service、Application 都是 Context 的子类,所以一般在这里会传入 Activity 或者 Service 的实例,用于标识该 Toast 显示在哪个组件中。我们常用的 startActivity()、getResources()等方法就是这个抽象类中的抽象方法。

- text:Toast 中显示的文本,CharSequence 类型。CharSequence 是字符串实现的一个接口,实际使用时可代入一个 String 对象。String、StringBuffer 和 StringBuilder 均实现了该接口,String 对象是不可变的,通常在构造字符串的过程中要用到可变的 StringBuffer 和 StringBuilder,这里使用 CharSequence 可以适配多种需求。

- duration:表示弹出该 Toast 持续的时间。一般取值为 Toast 的静态常量 LENGTH_SHORT 或 LENGTH_LONG,分别表示 Toast 持续 2 s 或 3.5 s。

4. Android 应用程序权限

一个应用程序需要使用 Android 系统功能时,需要在 AndroidManifest.xml 文件中声明权限,在该文件的< manifest……/>标签中增加< uses-permission……/>标签,例如,在代码中增加网络使用权限的声明:

```
< uses-permission android:name = "android.permission.ACCESS_NETWORK_STATE" />
```

用户运行应用程序后需要打开该权限,打开权限的方式有两种,第一种是在设备安装了该应用程序后,在"Settings"|"Apps"|<应用程序名称>|"Permissions"中打开,第二种是通过代码动态提示用户打开权限。第二种具有更好的易用性,一般商用软件采用第二种。

动态申请权限分为以下 4 个步骤。

(1) 通过 v4 扩展包下的 ActivityCompat.checkSelfPermission(Context context, String permission)方法检查是否授予该权限。该方法返回值分为 PackageManager. PERMISSION_DENIED 和 PackageManager. PERMISSION_GRANTED 两种情况,即没有赋予权限取值为 -1,已经赋予权限取值为 0,如果已经开启则不需要用户打开该权限。

（2）如果用户没有赋予权限，可使用申请权限对话框提醒用户是否赋予权限。该功能通过 v4 扩展包下的 ActivityCompat. requestPermission（Activity activity，final String[] permissions，final int requestCode）方法实现，一般会弹出一个系统对话框，询问用户是否开启这个权限。首次出现"ALLOW"和"DENY"两个选项，选择"DENY"后，再次触发该函数会出现"Don't ask again"复选框，如图 3.1 所示。该方法第二个参数是申请的权限字符串，第三个参数是请求码。

图 3.1　动态授权弹出对话框

（3）获取用户授权结果。授权的结果通过回调函数 onRequestPermissionsResult（int requestCode，String[] permissions，int[] grantResults）方法获取。当用户在图 3.1 所示的界面中选择了"ALLOW"或"DENY"后，系统会将用户选择的结果以入参形式传递进来。三个入参的含义如下所述。

- requestCode：requestPermission（）方法传递过去的第三个参数，即请求码，用于标识发送的赋予权限的请求。
- permissions：requestPermission（）方法传递过去的第二个参数，即请求的权限，这里可以传递多个权限的申请。
- grantResults：授权的结果。如果用户选择了"ALLOW"，则 grantResults 取值为 PackageManager. PERMISSION _ GRANTED，否则取值为 PackageManager. PERMISSION_DENIED。

（4）shouldShowRequestPermissionRationale（Activity activity，String permission）方法用于判断用户是否在图 3.1 所示的界面中选中"Don't ask again"复选框，如果选中则返回 false，否则返回 true。

5．Android Shape 属性

在 Android 中，使用 Shape 可定义各种各样的形状，也可定义一些图片资源。相对于 PNG 格式的图片，使用 Shape 可以减小安装包的大小，且能够更好地适配不同型号的手机。

Shape 可以定义控件的一些展示效果，如圆角（corners）、渐变（gradient）、填充（solid）、描边（stroke）、大小（size）、内边距（padding）等，Shape 属性基本语法示例如下。

```
1.  <?xml version = "1.0" encoding = "utf-8"? >
2.  < shape xmlns:android = "http://schemas. android. com/apk/res/android"
3.      android:shape = ["rectangle"|"oval"|"line"|"ring"](定义形状)>
4.      < corners android:radius = "int(整体的圆角半径)"
5.          android:topLeftRadius = "int(左上角的圆角半径)"
6.          android:topRightRadius = "int(右上角的圆角半径)"
7.          android:bottomLeftRadius = "int(左下角的圆角半径)"
8.          android:bottomRightRadius = "int(右下角的圆角半径)" />
9.      < gradient android:angle = "int(渐变角度,必须为 45 的倍数,0 为从左到右,90
                                  为从上到下)"
```

```
10.         android:centerX = "int(渐变中心 X 的相当位置,范围为 0~1)"
11.         android:centerY = "int(渐变中心 Y 的相当位置,范围为 0~1)"
12.         android:centerColor = "int(渐变中间点的颜色,在开始点与结束点之间)"
13.         android:endColor = "color(渐变结束点的颜色)"
14.         android:gradientRadius = "int(渐变的半径,当渐变类型为 radial 时才能
                使用)"
15.         android:startColor = "color(渐变开始点的颜色)"
16.         android:type = ["linear"|"radial"|"sweep"](线性(默认)/放射/扫描式渐
                变)/>
17.     < padding android:left = "int(左内边距)"
18.         android:top = "int(上内边距)"
19.         android:right = "int(右内边距)"
20.         android:bottom = "int(下内边距)" />
21.     < size android:width = "int(宽度)"
22.         android:height = "int(高度)" />
23.     < solid android:color = "color(内部填充色)" />
24.     < stroke android:width = "int(描边的宽度)"
25.         android:color = "color(描边的颜色)"
26.         android:dashWidth = "int(虚线的宽度,值为 0 时是实线)"
27.         android:dashGap = "int(虚线的间隔)" />
28. </shape >
```

假设在 res/drawable 目录下已创建 shape.xml 文件,那么在布局某控件时引用该文件的方式如下所示(以 TextView 为例)。

```
1.  < TextView
2.      ……
3.      android:background = "@drawable/shape_text"
4.      ……/>
```

本实验中用到了 Shape 的渐变,主要用了以下几种属性。

- android:startColor、android:endColor :起始和结束颜色。
- android:angle :渐变角度,必须为 45 的整数倍。
- android:type="linear":即线性渐变,是默认的渐变模式,"radial"为径向渐变,需要指定半径大小,如 android:gradientRadius="50"。
- android:centerX 和 android:centerY :取值范围为 0~1,表示渐变中间点的位置。

6. Android layer-list 基本用法

layer-list 用于实现界面多个图层堆叠效果,可以获取更加丰富的界面效果。

layer-list 以 XML 文件的方式放在 drawable 目录下,可以在控件的属性或样式文件中采用该文件,设置更加有特色的背景。例如,图层列表文件为 mylayoutlist.xml,在布局文件中需要增加 android:background="@drawable/mylayoutlist"属性。

该文件以 layer-list 为根节点,以 item 为子节点,item 中放入需要展示的内容。在 layer-list 中可以通过 item 节点添加图层距离最底部图层左、上、右、下方向的 4 个边距等属性,来得到不同的显示效果。

```xml
1.  <?xml version = "1.0" encoding = "utf-8"? >
2.  < layer-list xmlns:android = "http://schemas.android.com/apk/res/android">
3.      < item android:bottom = "10dp" android:left = "10dp"
4.          android:right = "10dp" android:top = "10dp" ……>
5.          <!-- bitmap 图片或者 shape 形状 -->
6.      </item >
7.      < item ……>
8.          <!-- bitmap 图片或者 shape 形状 -->
9.      </item >
10. </layer-list >
```

7. 实验界面与功能

这个程序可以监听别人发送来的短信,并且可以获取短信中的内容,主要功能如下所述。

(1) 点击图 3.2(a)所示的界面中的"启动短信监听"按钮,打开短信监听功能,会弹出图 3.2(b)所示的权限申请对话框,若用户选择"ALLOW",则表示赋予应用程序监听短信的权限,界面中弹出"已启动短信监听!"提示信息,按钮文字变成"解除短信监听",如图 3.2(c)所示。

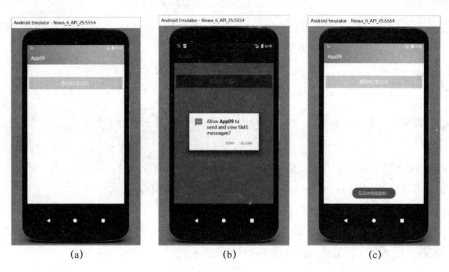

图 3.2　App08 实验界面与功能(一)

(2) 打开短信监听功能后,通过模拟器右下方的按钮┊打开扩展控制界面(Extended Controls),如图 3.3(a)所示,单击"Phone"菜单,输入短信内容并单击"SEND MESSAGE"按钮发送短信。发送短信后模拟器会接收到短信,应用程序界面中通过 Toast 展示短信内容,如图 3.3(b)所示。

(a)   (b)

图 3.3　App08 实验界面与功能(二)

（3）点击图 3.3(b)所示的界面中的"解除短信监听"按钮后，App 通过 Toast 控件弹出"已解除短信监听!"，如图 3.4 所示，并且应用程序将不再监听短信。

图 3.4　App08 实验界面与功能(三)

8. 代码结构

本实验由两个 Java 类组成：SMSReceiverActivity. java 和 SMSReceiver. java，前者负责界面事件处理，后者负责监听短信。SMSReceiverActivity 中包含 5 个方法，如图 3.5 所示。SMSReceiver 这个类继承自 BroadcastReceiver，并实现 public void onReceive(Context context，Intent intent)方法，在该方法中获取短信内容。

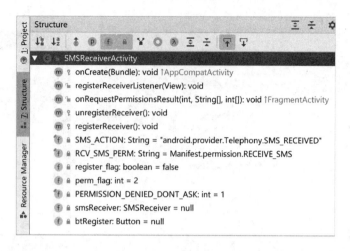

图 3.5 SMSReceiverActivity 代码结构

9. 实验步骤

步骤 1:新建模块 App08,将入口类命名为 SMSReceiverActivity,将对应的布局文件名更改为 activity_smsreceiver. xml。

步骤 2:本实验用到的常量字符串如下所示。

```
1.  < resources >
2.      ……
3.      < string name = "registerButton">启动短信监听</string >
4.      < string name = "unregisterButton">解除短信监听</string >
5.      < string name = "registered">已启动短信监听!</string >
6.      < string name = "unregistered">已解除短信监听!</string >
7.      < string name = "smsforbid">接收短信权限已被禁止!</string >
8.  </resources >
```

步骤 3:本实验需要将状态栏和标题栏的颜色改成渐变色,所以将 colorPrimary 和 colorPrimaryDark 颜色常量改成透明色,这两个颜色分别为标题栏和状态栏的颜色,再定义从左到右渐变的两个颜色,用到的颜色常量如下所示。

```
1.  <?xml version = "1.0" encoding = "utf-8"? >
2.  < resources >
3.      <!-- 将标题栏的颜色改成透明色 -->
4.      < color name = "colorPrimary"> #0000 </color >
5.      <!-- 将状态栏的颜色改成透明色 -->
6.      < color name = "colorPrimaryDark"> #0000 </color >
7.      < color name = "colorAccent"> #FF4081 </color >
8.      < color name = "left"> #4F8DFF </color >
9.      < color name = "right"> #27C4FE </color >
10. </resources >
```

步骤 4：打开布局文件 activity_smsreceiver. xml，删除默认的 TextView，向该布局文件中拖入一个按钮，在界面编辑器中完成位置约束，设置该按钮的 ID 为 registerButton，宽度与父控件同宽，高度设置为根据内容拉伸。为按钮设置点击事件属性"android：onClick＝"registerReceiverListener""，那么该按钮的点击事件将在对应的 Java 类中用方法"public void registerReceiverListener（View v）{……}"实现，不需要再定义监听器类和绑定监听器。设置按钮中的文字颜色为白色，文字大小为 20 sp，背景颜色采用在 colors. xml 文件中定义的常量"right"。

```
1.  < Button
2.        android:id = "@ + id/registerButton"
3.        android:layout_width = "0dp"
4.        android:layout_height = "wrap_content"
5.        android:onClick = "registerReceiverListener"
6.        android:text = "@string/registerButton"
7.        android:textColor = "#FFF"
8.        android:textSize = "20sp"
9.        android:background = "@color/right"
10. ……/>
```

步骤 5：在 SMSReceiverActivity 中定义需要用的常量和变量。

```
1.  // 设备接收到一条短信时,就会广播一个包含该字符串的 Intent
2.  private static final String SMS_ACTION =
                              "android. provider. Telephony. SMS_RECEIVED";
3.  // 接收短信权限
4.  private final String RCV_SMS_PERM = Manifest. permission. RECEIVE_SMS;
5.  // 是否启动短信监听功能
6.  private boolean register_flag = false;
7.  /* 表示用户赋予监听权限的结果。默认取值为2,表示没有任何意义;取值为0,即取
       值为 PackageManager. PERMISSION_GRANTED 时,表示用户同意赋予该权限;取值为 -1,
       即取值为 PackageManager. PERMISSION_DENIED 时,表示用户拒绝赋予该权限;取值为1
       时表示用户拒绝赋予权限,并且用户要求不再弹出询问是否赋予权限的对话框 */
8.  private int perm_flag = 2；
9.  /* 用户选中"Don't ask again"复选框,拒绝赋予权限,并且要求不再弹出询问是否赋
       予权限的对话框 */
10. private final int PERMISSION_DENIED_DONT_ASK = 1;
11. // 定义一个短信接收者 SMSReceiver,该类在步骤 8 中实现
12. private SMSReceiver smsReceiver = null;
13. private Button btRegister = null; // 启动和解除短信监听按钮
```

注意：常量字符串 SMS_ACTION 的取值大小写敏感，这里有任何差异都将导致拦截短信失败，而且不易排查。

步骤 6：实现步骤 4 的布局文件中定义的 registerReceiverListener(View v)方法。用户点击界面上的 Button 就会调用该方法，并且将 Button 作为入参进行传递。因为该方法需要打开短信的监听功能，所以需要用户打开接收短信权限。为了增加应用程序的易用性，本实验中采用弹出对话框让用户选择是否打开权限。

```
1.    package cn.edu.android.app08;

2.

3.    import android.Manifest;

4.    import android.content.IntentFilter;

5.    import android.os.Bundle;

6.    import android.support.v7.app.AppCompatActivity;

7.    import android.util.Log;

8.    import android.view.View;

9.    import android.widget.Button;

10.   import android.widget.Toast;

11.

12.   public class SMSReceiverActivity extends AppCompatActivity {

13.       ……

14.       protected void onCreate(Bundle savedInstanceState) {……}

15.       /* 该方法是在布局文件 registerButton 控件中绑定的 onClick 事件的响应方
              法,当用户点击按钮时调用该方法,并且将控件作为入参传递过来 */

16.       public void registerReceiverListener(View v) {

17.           // 检查当前系统中赋予短信监听的权限

18.           perm_flag = ActivityCompat.checkSelfPermission(this, RCV_SMS_PERM);

19.           // 如果没有启动短信监听功能,register_flag 为 false

20.           if (! register_flag) {

21.               /* 该方法的入参为 View,View 是所有视图的基类,即 Android 中的任何
                      一个布局、任何一个控件其实都直接或间接继承自 View,所以入参传递进
                      来的就是用户点击的按钮。代码中将入参 v 强制转化成 Button 赋予全局
                      变量,便于启动、解除短信监听功能 */

22.               btRegister = (Button)v;

23.               /* 如果用户未拒绝不再弹出询问是否赋予权限的对话框,并且权限还没
                      有赋予,则弹出图 3.2(b)所示的界面 */

24.               if(perm_flag != PERMISSION_DENIED_DONT_ASK && perm_flag ==
                      PackageManager.PERMISSION_DENIED){

25.                   /* 弹出对话框,询问用户是否赋予该程序接收短信的权限,第二个参
                          数是请求的权限,最后一个参数为请求码 */

26.                   ActivityCompat.requestPermissions(this, new
                                  String[]{RCV_SMS_PERM}, 0X123);
```

```
27.            }
28.            /* 如果用户拒绝并要求不再弹出询问是否赋予权限的对话框,提示"接收
               短信权限已被禁止!" */
29.            if(perm_flag == PERMISSION_DENIED_DONT_ASK){
30.                Toast.makeText(this,
                            getResources().getString(R.string.smsforbid),
                            Toast.LENGTH_SHORT).show();
31.            }
32.            // 注册广播消息接收者
33.            else if(perm_flag == PackageManager.PERMISSION_GRANTED){
34.                registerReceiver();
35.            }
36.        }
37.        // 解除短信监听
38.        else {
39.            unregisterReceiver();
40.        }
41.    } // registerReceiverListener
42. } // SMSReceiverActivity
```

步骤 7:在步骤 6 中 registerReceiver ()方法和 unregisterReceiver ()方法会报错,可通过"Alt＋Enter"键进行修复,按这两个键后会弹出图 3.6 所示的界面,选择"Create method 'registerReceiver' in 'SMSReceiverActivity'"创建该方法。

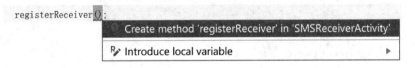

图 3.6 通过修复的方式定义 checkPermission()方法

```
1.  import android.content.pm.PackageManager;
2.  import android.support.v4.app.ActivityCompat;
3.
4.  public class SMSReceiverActivity extends AppCompatActivity {
5.      ......
6.      protected void onCreate(Bundle savedInstanceState) {……}
7.      public void registerReceiverListener(View v) {……}
8.
9.      protected void registerReceiver(){
10.         // 创建 SMSReceiver 类实例
```

```
11.        smsReceiver = new SMSReceiver();
12.        // 定义一个 Intent 过滤器,使该过滤器只过滤接收短信广播
13.        IntentFilter filter = new IntentFilter(SMS_ACTION);
14.        // 绑定广播
15.        registerReceiver(smsReceiver, filter);
16.        // 设置按钮的文本为"解除短信监听"
17.        btRegister.setText(getResources().
                              getString(R.string.unregisterButton));
18.        // 将监听标量设置成 true,表示正在监听接收短信广播
19.        register_flag = true;
20.        /* 设置 Toast 控件的文本为"已启动短信监听!",持续时间为 2 s,并调用
           show()方法显示该 Toast */
21.        Toast.makeText(this, getResources().getString(R.string.registered),
                Toast.LENGTH_SHORT).show();
22.    } // registerReceiver()
23.
24.    protected void unregisterReceiver(){
25.        // 将监听标量设置成 false,表示未监听接收短信广播
26.        register_flag = false;
27.        // 取消注册广播消息接收者
28.        unregisterReceiver(smsReceiver);
29.        // 将按钮的文本设置成"启动短信监听"
30.        _____;
31.        // 设置 Toast 并显示"已解除短信监听!",持续时间为 2 s
32.        _____;
33.    } // unregisterReceiver
34. } // SMSReceiverActivity
```

步骤 8:通过重载 onRequestPermissionsResult()方法获取用户是否赋予接收短信权限对话框的结果,并将结果付给全局变量 perm_flag,该值如果等于 0 则表示未授权但后面还会再提示,如果等于−1 则表示不同意授权,并且不再提示,如果等于 1 则表示用户已授权。

```
1.    ......
2. public class SMSReceiverActivity extends AppCompatActivity {
3.        ......
4.    protected void onCreate(Bundle savedInstanceState) {......}
5.    public void registerReceiverListener(View v) {......}
6.    void registerReceiver () {......}
7.    void unregisterReceiver () {......}
8.
9.    public void onRequestPermissionsResult(int requestCode,
                        String[] permissions, int[] grantResults) {
```

```
10.        super.onRequestPermissionsResult(requestCode, permissions,
                                            grantResults);
11.     /* 如果请求码等于步骤 6 代码中第 26 行传递的请求码,则从弹出的对话框
        中获取返回的用户事件 */
12.     if (requestCode == 0X123) {
13.         // 如果用户选择了"DENY",则不赋予接收短信的权限
14.         if (grantResults[0] != PackageManager.PERMISSION_GRANTED) {
15.             // 将权限标量设置为拒绝赋予权限
16.             perm_flag = PackageManager.PERMISSION_DENIED;
17.             /* 如果用户勾选了"Don't ask again"复选框,即拒绝赋予接收短
                信的权限,而且以后不再弹出该窗口 */
18.             if (! ActivityCompat.shouldShowRequestPermissionRationale(this,
                    RCV_SMS_PERM)) {
19.                 // 将全局变量置为 - 1
20.                 perm_flag = PERMISSION_DENIED_DONT_ASK;
21.                 // 通过 Toast 弹出信息"接收短信权限已被禁止!"
22.                 _____;
23.             } // if
24.         } // if
25.         else {
26.             // 否则表示用户已经同意赋予接收短信的权限
27.             perm_flag = PackageManager.PERMISSION_GRANTED;
28.             registerReceiver();
29.         }
30.     } // onRequestPermissionsResult()
31. } // SMSReceiverActivity
```

步骤 9:在右侧窗口中,右击代码的包路径"cn. edu. android. app08",依次单击"New"｜"New Java Class",在弹出的图 3.7 所示的对话框中输入类名"SMSReceiver",并使其继承自 BroadcastReceiver。在该类中实现 onReceive()方法,并加入解析短信的代码。

```
1.  package cn.edu.android.app08;
2.
3.  import android.annotation.TargetApi;
4.  import android.content.BroadcastReceiver;
5.  import android.content.Context;
6.  import android.content.Intent;
7.  import android.os.Build;
8.  import android.os.Bundle;
9.  import android.telephony.SmsMessage;
10. import android.widget.Toast;
11.
12. public class SMSReceiver extends BroadcastReceiver {
13.     // 该方法适用于系统版本为 3.0 及以上的系统
```

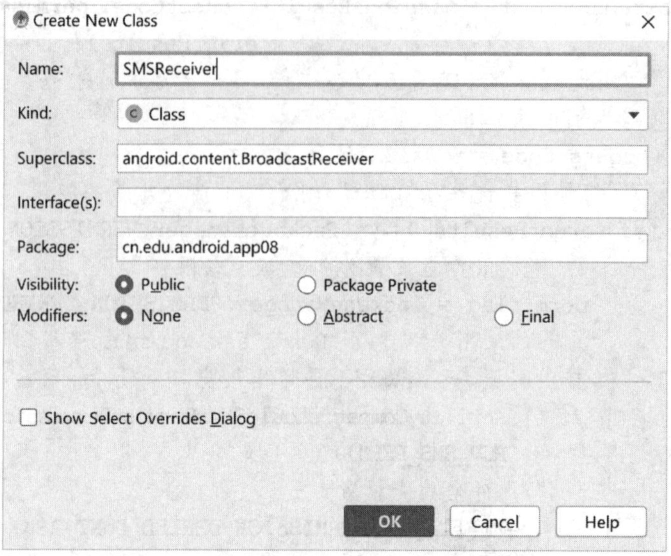

图 3.7　新建广播消息接收者 SMSReceiver 类

```
14.    @TargetApi(Build.VERSION_CODES.M)
15.    public void onReceive(Context context, Intent intent) {
16.        // 从消息广播者处获取传递的键值对
17.        Bundle bundle = intent.getExtras();
18.        // 从 bundle 包中获取短信
19.        String format = intent.getStringExtra("format");
20.        // 在 Bundle 中有一个键值对，其中键为 pdus，对应的值是一个 Object 数组
21.        Object[] objPdus = (Object[]) bundle.get("pdus");
22.        /* 创建一个 SmsMessage 数组，SmsMessage 是 Android 提供的封装短信的数
           据结构 */
23.        SmsMessage[] messages = new SmsMessage[objPdus.length];
24.        // 定义一个 StringBuffer 用于存放解析出来的短信
25.        StringBuffer sbSms = new StringBuffer();
26.        // 使用 objPdus 数组中的对象创建 SmsMessage 对象
27.        for (int i = 0; i < objPdus.length; i++) {
28.            messages[i] = SmsMessage.createFromPdu((byte[])objPdus[i],format);
29.            // 调用 SmsMessage 对象的 getDisplayMessageBody()方法获取短信内容
30.            sbSms.append(messages[i].getDisplayMessageBody());
31.        } // for
32.        // 在入参 context 这个组件中显示短信内容
33.        Toast.makeText(context, sbSms, Toast.LENGTH_SHORT).show();
34.    } // onReceive()
35. } // SMSReceiver
```

步骤 10：在 AndroidManifest. xml 文件中的</application >标签后增加< uses-permission android：name＝"android. permission. RECEIVE_SMS"> </uses-permission >，即增加使系统接收短信的权限。

步骤 11：打开 res/Values/styles. xml 文件，增加该应用的背景色，采用 drawable 目录下定义的 XML 文件，使背景呈现多个图层堆叠显示效果。

```
1.   < resources >
2.       <! -- Base application theme. -->
3.       < style name = "AppTheme" parent = "Theme. AppCompat. Light. DarkActionBar">
4.           <! -- Customize your theme here. -->
5.           < item name = "colorPrimaryDark">@color/colorPrimaryDark </item >
6.           < item name = "colorAccent">@color/colorAccent </item >
7.           < item name = "android：windowBackground">@drawable/window_background
             </item >
8.       </style >
9.   </resources >
```

步骤 12：在 drawable 目录下新建 window_background. xml 文件，在该文件中加入以下内容。

```
1.   <?xml version = "1.0" encoding = "utf-8"? >
2.   < layer-list xmlns：android = "http://schemas. android. com/apk/res/android">
3.       <! -- 为该应用添加一个纯白色背景 -->
4.       < item
5.           android：drawable = "@android：color/white"
6.           android：height = "700dp"/>
7.       <! -- 在白色背景上方使用 80 dp 高的渐变色色块，颜色渐变在 drawable 目录下
         的 statusbar_background. xml 文件中定义 -->
8.       < item
9.           android：drawable = "@drawable/statusbar_background"
10.          android：gravity = "top"
11.          android：height = "80dp"/>
12.  </layer-list >
```

步骤 13：在 drawable 目录下新建 statusbar_background. xml 文件，该文件中设置渐变的色块是一个长方形，渐变的角度为 45°，颜色变换的中心点在 70％的位置。

```
1.   <?xml version = "1.0" encoding = "utf-8"? >
2.   < shape xmlns：android = "http://schemas. android. com/apk/res/android"
3.       android：shape = "rectangle">
4.       < gradient
5.           android：angle = "45"
6.           android：startColor = "@color/left"
```

```
7.        android:centerColor = "@color/right"
8.        android:centerX = "0.7"
9.        android:endColor = "@color/right"/>
10. </shape>
```

步骤 14:运行并测试 App08。

 知识拓展:按钮监听器

Android 中按钮监听器的实现方式主要有以下 5 种。

(1) 通过匿名内部类实现的监听方式:

```
imageButton.setOnClickListener(new View.OnClickListener() {
    public void onClick(View view) {
        ……
    }
});
```

(2) 通过内部类实现的监听方式:

```
protected void onCreate(Bundle savedInstanceState) {
    ……
    myButton.setOnClickListener( new MyButtonListener());
}
class MyButtonListener implements OnClickListener{
    @Override
    public void onClick(View v) {
        ……
    }
}
```

(3) 多个控件使用一个监听器的方式:

```
Button.OnClickListener buttonListener = new Button.OnClickListener(){
    public void onClick(View v) {
        switch(v.getId()){
            case R.id.button01:
                ……
                return;
            case R.id.imagebutton01:
                ……
                return;
        }
```

```
        }
};
button1.setOnClickListener(buttonListener);
button2.setOnClickListener(buttonListener);
```

（4）由类文件实现 OnClickListener 接口的方式：

```
public class SMSReceiverActivity extends AppCompatActivity
                    implements View.OnClickListener {
    @Override
    protected void onCreate(Bundle savedInstanceState) {
        ……
        Button01.setOnClickListener(this);
    }

    @Override
    public void onClick(View v) {
        switch(v.getId()){
            case R.id.button01:
                ……
                return;
            case R.id.imagebutton01:
                ……
                return;
        }
    }
}
```

（5）布局文件使用 onClick 属性的方式注册事件，本实验中就采用该种方式进行注册。该注册方式首先需要在布局文件的控件下增加 onClick 属性，属性取值为方法名称，然后在布局文件对应的代码中添加该方法。

第4章　后　台　服　务

实验1　简单的音乐播放器

1. 实验目的

（1）熟悉隐式启动 Service 的方法。

（2）掌握 ListView 使用自定义适配器的方法，了解 ListView 动态更新的方法，了解自定义 ListView 选项中控件触发事件的实现。

（3）掌握 assets 目录的特点和使用方法。

（4）熟悉使用 MediaPlayer 播放音乐的方式。

（5）掌握 AlertDialog 的使用方法。

（6）了解 LayoutInflator 的使用方法。

2. Service

Service 作为 Android 四大组件之一，是一个可以在后台执行长时间运行，并且没有用户界面的应用组件。例如，用户一边与某个应用程序的界面进行交互，一边使用该应用程序听音乐时，播放音乐就可以使用 Service 来实现。Service 有两种使用方式：启动方式和绑定方式。

- 启动方式：启动方式不能获取服务的实例，需要 Service 具有自管理功能。启动方式分为显式启动和隐式启动，隐式启动通过在 AndroidManifest. xml 文件中为 Service 配置动作，供调用者调用，调用者无须 Service 类名即可启动 Service。如果服务和调用服务的组件在不同的应用程序中，只能使用隐式启动方式。启动方式通过 startService()启动服务，通过 stopService()停止服务。实现 Service 的类必须继承自 Service，启动方式调用 Service 的生命周期调用顺序如图 4.1 所示。

图 4.1　Service 启动方式的全生命周期

- 绑定方式：绑定方式可以获取 Service 的对象实例，通过 bindService()建立服务链接,通过 unbindService()停止服务。绑定方式调用 Service 的生命周期调用顺序如图 4.2 所示。

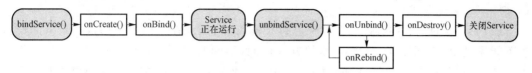

图 4.2　Service 绑定方式的全生命周期

Service 有一个最小代码集,不管是在启动方式下还是在绑定方式下都必须实现该方法,如下所示。

```
1.  public class MusicService extends Service {
2.      public IBinder onBind(Intent intent) {
3.          return null;
4.      }
5.  }
```

3. ListView 自定义适配器

第 2 章实验 5 中对 ListView 的各种适配器做过介绍,其中自定义的适配器最复杂,也最灵活。使用自定义的适配器需要继承自 BaseAdapter,并覆盖 4 个方法,如下所示。

```
1.  public class MyBaseAdapter extends BaseAdapter {
2.      // 要绑定数据的数目,即 ListView 的栏目数
3.      public int getCount() {
4.          return 0;
5.      }
6.      // 根据入参索引位置获得该位置的对象
7.      public Object getItem(int position) {
8.          return null;
9.      }
10.     // 根据输入的 ListView 位置获取当前对象的 ID
11.     public long getItemId(int position) {
12.         return 0;
13.     }
14.     // 根据 position 的值返回对象的数据项的 View 视图,是最重要的一个方法
15.     public View getView(int position, View convertView, ViewGroup parent) {
16.         return null;
17.     }
18. }
```

4. assets 目录访问

assets 目录一般用于存放较大的音频、视频文件,该目录和 java、res 目录是平级目录,

该目录中文件的主要特点如下。

（1）assets 目录下的文件在打包后会原封不动地保存在 APK 包中，不会被编译成二进制文件。

（2）assets 目录下的文件不会被映射到 R.java 中，因此在代码中引用该目录下的资源时不能通过 **R.资源目录.资源名称** 的方式访问，访问时需要通过 getAssets()方法获取 AssetManager 对象，再根据 AssetManager 获取文件描述。AssetManager 类提供的常用方法如表 4.1 所示。

表 4.1　AssetManager 类提供的常用方法

序　号	方　法	功能描述
1	final String[] list(String path)	返回指定路径下的所有文件及目录名
2	final InputStream open(String fileName)	使用默认模式打开文件
3	final InputStream open(String fileName, int accessMode)	使用显式的访问模式打开目录下指定的文件
4	final AssetFileDescriptor openFd(String fileName)	获取目录下指定文件的 AssetFileDescriptor 对象，该对象可用于读取在文件中的偏移量和长度等数据

5. 使用 MediaPlayer 播放音视频

MediaPlayer 用于实现音视频播放功能，提供了播放音视频所需要的所有基础 API。使用 MediaPlayer 对音乐进行播放或停止等操作，主要由表 4.2 所示的方法完成。

表 4.2　MediaPlayer 类常用方法

序　号	方　法	功能描述
1	void reset()	重置 MediaPlayer 对象，一般在初始化 MediaPlayer 后使用
2	void setAudioStreamType(int streamtype)	指定流媒体类型
3	void setDataSource(String path) void setDataSource(AssetFileDescriptor afd) void setDataSource(FileDescriptor fd, long offset, long length)	设置多媒体数据来源
4	void prepare()	同步方式准备播放本地音视频
5	void prepareAsync()	异步方式准备播放音视频
6	void start()	开始播放
7	void pause()	暂停播放
8	void seekTo(int msec)	从指定位置处开始播放，单位为毫秒
9	int getDuration()	获取播放文件的时长，单位为毫秒
10	int getCurrentPosition()	获取当前播放位置，单位为毫秒
11	boolean isPlaying()	是否在播放，正在播放返回 true，否则返回 false
12	boolean isLooping()	是否循环播放，循环播放返回 true，否则为 false

续表

序　号	方　法	功能描述
13	void setLooping(boolean looping)	设置是否循环播放
14	void stop()	停止播放
15	void release()	释放 MediaPlayer 对象,在停止播放后调用

6. AlertDialog 的使用

AlertDialog 是常用的对话框控件,本实验中用于显示点击按钮后弹出的对话框。通常用 AlertDialog. Builder(Context)创建带两个按钮的对话框,AlertDialog. Builder 常用的方法如表4.3所示。

表 4.3　AlertDialog. Builder 常用的方法

序　号	方　法	功能描述
1	void setTitle(CharSequence title)	为对话框设置标题
2	void setIcon(int resId)	为对话框设置图标
3	void setMessage(CharSequence message)	为对话框设置内容
4	void setView(View view)	为对话框设置视图,例如,在对话框中加入一个 EditText,EditText 实例就可作为该方法的入参
5	Builder setNegativeButton (CharSequence text, final OnClickListener listener)	为对话框增加确定按钮,第一个参数是确定按钮上显示的文本,第二个参数是该按钮的监听器
6	Builder setPositiveButton(CharSequence text, final OnClickListener listener)	为对话框增加取消按钮,第一个参数是取消按钮上显示的文本,第二个参数是该按钮的监听器
7	AlertDialog show()	显示对话框

7. LayoutInflater 的使用

LayoutInflater 类可以获取布局填充器,可以在布局中填充另一个视图,在实际开发中是常用的一个类。LayoutInflater 会查找 layout 目录下的 XML 布局文件,并且实例化该布局。本实验中用到的核心代码如下所示。

```
1.  // 获取布局填充器
2.  LayoutInflater layoutInflater = LayoutInflater.from(context);
3.  // 填充视图
4.  View convertView = layoutInflater.inflate(int resource, ViewGroup root);
```

8. 实验界面与功能

本实验实现的是简单的音乐播放器。实验中使用自定义适配器的 ListView 展现歌曲列表,点击歌曲后将使用隐式启动方式启动服务,服务在后台播放选中的音乐。其功能的详细描述如下。

(1) 打开应用程序出现图 4.3(a)所示的界面,点击任意一首歌曲,程序开始调用 MediaPlayer 播放该歌曲,同时播放图标变成暂停图标,上方的图片上出现一个暂停按钮,如图 4.3(b)所示。

（2）点击正在播放的歌曲可以停止播放，或者点击其他歌曲停止播放当前歌曲，转而播放点击的歌曲。

（3）点击图 4.3（a）所示的界面中的"…"，弹出 AlertDialog 显示歌曲的详细信息，如图 4.3（c）所示。

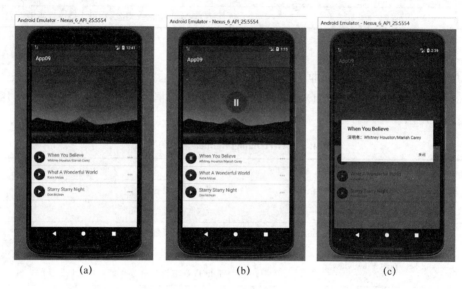

(a)   (b)   (c)

图 4.3   实验界面与功能

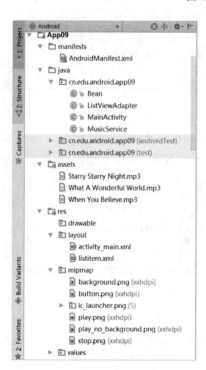

图 4.4   App09 工程目录结构

9. 模块结构

图 4.4 所示为本实验的目录结构，本实验有 4 个 Java 类、一个存放了歌曲的 assets 目录和 mipmap 目录下的 5 张图片，4 个 Java 类的作用如下所示。

（1）MainActivity：主入口类，是本实验的主界面。它对应的布局文件是 main_activity.xml 文件，该文件中定义了 3 个控件，包括两个重叠的 ImageView，其中一个是界面上方的背景大图，一个是上方的暂停按钮，还有一个控件是 ListView。该类在 onCreate()方法中对控件进行初始化，为 ListView 适配数据和设置监听器。适配数据时用到的数据是通过 getData()方法获取的。监听器中播放音乐是通过 startPlayer()方法实现的，该方法通过启动服务播放音乐，停止播放音乐是通过 stopPlayer()方法实现的，该方法通过停止服务停止播放音乐。MainActivity 代码结构如图 4.5 所示。

（2）MusicService：是一个播放音乐的服务类，该类继承自 Service。本实验通过隐式启动方式启动服务，所以须实现启动服务的生命周期回调函数 onStartCommand()方法、结束服务的生命周期回调函数 onDestroy()方法以及 Service 的最小代码集 onBind()方法。其中,在 onStartCommand()方法中调用了 MediaPlayer 播放音乐,在 onDestroy()方法中调用该类终止音乐的播放。MusicService 代码结构如图 4.6 所示。

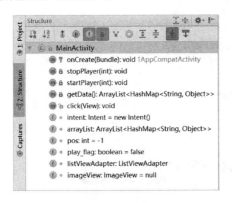

图 4.5 MainActivity 代码结构

图 4.6 MusicService 代码结构

（3）Bean：用于存放适配器中要适配的 4 个控件,这 4 个控件的布局文件为 listitem.xml。

（4）ListViewAdapter：自定义的适配器类,用于适配 ListView 中一个选项的（或者一行）数据,一行数据的布局是 listitem.xml 文件。该适配器在 MainActivity 中实例化,实例化时所用到的入参将是要适配的数据,系统根据布局文件 listitem.xml 适配到 MainActivity 中的 ListView 上。该类继承了 BaseAdapter 类,实现了 OnClickListener 接口,所以实现了 Adapter 必须要实现的 4 个方法,以及实现 OnClickListener 接口时必须实现的 onClick()方法。自定义的适配器类结构如图 4.7 所示。

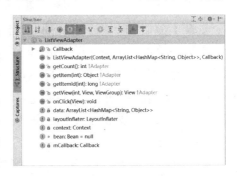

图 4.7 自定义的适配器类结构

10. 实验步骤

步骤 1：新建模块 App09,Java 代码类名和布局文件名保持默认。

步骤 2：修改 values/colors.xml 文件,将 colorAccent 的取值修改成状态栏 colorPrimaryDark 的颜色,colorAccent 是一般控件被选中时默认采用的颜色。

```
1.   <?xml version = "1.0" encoding = "utf-8"? >
2.   < resources >
3.       < color name = "colorPrimary">＃3F51B5 </color >
4.       < color name = "colorPrimaryDark">＃303F9F </color >
5.       < color name = "colorAccent">＃303F9F </color >
6.   </resources >
```

步骤 3：创建 assets 目录。右击工程，选择"New"|"Folder"|"Assets Folder"，如图 4.8 所示，并且复制 3 个 MP3 文件至该目录下。

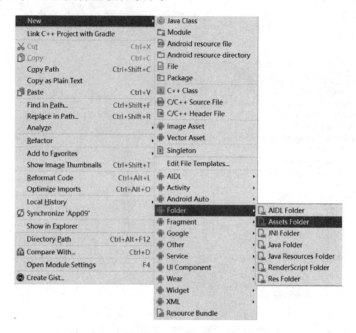

图 4.8　新建 assets 目录

步骤 4：复制图片文件至 mipmap 目录下。

步骤 5：修改 activity_main. xml 文件，删除该文件自带的控件 TextView，参考图 4.3(a)向该文件中拖入两个 ImageView 和一个 ListView，并设置好每个控件的位置约束。

```
1.   ?xml version = "1.0" encoding = "utf-8"? >
2.   < android. support. constraint. ConstraintLayout
3.      ……>
4.      <!-- 设置宽度自适应,图片缩放保持原始比例,采用 background.png 作为背景 -->
5.      < ImageView
6.          android:id = "@ + id/imageView"
7.          android:layout_width = "match_parent"
8.          android:layout_height = "290dp"
9.          android:scaleType = "centerCrop"
10.         app:srcCompat = "@mipmap/background"
11.         ……/>
12.     <!-- 设置该控件的 ID,宽度和高度,图片缩放保持原始比例,采用 play_no_
        background.png 作为背景,默认不可见 -->
13.     < ImageView
14.         android:id = "@ + id/stopImage"
15.         android:layout_width = "82dp"
```

```
16.           android:layout_height = "81dp"
17.           android:scaleType = "centerCrop"
18.           android:visibility = "gone"
19.           app:srcCompat = "@mipmap/play_no_background"
20.           …… />
21.     <!-- 设置该控件的 ID、宽度和高度 -->
22.     <ListView
23.           android:id = "@ + id/listView"
24.           android:layout_width = "0dp"
25.           android:layout_height = "279dp"
26.           ……/>
27.  </android.support.constraint.ConstraintLayout>
```

步骤 6：右击 res/layout 目录，在弹出的菜单中依次选择"New"|"layout resources file"，在弹出的对话框中输入文件名"listitem"。在该布局文件中放入两个 ImageView 和一个线性布局，在线性布局中放入两个 TextView，该布局文件的 Component Tree 如图 4.9 所示。

图 4.9　listitem.xml 的 Component Tree

```
1.   <LinearLayout xmlns:android = "http://schemas.android.com/apk/res/android"
2.       android:layout_width = "fill_parent"
3.       android:layout_height = "fill_parent">
4.       <!-- 播放按钮或暂停按钮,其宽度占手机屏幕的 1/9 -->
5.       <ImageView
6.           android:id = "@ + id/image"
7.           android:layout_width = "0dp"
8.           android:layout_height = "wrap_content"
9.           android:layout_margin = "10dp"
10.          android:layout_weight = "1" />
11.      <LinearLayout
12.          android:layout_width = "0dp"
13.          android:layout_height = "wrap_content"
14.          android:layout_weight = "7"
```

```
15.          android:orientation = "vertical">
16.          <!-- 歌曲名的文本控件,顶部外边距为 10 dp -->
17.          < TextView
18.              android:id = "@ + id/songName"
19.              android:layout_width = "wrap_content"
20.              android:layout_height = "wrap_content"
21.              android:layout_marginTop = "10dp"
22.              android:textSize = "18sp" />
23.          <!-- 歌手名的文本控件 -->
24.          < TextView
25.              android:id = "@ + id/singer"
26.              android:layout_width = "wrap_content"
27.              android:layout_height = "wrap_content"
28.              android:textSize = "12sp" />
29.      </LinearLayout >
30.      <!-- 详细信息的控件,右边距为 5 dp -->
31.      < ImageView
32.          android:id = "@ + id/detail"
33.          android:layout_width = "0dp"
34.          android:layout_height = "match_parent"
35.          android:layout_marginRight = "5dp"
36.          android:layout_weight = "1"
37.          android:src = "@mipmap/button" />
38. </LinearLayout >
```

步骤 7:右击 java 目录下的包路径,选择"New"|"Java Class"新建一个类,类名为 Bean,该类中仅包含布局文件 listitem. xml 中控件的定义,用于适配 4 个控件到 Activity,即 ListView 中的一行所使用的控件,如下所示。

```
1.  public class Bean {
2.      public ImageView imageView;
3.      public TextView songName;
4.      public TextView singer;
5.      public ImageView detail;
6.  }
```

步骤 8:新建一个 Java 类,类名为 ListViewAdapter,该类继承自 BaseAdapter,并且实现了 OnClickListener 接口。

```
1.  package cn.edu.android.app09;
2.
3.  import java.util.ArrayList;
```

```
4.  import java.util.HashMap;
5.  import android.content.Context;
6.  import android.view.LayoutInflater;
7.  import android.view.View;
8.  import android.view.ViewGroup;
9.  import android.view.View.OnClickListener;
10. import android.widget.BaseAdapter;
11. import android.widget.ImageView;
12. import android.widget.TextView;
13.
14. public class ListViewAdapter extends BaseAdapter implements OnClickListener{
15.     // 定义两个全局变量,用于存放从调用的类中获取的必要信息
16.     private Context context;
17.     private ArrayList<HashMap<String, Object>> data;
18.     Bean bean = null;
19.     /* 构造函数,context 即为 Activity,data 为从 Activity 传来的要适配到控件
        中的数据 */
20.     public ListViewAdapter(Context context,
                ArrayList<HashMap<String,Object>> data) {
21.         // 将两个入参分别赋给对应的成员变量
22.         _____ ;
23.         _____ ;
24.     }
25.
26.     @Override
27.     public int getCount() {
28.         // ListView 的行数即为提供的数据数目
29.         return data.size();
30.     }
31.
32.     @Override
33.     public Object getItem(int position) {
34.         // 根据位置获取需要适配的数据
35.         return data.get(position);
36.     }
37.
38.     @Override
39.     public long getItemId(int position) {
40.         return position;
```

```
41.        }
42.
43.        // Android 绘制每一行时,都会调用这个方法
44.        @Override
45.        public View getView(int position, View holder, ViewGroup parent) {
46.            // 首次 ListView 某行未加载数据时调用
47.            if (holder == null) {
48.                // 定义一个要适配的 Bean 类
49.                bean = new Bean();
                   // 根据入参 context 初始化布局填充器
50.                LayoutInflater layoutInflater = LayoutInflater.from(context);
                   // 获取布局,并获取该布局中的组件
51.                holder = layoutInflater.inflate(R.layout.listitem, null);
                   // 为 Bean 设置控件
52.                bean.imageView = (ImageView) holder.findViewById(R.id.image);
53.                bean.songName = (TextView) holder.findViewById(R.id.songName);
54.                bean.singer = (TextView) holder.findViewById(R.id.singer);
55.                bean.detail = (ImageView) holder.findViewById(R.id.detail);
                   // 为 View 绑定控件
57.                holder.setTag(bean);
58.            }
59.            else {
60.                // 如果 ListView 中某行有数据,直接从入参 View 中获取
61.                bean = (Bean) holder.getTag();
62.            }
63.            // 为 Bean 的控件绑定数据和设置触发事件
64.            bean.imageView.setBackgroundResource(
                            (int) data.get(position).get("image"));
65.            bean.songName.setText((String)data.get(position).get("songName"));
66.            bean.singer.setText((String)data.get(position).get("singer"));
67.            bean.detail.setOnClickListener(this);
68.            // 为详细信息按钮"…"设置位置,以便按钮触发事件的定位
69.            bean.detail.setTag(position);
70.            return holder;
71.        }
72.        /* 因为该类触发实现了 OnClickListener 接口,所以必须实现 onClick()方法,
           当用户点击详细信息按钮"…"后会调用该方法,该方法会调用 Activity 中自定义
           的 click()方法 */
73.        @Override
```

```
74.    public void onClick(View v) {
75.        ((MainActivity)context).click(v);
76.    }
77. }
```

步骤 9：在 MainActivity. java 文件中获取在布局文件中定义的 ImageView 和 ListView。为 ListView 增加步骤 8 中定义的适配器。为 ListView 增加监听器，当 ListView 的内容被点击时调用 MusicService 播放选中的音乐，如果再次被点击则调用 MusicService 停止播放该音乐，如果当前音乐正在播放时，用户点击了另一首音乐，则先停止正在播放的音乐，再播放新选中的音乐。最后实现步骤 8 中调用的 click()方法。

```
1.  package cn. edu. android. app09;
2.
3.  import android. app. AlertDialog;
4.  import android. content. DialogInterface;
5.  import android. content. Intent;
6.  import android. os. Bundle;
7.  import android. support. v7. app. AppCompatActivity;
8.  import android. view. View;
9.  import android. widget. AdapterView;
10. import android. widget. ImageView;
11. import android. widget. ListView;
12. import java. util. ArrayList;
13. import java. util. HashMap;
14.
15. public class MainActivity extends AppCompatActivity {
16.     // 定义启动 Service 的意图
17.     Intent intent = new Intent();
18.     // 定义存放数据的数组
19.     ArrayList<HashMap<String, Object>> arrayList;
20.     // 记录用户点击的 ListView 的位置,初始值为 - 1
21.     int pos = -1;
22.     // 定义是否播放的标量,初始值为 false,即没有播放
23.     boolean play_flag = false;
24.     // 定义 ListView 的适配器
25.     ListViewAdapter listViewAdapter;
26.     // 用于显示暂停按钮的控件
27.     ImageView imageView = null;
28.     @Override
29.     protected void onCreate(Bundle savedInstanceState) {
```

```
30.          super.onCreate(savedInstanceState);
31.          setContentView(R.layout.activity_main);
32.          // 获取布局文件中的两个控件
33.          imageView = _____ ;
34.          ListView listView = _____ ;
35.          // 初始化 ListViewAdapter
36.          listViewAdapter = new ListViewAdapter(this, getData());
37.          // 为 ListView 绑定适配器
38.          _____ ;
39.          // 定义一个 ListView 的监听器
40.          AdapterView.OnItemClickListener listViewListener = _____ {
41.              @Override
42.              _____ {
43.                  // 如果当前正在播放
44.                  if (play_flag) {
45.                      // 停止播放正在播放的音乐
46.                      stopPlayer(pos);
47.                      // 如果选中的不是正在播放的音乐,则播放选中的音乐
48.                      if(pos != arg2){
49.                          // 记录当前位置
50.                          pos = arg2;
51.                          // 开始播放选中的音乐
52.                          startPlayer(pos);
53.                      }
54.                  }
55.                  else {
56.                      // 如果没有播放,保存选中位置
57.                      pos = arg2;
58.                      // 开始播放选中的音乐
59.                      startPlayer(pos);
60.                  }
61.              }
62.          };
63.          // 为 ListView 绑定监听器
64.          _____ ;
65.      }
66.
67.      // 设置 ListView 的数据
68.      private ArrayList < HashMap < String, Object >> getData() {
```

```
69.          // 初始化 ArrayList
70.          arrayList = _____ ;
71.          // 初始化 3 个 HashMap
72.          HashMap < String, Object > hashMap1 = _____ ;
73.          HashMap < String, Object > hashMap2 = _____ ;
74.          HashMap < String, Object > hashMap3 = _____ ;
75.          // 向 3 个 HashMap 中放入数据,并将 HashMap 放入数组中
76.          hashMap1.put("image", R.mipmap.play);
77.          hashMap1.put("songName", "When You Believe");
78.          hashMap1.put("singer", "Whitney Houston/Mariah Carey");
79.          arrayList.add(hashMap1);
80.          _____ ;
81.          _____ ;
82.          _____ ;
83.          _____ ;
84.          _____ ;
85.          _____ ;
86.          _____ ;
87.          _____ ;
88.          return _____ ;
89.      }
90.
91.  private void startPlayer(int pos) {
92.          // 根据 pos 获取 ArrayList 中放入的 HashMap,并且替换其中的图片为 stop
93.           arrayList.get(pos).put("image", R.mipmap.stop);
94.          // 更新 ListView
95.          listViewAdapter.notifyDataSetChanged();
96.          /* 通过隐式启动方式启动 MusicService,隐式启动的字符串须和
             AndroidManifest.xml 文件中注册的动作一致 */
97.          intent.setAction("cn.edu.android.app09.MusicService");
98.          String songName = (String) arrayList.get(pos).get("songName");
99.          // 通过 Intent 的 putExtra()方法放入歌曲名
100.         intent.putExtra("songName", songName + ".mp3");
101.         intent.setPackage(getPackageName());
102.         // 启动服务
103.         startService(intent);
104.         // 设置 ImageView 可见
105.         imageView.setVisibility(View.VISIBLE);
106.         // 设置播放标量为 true,表示正在播放
```

```
107.        play_flag = true;
108.    }
109.
110.    private void stopPlayer(int pos) {
111.        // 根据 pos 获取 ArrayList 中放入的 HashMap,并且替换其中的图片为 play
112.        _____ ;
113.        // 更新 ListView
114.        _____ ;
115.        // 停止播放音乐
116.        stopService(intent);
117.        // 让暂停按钮不可见
118.        _____ ;
119.        // 设置播放标量为 false,表示没有播放
120.        _____ ;
121.    }
122.
123.    // 在用户点击了详细信息按钮"···"后弹出 AlertDialog
124.    public void click(View v) {
125.        /* 弹出的对话框中包含歌曲名称和对歌手的描述,当前选中的选项用
               getTag()获取,该值是在适配器的 getView()方法中设置的 */
126.        new AlertDialog.Builder(this)
127.            .setTitle((String)arrayList.get((Integer) v.getTag())
128.            .get("songName")).setMessage("演唱者:" + (String)arrayList
129.            .get((Integer)v.getTag()).get("singer"))
130.            .setPositiveButton("关闭",
131.              new DialogInterface.OnClickListener(){
132.                public void onClick(DialogInterface dialog, int which){
133.                }
134.            }).show();
135.    }
136. }
```

步骤 10:新建 MusicService 类,该类继承自 Service,在该 Service 的 onStartCommand()方法中播放音乐,在 stopService()方法中停止播放音乐。

```
1.  package cn.edu.android.app09;
2.
3.  import android.app.Service;
4.  import android.content.Intent;
5.  import android.content.res.AssetFileDescriptor;
```

```
6.   import android.media.MediaPlayer;
7.   import android.os.IBinder;
8.   import java.io.IOException;
9.
10.  public class MusicService extends Service {
11.      MediaPlayer mediaPlayer = null;
12.      public int onStartCommand(Intent intent, int flags, int startId) {
13.          try {
14.              // 从 Intent 中获取传递来的歌曲名
15.              String songName = intent.getStringExtra("songName");
16.              // 从 assets 目录下获取歌曲
17.              AssetFileDescriptor afd = getAssets().openFd(songName);
18.              // 实例化 MediaPlayer
19.              mediaPlayer = new MediaPlayer();
20.              // 设置数据源
21.              mediaPlayer.setDataSource(afd.getFileDescriptor(),
                     afd.getStartOffset(), afd.getLength());
22.              // 准备播放音乐
23.              mediaPlayer.prepare();
24.              // 开始播放音乐
25.              mediaPlayer.start();
26.          } catch (IllegalArgumentException e) {
27.              Log.e("ERROR",e.toString());
28.          } catch (IllegalStateException e) {
29.              Log.e("ERROR",e.toString());
30.          } catch (IOException e) {
31.              Log.e("ERROR",e.toString());
32.          }
33.          return super.onStartCommand(intent, flags, startId);
34.      }
35.
36.      public void onDestroy() {
37.          // 停止播放音乐
38.          mediaPlayer.stop();
39.          super.onDestroy();
40.      }
41.
42.      public IBinder onBind(Intent intent) {
43.          return null;
44.      }
45.  }
```

步骤 11：修改 AndroidManifest. xml 文件，在 < application ……/>标签中注册 MusicService，并且为该 Service 设置动作。

```
1.  <?xml version = "1.0" encoding = "utf-8"? >
2.  < manifest xmlns:android = "http://schemas.android.com/apk/res/android"
3.       package = "cn.edu.android.app09">
4.       < application ……>
5.            < activity ……>
6.                ……
7.            </activity>
8.            <!-- 注册 Service,并为 Service 定义过滤器,通过动作进行过滤 -->
9.            < service android:name = "MusicService">
10.               < intent-filter >
11.                   < action android:name = "cn.edu.android.app09.MusicService" />
12.               </intent-filter>
13.           </service>
14.       </application>
15. </manifest>
```

步骤 12：运行并测试 App09。

 **知识拓展：绑定方式**

本实验主要介绍了用启动方式启动服务播放音乐，该功能不能实现音乐播放进度显示、进度控制，因为在 MainActivity 中没有获取 MediaPlayer 实例。可以通过以下两种方式获取 MediaPlayer 实例。

方法 1：将 MediaPlayer 对象定义为静态的（static），再定义一个静态的方法获取该对象，那么需要在 MusicService 中增加如下代码。

```
1.  private static MediaPlayer mediaPlayer = null;
2.  public static MediaPlayer getMediaPlayer(){
3.      return mediaPlayer;
4.  }
```

修改 MainActivity 获取 MediaPlayer 实例，并通过调用 MediaPlayer 的方法实现对音乐的控制和对信息的获取。

方法 2：通过绑定方式获取 MusicService 的实例，通过 MusicService 的实例获取 MediaPlayer 实例。

目前应用市场上主要的播放器均可实现对音乐的各种操作，例如，图 4.10 所示的界面实现了控制音乐播放的功能，下面以方法 2 为例在原实验的基础上更改代码，实现图片展示的效果。

步骤 1：新建模块 App10。在界面中放入 SeekBar 用于控制进度，放入一个 TextView

用于显示播放时间,两个控件默认设置为"INVISIBLE"。在 MainActivity 的 onCreate()方法中通过 findViewById()方法获取这两个控件。

图 4.10 带进度控制的播放器

步骤 2:定义变量 ServiceConnection 用于获取 MusicService 实例,该变量也是使用 Service 绑定方式必须定义的参数。ServiceConnection 是一个接口类,该对象须在 MainActivity. java 文件中获取,要实例化该类必须实现两个方法:onServiceDisconnected() 和 onServiceConnected()。其中,onServiceConnected()方法的第一个参数可以获取服务的实例,当服务建立连接后会调用该方法,一旦调用服务就会通过 MusicService 启动音乐,并通过 Handler 通知界面定时更新 SeekBar。

```
1.   private ServiceConnection mConnection = new ServiceConnection() {
2.       @Override
3.       public void onServiceDisconnected(ComponentName name) {
4.           musicService = null; // 断开服务连接后将 MusicService 置为空
5.       }
6.
7.       @Override
8.       public void onServiceConnected(ComponentName name, IBinder service) {
9.           // 获取 MusicService 实例
10.          musicService = ((MusicService. LocalBinder) service).getService();
11.          // 获取 MediaPlayer 对象
12.          mediaPlayer = musicService.getMediaPlayer();
13.          // 新建线程并通过 Handler 通知界面每 100 毫秒更新一次
14.          new Thread() {
15.              public void run() {
16.                  while (true) {
17.                      try {
```

```
18.                      sleep(100);
19.                  } catch (InterruptedException e) {
20.                      e.printStackTrace();
21.                  }
22.                  mHandler.sendEmptyMessage(0xabc);
23.              }
24.          }
25.      }.start();
26.  } // onServiceConnected()
27. }; // mConnection 定义
```

步骤 3：在 onCreate()方法中实现 SeekBar 的监听事件，主要包括进度条的拖动和进度的显示。进度条的进度取值范围为[0，100]，在拖动进度条后获取进度条的百分比取值，设置 MediaPlayer 播放对应时间点的音乐。Handler 每 100 毫秒通知 SeekBar 更新，当 SeekBar 更新后设置 TextView 更新播放的进度。

```
1.  seekBar.setOnSeekBarChangeListener(new SeekBar.OnSeekBarChangeListener() {
2.
3.      // 拖动 SeekBar 结束时调用该方法
4.      @Override
5.      public void onStopTrackingTouch(SeekBar seekBar) {
6.          // 获取拖动 SeekBar 后 SeekBar 的位置
7.          int dest = seekBar.getProgress();
8.          // 获取当前播放音乐的总时长，单位为毫秒
9.          int time = mediaPlayer.getDuration();
10.         // 获取 SeekBar 的最大进度
11.         int max = seekBar.getMax();
12.         // 设置播放器播放指定时间点的音乐
13.         mediaPlayer.seekTo(time * dest / max);
14.     }
15.
16.     // 开始拖动 SeekBar 时调用该方法
17.     @Override
18.     public void onStartTrackingTouch(SeekBar arg0) { }
19.
20.     // 当 SeekBar 进度发生变化时调用该方法
21.     @Override
22.     public void onProgressChanged(SeekBar arg0, int arg1, boolean arg2) {
23.         // 获取当前音乐播放的时间，并转化为分、秒的形式更新 TextView
24.         int minute = mediaPlayer.getCurrentPosition() / 60000;
```

```
25.            int second = (mediaPlayer.getCurrentPosition() % 60000) / 1000;
26.            textView.setText(((minute > 9) ? minute : ("0" + minute)) + ":" +
                            ((second > 9) ? second : ("0" + second)));
27.        // 歌曲播放完毕后重置进度条
28.            if (seekBar.getProgress() == 99) {
29.                seekBar.setProgress(0);
30.            }
31.        } // onProgressChanged()
32. }); // SeekBar 监听器
```

步骤4:定义 Handler,在接收到子线程发来的消息后,获取 MediaPlayer 当前播放时间和总时长,计算出对应的 SeekBar 的进度,并更新 SeekBar。

```
1.  Handler mHandler = new Handler() {
2.      @Override
3.      public void handleMessage(Message msg) {
4.          if (msg.what == 0xabc) {
5.              int position = mediaPlayer.getCurrentPosition();
6.              int time = mediaPlayer.getDuration();
7.              int max = seekBar.getMax();
8.              seekBar.setProgress(position * max / time);
9.          }
10.     }
11. };
```

步骤5:更改服务启动和停止方式,并在启动时设置 SeekBar 和 TextView 可见,在解除服务绑定时设置 SeekBar 和 TextView 不可见。

```
1.  private void stopPlayer(int pos) {
2.      ......
3.      unbindService(mConnection);
4.      seekBar.setVisibility(View.INVISIBLE);
5.      textView.setVisibility(View.INVISIBLE);
6.      ......
7.  }
8.  private void startPlayer(int pos) {
9.      ......
10.     intent.setPackage(getPackageName());
11.     intent.setAction("cn.edu.android.app10.MusicService");
12.     bindService(intent, mConnection, Context.BIND_AUTO_CREATE);
```

```
13.        seekBar.setVisibility(View.VISIBLE);
14.        textView.setVisibility(View.VISIBLE);
15.        ……
16. }
```

步骤 6:通过绑定方式实现 MusicService,在该类中增加 getMediaPlayer()方法并返回 mediaPlayer。

```
1.    public class MusicService extends Service {
2.
3.        private MediaPlayer mediaPlayer = null;
4.        private final IBinder mBinder = new LocalBinder();
5.
6.        public class LocalBinder extends Binder{
7.            MusicService getService(){
8.                return MusicService.this;
9.            }
10.       }
11.
12.       public IBinder onBind(Intent intent) {
13.           // 获取要播放的歌曲并且播放
14.           ……
15.           return mBinder;
16.       }
17.       public boolean onUnbind(Intent intent) {
18.           mediaPlayer.stop();
19.           return false;
20.       };
21.
22.       MediaPlayer getMediaPlayer(){
23.           return mediaPlayer;
24.       }
25. }
```

步骤 7:修改 AndroidManifest.xml 中注册的服务。

```
1.    < service android:name = "cn.edu.android.app10.MusicService">
2.            < intent-filter >
3.                < action android:name = "cn.edu.android.app10.MusicService" />
4.            </intent-filter>
5.    </service>
```

📝 思考

（1）如何增加上一首、下一首按钮并实现其功能？单曲循环、列表循环如何实现？

（2）如何为每首歌曲前的 ImageView 增加监听事件？

实验 2　Handler 的使用

1. 实验目的

（1）熟悉 Handler 异步通信机制。

（2）了解 ButterKnife 的用法。

（3）了解 Android Material Design 风格控件的使用方法。

（4）掌握 WebView 控件的使用。

（5）熟悉相对布局的标签。

2. Handler 异步通信机制

Handler 实现了 Android 中的异步通信机制。Android 中界面事件由一个线程负责，这个线程被称为 UI 线程（界面线程）或主线程。Android 中只允许 UI 线程修改 Activity 组件，所以在实际 Android 开发中，需要启动子线程通过 Handler 更改界面属性，如图 4.11 所示。

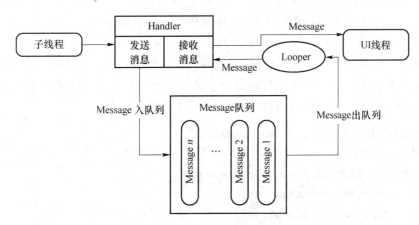

图 4.11　Handler 工作原理

图 4.11 描述了在创建 Handler 之前 Android 先创建了一个 Looper 对象和一个消息队列 MessageQueue。当子线程通过 Handler 的 sendMessage（Message msg）方法发送消息时，Android 会调用入队列方法向 MessageQueue 中插入这条消息，Looper 不断轮询调用 MessageQueue 的 next()方法，如果发现有消息，则调用 Message 出队列方法读取消息，接着将消息分配给 Handler 的 handleMessage（Message msg）方法，UI 线程在空闲时将消息更新至界面。

子线程通过 Handler 给 UI 线程发送消息主要分为以下 4 个步骤。

（1）创建一个 Handler 对象。

```
1.   private Handler handler = new Handler(){
2.       @Override
3.       public void handleMessage(Message msg){
4.           super.handleMessage(msg);
5.       }
6.   };
```

（2）从子线程中获取 Message 对象，通过 boolean sendMessage(Message msg)方法发送消息。

```
1.   Runnable thread = new Runnable(){
2.       public void run(){
3.           ……
4.           Message message = handler.obtainMessage();
5.           message.what = 1; // 设置信号量
6.           message.arg1 = 0; // 传递一个值
7.           message.obj = "传递对象";
8.           handler.sendMessage(message);
9.       }
10.  };
```

Message 对象有多种属性可以选择，其中常用的有以下几种。

- what 属性：int 类型，主线程用于识别子线程发来的信号量。
- arg1、arg2 属性：int 类型，如果传递的消息类型为 int 型，可以赋值给 arg1、arg2。
- obj 属性：Object 类型，如果传递的消息是 String 或者其他，可以赋值给 obj。

（3）在 Handler 中捕获所需消息，并根据获取的消息更新界面。

```
1.   private Handler handler = new Handler(){
2.       @Override
3.       public void handleMessage(Message msg) {
4.           super.handleMessage(msg);
5.           int arg1 = msg.arg1;
6.           String info = (String) msg.obj;
7.           if (msg.what == 1){
8.               …… // 更新 UI 线程
9.           }
10.          if (arg1 == 0){
11.              …… // 更新 UI 线程
12.          }
13.      }
14.  };
```

（4）通过 Handler 的 post() 方法启动子线程。

```
handler.post(thread);
```

Handler 的用法有很多，表 4.4 对 Handler 常用方法进行了总结。

表 4.4　Handler 常用方法

序　号	方　法	功能描述
1	handleMessage(Message msg)	通过该方法的入参 Message 获取线程发送过来的消息
2	post(Runnable r)	发送一个 Runnable 对象到主线程队列中，在 Runnable 对象通过消息队列后，这个 Runnable 对象将被运行
3	postDelayed(Runnable r，long uptimeMillis)	在指定的时间后发送一个 Runnable 对象到主线程队列中，在 Runnable 对象通过消息队列后，这个 Runnable 对象将被运行
4	sendEmptyMessage(int what)	发送空消息，接收消息时可通过 handleMessage(Message msg) 入参 Message.what 获取传递的信息
5	sendMessage(Message msg)	发送 Message 对象到队列中
6	sendMessageDelayed(Message msg，long delayMillis)	在指定的时间后发送空消息
7	obtainMessage()	用于获取消息，具有多个重载方法
8	removeMessages(int what)	移除消息队列中的消息，队列中没有消息时 Handler 停止工作

3．View 注入框架 ButterKnife

ButterKnife 是一个专注于 Android 系统的 View 注入框架。ButterKnife 具有强大的 View 绑定和 OnClick 事件处理功能，可以简化代码和提升开发效率。以前的实验中总有很多 findViewById() 方法的调用以获取 View 对象和 OnClick 点击事件，使用 ButterKnife 可以略去这些步骤。ButterKnife 项目的 github 地址为 https：github.com/JakeWharton/butterknife，其中有最新版本的 ButterKnife 以及使用说明。ButterKnife 的使用步骤如下。

（1）在 Project 的 build.gradle 文件的 dependencies 闭包中添加引用的插件。

（2）在 App 的 build.gradle 中添加应用程序模块和依赖。

（3）在 Android Studio 的 settings 中安装 Android ButterKnife Zelezny 插件，安装后重启开发环境生效。

（4）在 Activity 中生成获取控件和 OnClick 事件的代码。

4．Material Design

Material Design 是由 Google 公司于 2014 年推出的全新的设计语言，Google 公司表示这种设计语言旨在为手机、平板电脑、台式机和其他平台提供更一致、更广泛的外观和感觉，增强用户的视觉感受，使用户有更好的体验。本实验使用的是 FloatingActionButton 和 Snackbar 控件，除此之外常用的还有 DrawerLayout、NavigationView、CardView 等控件或布局。

使用这些控件时的共同点是必须引入 com.android.support.design 依赖。当然也有很多开源项目已经将相关的界面封装好，可直接引入相关依赖，按照项目说明使用。

本实验采用了 FloatingActionButton 控件，该控件的使用与普通控件相似，但是它具有一些特殊的 XML 属性，主要有以下几种。

（1）android:src:FloatingActionButton 中显示的图标。

（2）app:backgroundTint:正常的背景颜色。

（3）app:rippleColor:按下时的背景颜色。

（4）app:elevation:正常的阴影大小。

（5）app:pressedTranslationZ:按下时的阴影大小。

（6）app:layout_anchor:设置 FloatingActionButton 的锚点，即以哪个控件为参照设置位置。

（7）app:layout_anchorGravity:FloatingActionButton 相对于锚点的位置。

（8）app:fabSize:FloatingActionButton 的大小，包括 normal 和 mini（分别对应 56 dp 和 40 dp）。

（9）app:borderWidth:边框大小，不需要边框则将该值设置为 0 dp。

（10）android:clickable:一般设置为 true，否则不能触发点击事件。

本实验使用的另一个 Material Design 控件是 Snackbar，其作用和 Toast 的作用相似。Snackbar 与 Toast 的区别在于：Snackbar 可以滑动退出，也可以处理用户交互（点击）事件，但 Toast 不具备这些功能。Snackbar 具有的特性包括以下几种。

（1）Snackbar 会在超时后或用户触摸屏幕其他地方后自动消失。

（2）Snackbar 可以在屏幕上滑动关闭。

（3）Snackbar 出现时不会阻碍用户在屏幕上的输入。

（4）屏幕上同时最多只能显示一个 Snackbar。

（5）如果在屏幕上已有一个 Snackbar 的情况下，需再显示一个 Snackbar，则会先将正在显示的 Snackbar 隐藏，再显示新的 Snackbar。

（6）可在 Snackbar 中添加按钮等控件，处理用户点击事件。

（7）Snackbar 使用 CoordinatorLayout 作为父容器时，可以实现右滑退出。

5. WebView 控件

Android 5.0 系统中内置了一款高性能 WebKit 内核浏览器，在 SDK 中封装为 WebView 控件。WebView 的用法与普通 ImageView 的用法基本相似，它还提供了大量方法执行浏览器的操作。WebView 控件的常用方法如下所示。

（1）void loadUrl(String url):加载指定 URL 页面。

（2）void getSettings().setJavaScriptEnabled(true):如果访问的页面中有 JavaScript，则 WebView 须设置为支持 JavaScript。

（3）void setWebViewClient(new WebViewClient()):如果页面中存在超链接，且希望点击链接后继续在当前 Browser 中显示，而不是打开 Android 系统自带的浏览器去响应该链接，则必须覆盖 WebView 的 WebViewClient 对象。

（4）int getHeight():返回当前 WebView 容器的高度。

（5）int getContentHeight():返回整个 HTML 页面的高度。

（6）void getSettings().setSupportZoom(true) 和 void getSettings().setBuiltInZoomControls(true):打开 WebView 的缩放功能。利用这两个方法可以使页面大小适配当前 WebView 控件。

最后，要使用 WebView 打开页面，**必须在 AndroidManifest.xml 文件中添加网络访问权限**。

6. RelativeLayout

RelativeLayout 是相对布局，是目前使用较多的布局，RelativeLayout 容器内子组件的位置总是相对于其他组件或父容器的位置。Android 在设计界面时采用了坐标系设计原理，坐标原点在屏幕的左上角，如图 4.12 所示，x 轴的取值越向右越大，y 轴的取值越向下越大。在 RelativeLayout 中，确定了 x 轴和 y 轴的取值就能唯一确定一个控件的位置，如果未指定 x 轴或 y 轴的取值，则默认取值为 0。

最新版本的 Android Studio 默认的布局为 ConstraintLayout，使用 RelativeLayout 需要按如下代码修改原布局文件。

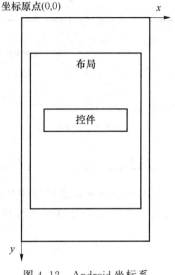

图 4.12　Android 坐标系

```
1.  <?xml version = "1.0" encoding = "utf-8"? >
2.  < RelativeLayout xmlns:android = "http://schemas.android. com/apk/res/android"
3.      android:layout_width = "match_parent"
4.      android:layout_height = "match_parent">
5.      <!-- 加入控件或布局 -->
6.  </RelativeLayout >
```

相对布局中的控件或布局的位置需要通过特殊 XML 属性标识。例如，< TextView android:layout_above = "@+id/mybutton" ……>表示当前 TextView 控件的底部在 ID 为 mybutton 的控件的上方。表 4.5 所示为 RelativeLayout 常用的属性。

表 4.5　RelativeLayout 常用的属性

序　号	方　法	功　能
1	android:layout_above	将该控件的底部置于给定 ID 的控件之上
2	android:layout_below	将该控件的顶部置于给定 ID 的控件之下
3	android:layout_toLeftOf	将该控件的右边缘和给定 ID 的控件的左边缘对齐
4	android:layout_toRightOf	将该控件的左边缘和给定 ID 的控件的右边缘对齐
5	android:layout_alignBaseline	将该控件的 baseline 和给定 ID 的控件的 baseline 对齐
6	android:layout_alignBottom	将该控件的底部边缘和给定 ID 的控件的底部边缘对齐
7	android:layout_alignLeft	将该控件的左边缘和给定 ID 的控件的左边缘对齐
8	android:layout_alignRight	将该控件的右边缘和给定 ID 的控件的右边缘对齐
9	android:layout_alignTop	将该控件的顶部边缘和给定 ID 的控件的顶部边缘对齐
10	android:layout_alignParentBottom	如果该值为 true，则将该控件的底部和父控件的底部对齐
11	android:layout_alignParentLeft	如果该值为 true，则将该控件的左边和父控件的左边对齐

序 号	方 法	功 能
12	android:layout_alignParentRight	如果该值为 true,则将该控件的右边和父控件的右边对齐
13	android:layout_alignParentTop	如果该值为 true,则将该控件的顶部和父控件的顶部对齐
14	android:layout_centerHorizontal	如果该值为 true,则该控件将被置于水平方向的中央
15	android:layout_centerInParent	如果该值为 true,则该控件将被置于父控件水平方向和垂直方向的中央
16	android:layout_centerVertical	如果该值为 true,则该控件将被置于垂直方向的中央

其中,Baseline 是指字母排列的基准线,假设图 4.13 所示为一个 Button 控件显示的文字,那么这个按钮的基准线即为倒数第二条线。

图 4.13 Baseline(基准线)

7. 实验界面与功能

本实验的主要功能是使用 Handler 更新进度条。点击图 4.14(a)所示的界面中的 FloatingActionButton,会出现图 4.14(b)所示的进度条,并且开始在进度条上方加载网页。页面加载完成后进度条消失,如图 4.14(c)所示,并且在 FloatingActionButton 下方出现 Snackbar,如图 4.14(d)所示,点击"确定"会弹出一个 Toast。

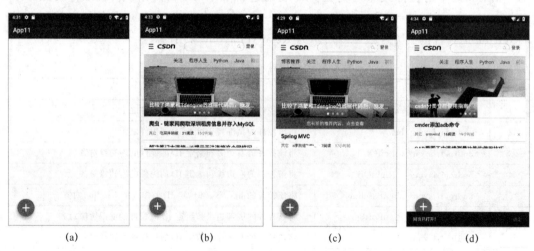

| (a) | (b) | (c) | (d) |

图 4.14 Handler 实验主要界面

本实验的重点为如何使用 Handler 更新界面进度条,通过 Handler 更新界面是 Android 中广泛使用的方法。

8. 实验步骤

步骤 1:新建模块 App11。

步骤 2：修改 colors. xml 文件，修改 colorAccent 的取值为"＃03A9F4"，设定控件的选中效果默认采用该颜色，其他保持默认。

```
<color name = "colorAccent">＃03A9F4</color>
```

步骤 3：将加号图片"add. png"放入 mipmap 目录下。

步骤 4：在模块下的 build. gradle 文件的 dependencies 闭包中添加 Material Design 基础控件所需要的依赖。

```
implementation 'com. android. support:design:28.0.0'
```

步骤 5：本实验采用 ButterKnife 生成控件 View 绑定和 OnClick 事件，所以需要修改 Project 下的 builder. gradle 文件，添加需要引用的插件。

```
1.  buildscript {
2.      ……
3.      dependencies {
4.          classpath 'com. android. tools. build:gradle:3.4.1'
5.          classpath 'com. jakewharton:butterknife-gradle-plugin:9.0.0-rc2'
6.      }
7.  }
8.  ……
```

步骤 6：按照如下配置修改模块下的 build. gradle 文件，增加该模块需要引用的程序包和依赖，依赖包括 ButterKnife 和使用 Material Design 控件所需要的 Support Design Library。

```
1.  apply plugin: 'com. android. application'
2.  apply plugin: 'com. jakewharton. butterknife'
3.  ……
4.  android {
5.      ……
6.      compileOptions {
7.          sourceCompatibility JavaVersion. VERSION_1_8
8.          targetCompatibility JavaVersion. VERSION_1_8
9.      }
10. }
11. dependencies {
12.     ……
13.     implementation 'com. jakewharton:butterknife:9.0.0-rc2'
14.     annotationProcessor 'com. jakewharton:butterknife-compiler:9.0.0-rc2'
15.     implementation 'com. android. support:design:28.0.0'
16. }
```

添加完成后在该文件上方会出现"sync"按钮，单击该按钮 Gradle 会自动下载相关的库至 C:\Users\<用户名>\. gradle\caches\modules-2\files-2.1 目录下供代码使用。

步骤 7：安装 ButterKnife 插件。在联网状态下，选择"File"|"Settings"|"Plugins"|"Marketplace"，在输入框中输入"Butterknife"，在随后出现的界面中单击"Install"进行安装，如图 4.15 所示，安装完成后需要重新启动 Android Studio 才能生效。

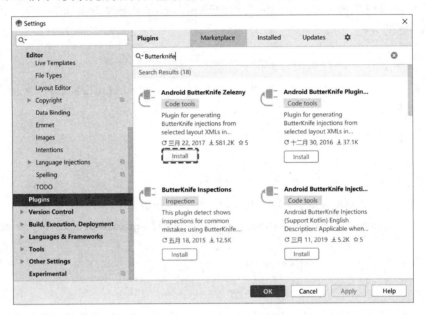

图 4.15 安装 ButterKnife 插件

步骤 8：打开 activity_main. xml 文件，将该文件的布局按照本实验 RelativeLayout 部分所述更改为 RelativeLayout。参考图 4.14(b)所示的界面，向界面编辑器中拖入 WebView、ProgressBar(Horizontal)进度条，然后对控件做如下设置。

```
1.   <!-- 设置 WebView 左右各留 12 dp 的边距 -->
2.   <WebView android:id = "@ + id/webview"
3.       android:layout_width = "match_parent"
4.       android:layout_height = "350dp"
5.       android:layout_marginRight = "12dp"
6.       android:layout_marginLeft = "12dp"/>
7.
8.   <!-- 设置 ProgressBar 右侧外边距为 12 dp,左侧和 WebView 对齐,并且在 WebView 下
     方,默认设置为不可见 -->
9.   <ProgressBar android:id = "@ + id/progressbar"
10.      style = "? android:attr/progressBarStyleHorizontal"
11.      android:layout_width = "match_parent"
12.      android:layout_height = "wrap_content"
13.      android:layout_marginRight = "12dp"
```

```
14.        android:layout_alignLeft = "@ + id/webview"
15.        android:layout_below = "@ + id/webview"
16.        android:visibility = "invisible" />
17.
```

18. <!-- 设置 FloatingActionButton 左、右、底部与父控件对齐,左右外边距为 30 dp,底部边距为 46 dp,其他属性参考本实验 Material Design 部分的相关描述 -->

```
19. < android. support. design. widget. FloatingActionButton
20.        android:id = "@ + id/floatingactionbutton"
21.        android:layout_width = "wrap_content"
22.        android:layout_height = "wrap_content"
23.        android:layout_alignParentStart = "true"
24.        android:layout_alignParentLeft = "true"
25.        android:layout_alignParentBottom = "true"
26.        android:layout_marginStart = "30dp"
27.        android:layout_marginLeft = "30dp"
28.        android:layout_marginBottom = "46dp"
29.        android:src = "@mipmap/add"
30.        app:backgroundTint = "#03A9F4"
31.        app:borderWidth = "0dp"
32.        app:elevation = "6dp"
33.        app:fabSize = "normal"
34.        app:layout_anchorGravity = "bottom|left"
35.        app:pressedTranslationZ = "12dp"
36.        app:rippleColor = "#a6a6a6" />
```

提示:控件属性 android:visibility = "invisible"和 android:visibility = "gone"之间的差异在于,当控件的 visibility 属性为 invisible 时,界面保留了 View 控件所占有的空间,而控件属性为 gone 时,界面不保留 View 控件所占有的空间。

步骤 9:在 MainActivity 类的代码"setContentView(R. layout. activity_main);"中右击布局文件名称,依次选择"Generate…"|"Generate Butterknife Injections",在弹出的对话框中,按图 4. 16 所示选中 4 个复选框,单击"Confirm"即会生成绑定 3 个控件的代码和 FloatingActionButton 的 OnClick 事件,在 onCreate()方法中绑定 ButterKnife。

```
1.  public class MainActivity extends AppCompatActivity {
2.
3.       @BindView(R. id. progressbar)
4.       ProgressBar progressbar;
5.       @BindView(R. id. floatingactionbutton)
6.       FloatingActionButton floatingactionbutton;
7.       @BindView(R. id. webview)
```

```
8.      WebView webview;
9.      private Unbinder unbinder;
10.
11.      @Override
12.     public void onCreate(Bundle savedInstanceState) {
13.          super.onCreate(savedInstanceState);
14.          setContentView(R.layout.activity_main);
15.          unbinder = ButterKnife.bind(this);
16.     }
17.
18.     @OnClick(R.id.addRecordButton)
19.     public void onViewClicked() {
20.     }
21.
22.     // 解除 ButterKnife 的绑定
23.     protected void onDestroy() {
24.          super.onDestroy();
25.          unbinder.unbind();
26.     }
27.  }
```

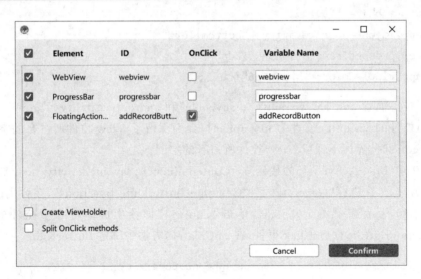

图 4.16　ButterKnife 绑定控件、生成 OnClick 事件

步骤 10: 定义一个 Handler,用于发送异步消息至进度条,处理消息的代码后面补充。

```
1.   Handler updateBarHandler = new Handler() {
2.       public void handleMessage(Message msg) {
3.
```

```
4.        }
5.    }
```

步骤 11：该类使用匿名内部类的方式定义一个线程，在线程中每 1 秒更新进度条进度 *i*，并且将 *i* 赋给 Message 对象，放入 Handler 的消息队列，主线程在空闲时会从消息队列中取出该消息，更新至界面。

```
1.  // 用于标记进度条进度的临时变量
2.  int i = 0;
3.  Runnable updateThread = new Runnable() {
4.      public void run() {
5.          i = i + 10;
6.          // 通过 Handler 得到一个消息对象，Message 是 Android 内置类
7.          Message msg = updateBarHandler.obtainMessage();
8.          /* 将 msg 对象的 arg1 参数的值设置为 i，用 arg1 和 arg2 这两个成员变量
            传递消息 */
9.          msg.arg1 = i;
10.         // 将 msg 对象加入消息队列中
11.         updateBarHandler.sendMessage(msg);
12.         try {
13.             // 设置当前线程休眠 1 秒
14.             Thread.sleep(1000);
15.         }
16.         catch (InterruptedException e) {
17.             e.printStackTrace();
18.         }
19.     }
20. };
```

步骤 12：当用户点击界面中的 FloatingActionButton 时，将进度条设置为可见，并通过 WebView 加载网页，网页可以和 JavaScript 交互，WebView 可以缩放所访问的页面，如果点击页面中的超链接，仍旧在该控件中打开。最后，通过 Handler.post(Runnable r) 方法启动线程，并且接收和发送新线程的消息。

```
1.  @OnClick(R.id.floatingactionbutton)
2.  public void onViewClicked() {
3.      progressbar.setVisibility(View.VISIBLE);
4.      webview.loadUrl("https://blog.csdn.net/");
5.      webview.getSettings().setJavaScriptEnabled(true); // 可以和 JavaScript 交互
6.      webview.setWebViewClient(new WebViewClient());
7.      webview.getSettings().setSupportZoom(true);
8.      webview.getSettings().setBuiltInZoomControls(true);
```

```
9.        updateBarHandler.post(updateThread);
10.  }
```

提示：进度条默认是不可见的，在步骤 8 中进度条具有属性 android：visibility ＝ "invisible"。

步骤 13：在 updateBarHandler 的 handleMessage(Message msg)方法中通过入参获取 updateThread 线程中传递来的值。如果进度小于等于 100，则更新进度条的进度，并且继续运行子线程获取进度值。如果进度达到 100，则设置完进度后将进度条设置为不可见，并将全局变量 i 置为 0，最后在屏幕底部弹出 Snackbar。

```
1.   Handler updateBarHandler = new Handler() {
2.      // 接收子线程传递来的进度值
3.      public void handleMessage(Message msg) {
4.         // 如果进度小于等于100，则更新进度条的进度，并且继续运行子线程获取进度值
5.         if(msg.arg1 <= 100){
6.            progressbar.setProgress(msg.arg1);
7.            // 将线程加入 Handler 中，将触发线程的 run()函数的执行
8.            updateBarHandler.post(updateThread);
9.         }
10.        else{
11.           /* 如果传递过来的值大于100，则复位全局变量，将进度条置为0，并将进度
                 条设置为不可见 */
12.           i = 0;
13.           progressbar.setProgress(i);
14.           progressbar.setVisibility(View.INVISIBLE);
15.           // 将消息从 Handler 的消息队列中移除，否则子线程会继续运行
16.           updateBarHandler.removeMessages(msg.what);
17.           /* 弹出 Snackbar，显示时间为较长，且在其中设置一个"确定"按钮，点击该
                 按钮则弹出 Toast */
18.           Snackbar.make(floatingactionbutton,"网页已打开!", Snackbar.LENGTH_
                 LONG).setAction("确定", new View.OnClickListener() {
19.              @Override
20.              public void onClick(View view) {
21.                 Toast.makeText(MainActivity.this,"网页已打开!",
22.                        Toast.LENGTH_SHORT).show();
23.              }
24.           }).show();
25.        } // else
26.     } // handleMessage()
27.  }; // updateBarHandler()
```

步骤14：使用 WebView 打开页面需要在 AndroidManifest. xml 文件中添加网络访问权限。

```
1.  <?xml version = "1.0" encoding = "utf-8"? >
2.  <manifest xmlns:android = "http://schemas. android. com/apk/res/android"
3.      package = "cn. edu. android. app11">
4.      <application ……>……</application>
5.      <uses-permission android:name = "android. permission. INTERNET"/>
6.  </manifest>
```

步骤15：运行并测试 App11。

 知识拓展：APK 签名

APK 是 Android 设备上的安装程序，App 开发完成后，一般会以 APK 的形式进行发布。为了保证 APK 的完整性、真实性等特点，一般要对 APK 进行签名。在调试阶段，即制作 debug 版本的 APK 时，一般以 Android 内置的 Debug Key 对 APK 进行签名。对外发布的版本（release 版本）则需要使用 Android Studio 自带的 APK 签名工具对其进行签名。对 APK 进行签名的步骤如下。

步骤1：在 Android Studio 工具栏中选择"Generate Signed Bundle/APK…"选项，如图 4.17 所示，会弹出图 4.18 所示的"Generate Signed Bundle or APK"窗口。

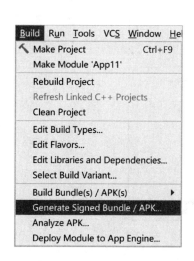

图 4.17　创建 APK 签名

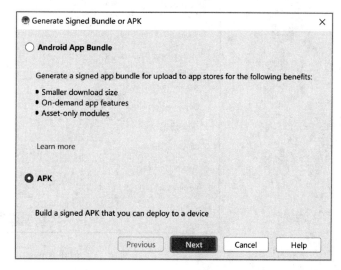

图 4.18　生成 APK

步骤2：在"Generate Signed Bundle or APK"窗口中选择"APK"选项，单击"Next"按钮。"Android App Bundle"选项仅限于上传 Google Play 的应用，国内市场不支持。

步骤3：在图 4.19 所示的窗口中，如果之前创建过密钥则单击"Choose existing…"按钮选择已创建的密钥，如果没有创建过，则单击"Create new…"按钮创建新的密钥。

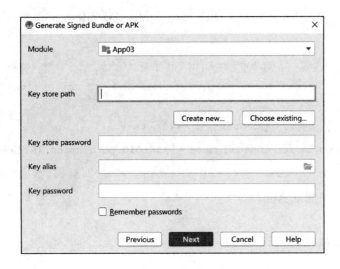

图 4.19 选择/创建密钥

步骤 4：在图 4.20 所示的窗口中选择密钥库存放路径，设置密钥库密码，输入密钥名称、密钥密码以及证书信息，单击"OK"，返回"Generate Signed Bundle or APK"窗口。

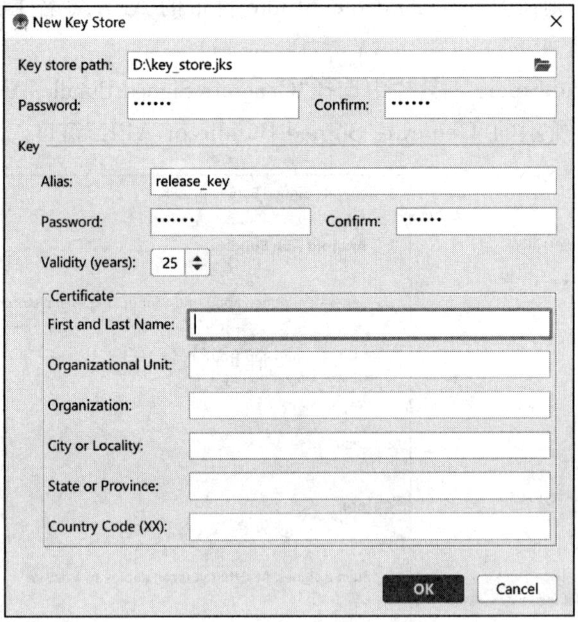

图 4.20 创建新密钥

步骤 5：在图 4.21 所示的窗口中选择步骤 4 中创建的密钥库，单击"Next"。

步骤 6：在图 4.22 所示的窗口中选择"release"，签名方式同时勾选"V1（Jar Signature）"和"V2（Full APK Signature）"。如果打包签名时只勾选 V1 签名则不产生任何影响，但是在 Android 7.0 设备上不会使用更安全的验证方式；如果只勾选 V2 签名，则 Android 7.0 以下设备会显示未安装，Android 7.0 以上设备使用了 V2 的方式验证。如果同时勾选 V1 和 V2 则所有设备都不会出现问题。

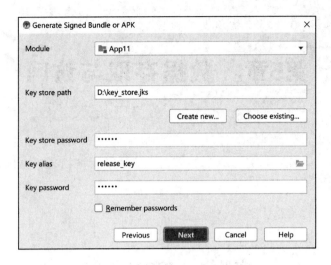

图 4.21 选择密钥

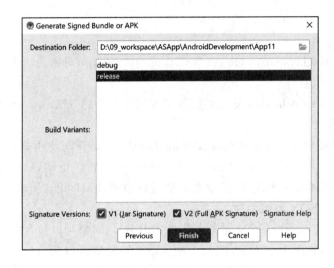

图 4.22 选择版本类型和签名方式

思考

（1）当进度条达到 100％时线程是如何终止的？

（2）为什么调用了两次 Handler 的 post()方法？减少一次能否达到相同的效果？

（3）尝试不使用 Handler 更新界面，直接设置进度条，结果和当前实验结果有什么区别。

第5章 数据存取与访问

实验 1 JSON 入门

1. 实验目的

(1) 熟悉 JSON (JavaScript Object Notation，JavaScript 对象表示法)数据的基本解析方法。

(2) 熟悉用 Material Design 基础的控件实现侧滑菜单的方法。

2. JSON 基础

JSON 是一种轻量级的存储和交换文本信息的语法，是目前使用非常广泛的一种数据交换格式，官方网站为 www.json.org。和另一种使用非常广泛的语言 XML 相比，JSON 具有解码方便、数据体积小等优点，但数据的描述性没有 XML 语言直观。JSON 常用的形式有 JSON 对象和 JSON 数组两种。

- JSON 对象(object)：JSON 对象在花括号中书写，对象可以包含多个键值对(string/value pair)，如图 5.1 所示，图 5.1 中 value 的取值可以是：string、number、object、array、true、false、null。例如：{"firstName":"John","lastName":"Doe"}。

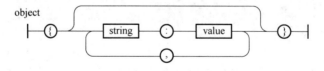

图 5.1 JSON 对象

- JSON 数组(array)：JSON 数组在方括号中书写，数组可包含多个 value，如图 5.2 所示，在移动开发项目中 value 为对象的较为常见。例如：

```
[
{"firstName":"John","lastName":"Doe"},
{"firstName":"Anna","lastName":"Smith"},
{"firstName":"Peter","lastName":"Jones"}
]。
```

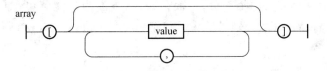

图 5.2　JSON 数组

在中大型的项目中,服务器和移动客户端经常采用 JSON 数据进行交互,所以 JSON 数据一般比较复杂,一般使用 HiJson 查看 JSON 数据。HiJson 是一款非常小巧实用的工具,它可以将 JSON 数据以树的形式展现出来,方便 JSON 字符串的查看。例如,要查看 JSON 字符串{"name":"Michael","address":{"city":"Beijing","postcode":100025,"street":"Chaoyang Road"}},将该字符串复制到 HiJson 的左侧,然后单击"格式化 JSON 字符串",就可以格式化输入的 JSON 字符串,并且以树的形式在右侧进行展示,如图 5.3 所示。

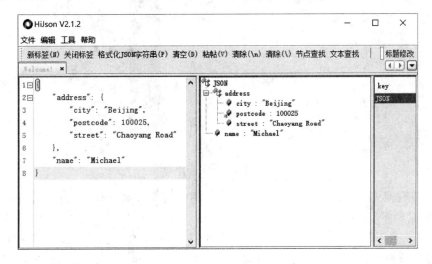

图 5.3　HiJson 的使用

Android 自带 JSON 解析数据 JsonReader 类,另外 Google 公司提供了 Gson 解析 JSON 数据。Gson 提供了一种将 Java 对象转换为 JSON 数据或将 JSON 数据转换为 Java 对象的方法,它可以解析任意复杂度的 JSON 数据。

3. 侧滑菜单

侧滑菜单是指将一些菜单选项隐藏起来,而不是放在主屏幕上,然后通过滑动的方式将菜单显示出来。侧滑菜单的实现方式有很多种,如使用自带控件、第三方开源框架等方式。本实验采用 Material Design 视图 DrawerLayout 和 NavigationView 实现,这种实现方式需要导入相关依赖库,如 implementation 'com. android. support:design:28.0.0'。

DrawerLayout 是一个布局,允许在布局中放入两个直接子控件,第一个控件是主屏幕中显示的内容,第二个则是隐藏的控件,通过滑动来显示内容。以下两个方法是 DrawerLayout 常用的方法。

• DrawerLayout. openDrawer(Gravity. START):从左侧打开侧滑菜单。

• DrawerLayout. closeDrawers():关闭所有侧滑菜单。

NavigationView 可以填充头部布局和菜单布局,还可以添加任意布局。一般 Material

Design 风格的侧滑菜单分为两个部分,上面是头部,下面为功能菜单,如图 5.4 所示,因此我们需要定义两个布局文件,分别对应头部和菜单。NavigationView 布局文件常用的属性如下所示。

图 5.4　侧滑菜单示例

- app:headerLayout="@layout/header":绑定头部布局文件。这里绑定的是 layout 目录下的 header.xml 布局文件。
- app:menu="@menu/nav_menu":在布局文件的 NavigationView 中添加功能菜单。这里绑定的是一个菜单布局文件,该文件放在 res\menu 目录下,使用的是 menu 目录下的 nav_menu.xml 文件,菜单中使用的图片选中和取消选中效果可以通过在 nav_menu.xml 文件中设置图片的 Selector 实现。
- app:theme="@style/navigationDrawerStyle":设置菜单的样式,如侧滑菜单的颜色、字体、文字大小等效果。这里表示采用了 res\values 目录下 styles.xml 文件中的 navigationDrawerStyle 样式。
- app:itemTextColor="@drawable/text_selector":设置侧滑菜单中文字选中和取消选中效果。

4. 实验界面与功能

本实验的主要功能是通过侧滑菜单展示 JSON 数据常用的 3 种解析方式:自带的 JsonReader 解析方法、Gson 解析 JSON 对象和 Gson 解析 JSON 数组。图 5.5(a)所示是初始界面,当点击标题旁的按钮时,弹出图 5.5(b)所示的侧滑菜单,点击任意一个菜单将出现解析的 JSON 字符串和解析后的结果,如图 5.5(c)所示。

5. 实验步骤

步骤 1:创建模块 App12,并配置好 ButterKnife 和 Material Design 控件所需要的环境,具体可参考第 4 章 Handler 实验中的步骤 4～7。

(a)　　　　　　　　(b)　　　　　　　　(c)

图 5.5　实验界面

步骤 2：图 5.6 所示为本实验的文件结构。首先将两张图片放入 mipmap 目录下，然后修改 colors.xml 文件中的状态栏和标题栏的颜色。

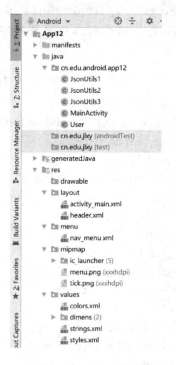

图 5.6　App12 模块文件结构

```
< color name = "colorPrimary">#4F8DFF</color>
< color name = "colorPrimaryDark">#4D79FF</color>
```

步骤 3：在 styles.xml 中添加样式，为侧滑菜单中的文字设置样式，该样式将用于侧滑菜单的布局文件中。

```
< style name = "navigationDrawerStyle" >
    < item name = "android:textSize"> 18sp </item >
</style >
```

步骤 4：在 strings.xml 中添加常量供界面使用，其中取值部分包含 HTML 标签，在解析时按 HTML 标签的语义进行设置，"font color"标签设置文字颜色，"bold"标签表示文字加粗，"big"标签表示加大，" "表示空格，"br"标签表示换行。

```
1.   < resources >
2.       ……
3.       < string name = "nav_header_text">以梦为马，莫负韶华。</string >
4.       < string name = "parser_json_array">数组解析</string >
5.       < string name = "gson_parse_object"> Gson 解析 JSON 对象</string >
6.       < string name = "gson_parse_array"> Gson 解析 JSON 数组</string >
7.       <string name = "default_text">< font color = '#4D79FF'>< bold >< big > JSON 解
         析常用的三种方法：</big ></bold ></font >< br/>     
         1.JsonReader解析方法；< br/>     2.Gson 解析 JSON 对象；
         < br/>     3.Gson 解析 JSON 数组。</string >
8.   </resources >
```

步骤 5：在 layout 目录下新建一个布局文件 header.xml，作为侧滑菜单头部内容。

```
1.   <?xml version = "1.0" encoding = "utf-8"? >
2.   < RelativeLayout xmlns:android = "http://schemas.android.com/apk/res/android"
3.       android:layout_width = "match_parent"
4.       android:layout_height = "180dp"
5.       android:background = "@color/colorPrimary"
6.       android:padding = "10dp">
7.       < ImageView
8.           android:layout_width = "70dp"
9.           android:layout_height = "70dp"
10.          android:layout_centerInParent = "true"
11.          android:src = "@mipmap/ic_launcher" />
12.      < TextView
13.          android:id = "@ + id/text"
14.          android:layout_width = "wrap_content"
15.          android:layout_height = "wrap_content"
16.          android:layout_marginTop = "120dp"
17.          android:layout_centerHorizontal = "true"
18.          android:text = "@string/nav_header_text"
19.          android:textColor = "#FFFFFF" />
20.  </RelativeLayout >
```

步骤 6：在 res 目录下新建一个 menu 文件夹，在该文件夹中新建一个菜单文件并将其命名为 nav_menu.xml，在该文件中放入 3 个菜单选项（item），将其作为侧滑菜单选项。

```
1.   <?xml version = "1.0" encoding = "utf-8"? >
2.   < menu xmlns:android = "http://schemas.android.com/apk/res/android">
3.       <!-- 用一个组（group）来放菜单选项,将 checkableBehavior 设置为 single,表
         示仅一个组 -->
4.       < group android:checkableBehavior = "single">
5.           < item
6.               android:id = "@ + id/jsonArray"
7.               android:icon = "@mipmap/tick"
8.               android:title = "@string/parser_json_array"/>
9.           < item
10.              android:id = "@ + id/gsonObject"
11.              android:icon = "@mipmap/tick"
12.              android:title = "@string/gson_parse_object"/>
13.          < item
14.              android:id = "@ + id/gsonArray"
15.              android:icon = "@mipmap/tick"
16.              android:title = "@string/gson_parse_array"/>
17.      </group >
18.  </menu >
```

步骤 7：完成侧滑菜单外观设计。在前面两个步骤中已经为侧滑菜单做了准备,需要将以上两个文件整合到一个文件中,所以需要将 activity_main.xml 修改为抽屉布局。为了方便代码中调用,需要为该布局定义 ID。在该布局中先放入一个任意布局,本实验使用了一个 LinearLayout,这个布局即为未出现侧滑菜单时的界面。然后,在抽屉布局中放入 NavigationView,设置 ID 的值,并且设置侧滑菜单从左侧滑出,在该布局中,头部布局采用 header.xml 文件,菜单布局则采用 nav_menu.xml 文件,菜单采用 navigationDrawerStyle 样式,该样式中仅定义了菜单选项的字号。

```
1.   <?xml version = "1.0" encoding = "utf-8"? >
2.   < android.support.v4.widget.DrawerLayout
3.       xmlns:android = "http://schemas.android.com/apk/res/android"
4.       xmlns:app = "http://schemas.android.com/apk/res-auto"
5.       android:id = "@ + id/activityMain"
6.       android:layout_width = "match_parent"
7.       android:layout_height = "match_parent">

8.       < LinearLayout
9.           android:layout_width = "match_parent"
```

```
10.              android:layout_height = "match_parent"
11.              android:orientation = "vertical"
12.              android:padding = "20dp">
13.
14.          < TextView
15.              android:id = "@ + id/textView"
16.              android:layout_width = "match_parent"
17.              android:layout_height = "wrap_content"
18.              android:text = "@string/default_text"
19.              android:textSize = "20sp" />
20.      </LinearLayout >
21.
22.      < android.support.design.widget.NavigationView
23.          android:id = "@ + id/navigationView"
24.          android:layout_gravity = "start"
25.          android:layout_width = "match_parent"
26.          android:layout_height = "match_parent"
27.          app:headerLayout = "@layout/header"
28.          app:menu = "@menu/nav_menu"
29.          app:theme = "@style/navigationDrawerStyle"/>
30.
31. </android.support.v4.widget.DrawerLayout >
```

步骤 8：打开 MainActivity.java 文件，在"setContentView（R.layout.activity_main）；"中右击布局文件名称，在弹出的菜单中依次选择"Generate … " | "Generate Butterknife Injections"，在弹出的对话框中，选中导航栏 NavigationView、抽屉布局 DrawerLayout、显示文本的 TextView 前面的复选框和 NavigationView 后面的 OnClick 复选框，用以获取这三个控件，并生成相关点击事件。

```
1.  package cn.edu.android.app12;
2
3.  import android.os.Bundle;
4.  import android.support.v7.app.AppCompatActivity;
5.  import android.support.design.widget.NavigationView;
6.  import android.support.v4.widget.DrawerLayout;
7.  import android.widget.TextView;
8.  import android.view.MenuItem;
9.  import butterknife.BindView;
10. import butterknife.ButterKnife;
11. import butterknife.Unbinder;
```

```
12.
13.  public class MainActivity extends AppCompatActivity {
14.      @BindView(R.id.navigationView)
15.      NavigationView navigationView;
16.      @BindView(R.id.activityMain)
17.      DrawerLayout activityMain;
18.      @BindView(R.id.textView)
19.      TextView textView;
20.      private Unbinder unbinder;
21.
22.      protected void onCreate(Bundle savedInstanceState) {
23.          ……
24.          setContentView(R.layout.activity_main);
25.          unbinder = ButterKnife.bind(this);
26.          // 设置侧滑菜单中每个菜单选项采用的图片颜色,不采用默认渲染
27.          navigationView.setItemIconTintList(null);
28.          // 设置侧滑菜单默认选中的为"数组解析"选项
29.          navigationView.setCheckedItem(R.id.jsonArray);
30.          // 为菜单设置监听
31.          navigationView.setNavigationItemSelectedListener(new
                NavigationView.OnNavigationItemSelectedListener() {
32.              @Override
33.              public boolean onNavigationItemSelected(MenuItem item) {
34.
35.              }
36.          });
37.      } // onCreate()
38.
39.      @Override
40.      protected void onDestroy() {
41.          super.onDestroy();
42.          // 在销毁 Activity 时解绑 ButterKnife 控件
43.          unbinder.unbind();
44.      }
45.  }
```

步骤 9：定义 MainActivity.java 需要使用的全局变量。

```
1.    package cn.edu.android.app12;
2.
3.    import android.os.Handler;
4.    import android.os.Message;
5.    import android.text.Html;
6.
7.    public class MainActivity extends AppCompatActivity {
8.        // 准备解析的 JSON 数组,\表示对双引号进行转义,即双引号本身
9.        private String jsonData1 =
          "[{\"name\":\"Jhon\",\"age\":21},{\"name\":\"Mike\",\"age\":22}]";
10.       // 将要解析的 JSON 对象
11.       private String jsonData2 = "{\"name\":\"Jhon\",\"age\":21}";
12.       /* 有些文字需要带有格式,设置了 HTML 格式的起始标签,设置了文字颜色,并且
          加粗、变大 */
13.       private String textFormatHeader = "<font color='#4D79FF'><bold><big>";
14.       // 带有格式的文字中的 HTML 结束标签
15.       private String textFormatEnd = "</big></bold></font><br/>";
16.       // 定义一个 Handler 用于更新界面 TextView
17.       private Handler mHandler = new Handler(){
18.           // 接收 mHandler 发送的消息
19.           public void handleMessage(Message msg) {
20.               // 从入参 msg 中获取传入的数据,并通过 HTML 富文本形式设置到 TextView 上
21.               textView.setText(Html.fromHtml(msg.obj.toString()));
22.           }
23.       };
24.
25.       protected void onCreate(Bundle savedInstanceState) {……}
26.       protected void onDestroy() {……}
27.   }
```

步骤 10:设置工具栏按钮弹出侧滑菜单。需要在标题栏上添加一个按钮来提示用户有隐藏的菜单,当点击该按钮时弹出隐藏菜单。

```
1.    import android.support.v7.app.ActionBar;
2.    import android.view.Gravity;
3.
4.    public class MainActivity extends AppCompatActivity {
5.        protected void onCreate(Bundle savedInstanceState) {
6.            super.onCreate(savedInstanceState);
```

```
7.        // 获取 ActionBar 对象,即标题栏
8.        ActionBar actionBar = getSupportActionBar();
9.        if(actionBar != null){
10.           // 设置标题栏左侧的按钮,默认是一个箭头
11.           actionBar.setDisplayHomeAsUpEnabled(true);
12.           // 更换按钮图标
13.           actionBar.setHomeAsUpIndicator(R.mipmap.menu);
14.       }
15.       setContentView(R.layout.activity_main);
16.       ……
17.    }
18.
19.    // 重写菜单响应事件的方法,点击标题栏左侧的按钮会调用该方法
20.    @Override
21.    public boolean onOptionsItemSelected(MenuItem item) {
22.        /* 入参 item 即为点击的按钮,该按钮的 ID 已经在 Android 的 R 文件中默认
           定义为 android.R.id.home */
23.        if(item.getItemId() == android.R.id.home){
24.           // 弹出 DrawerLayout 菜单,Gravity.START 表示从左侧弹出
25.           activityMain.openDrawer(Gravity.START);
26.       }
27.       return super.onOptionsItemSelected(item);
28.    }
29.
30.    protected void onCreate(Bundle savedInstanceState) {……}
31.    protected void onDestroy() {……}
32. }
```

步骤 11:新建 JsonUtils1 类,在该类中新建 parseJson()方法,采用 Android 自带的 JsonReader 类解析数组,这里要解析 JSON 字符串 [{"name": Jhon, "age":21}, {"name": "Mike", "age":22}]。

```
1.  package cn.edu.android.app12;
2.
3.  import android.util.JsonReader;
4.  import java.io.StringReader;
5.
6.  public class JsonUtils1 {
7.      public String parseJson(String jsonData){
8.          String result = "";
```

```
9.          try{
10.            // 获取 JsonReader 对象,读取 JSON 格式的数据
11.            JsonReader reader = new JsonReader(new StringReader(jsonData));
12.            // 开始解析"["左边的第一个数组
13.            reader.beginArray();
14.            // 如果 JSON 数组不为空,开始解析数组中的对象
15.            while(reader.hasNext()){
16.                // 开始解析数组中的第一个对象{"name":Jhon,"age":21}
17.                reader.beginObject();
18.                // 如果 JSON 对象不为空,开始解析对象中的键值对
19.                while(reader.hasNext()){
20.                    // 获取 JSON 对象中的键值对
21.                    String tagName = reader.nextName();
22.                    // 如果键等于"name"
23.                    if(tagName.equals("name")){
24.                        // 获取键值对中的值
25.                        result + = "  name --->" +
                                    reader.nextString() + "<br/>";
26.                    }
27.                    else if(tagName.equals("age")){
28.                        result + = "  age --->" +
                                    reader.nextInt() + "<br/>";
29.                    }
30.                } // while
31.                reader.endObject();
32.            } // while
33.            // 在解析完成后,使用 endArray(),endObject()来关闭解析
34.            reader.endArray();
35.            reader.close();
36.        } // try
37.        catch(Exception e){e.printStackTrace();}
38.        return result;
39.    }
40. }
```

步骤 12:下面介绍使用 Google 公司提供的 Gson 开发包的解析方法。首先引入 Gson 依赖。单击 Android Studio 工具栏上的 Project Structure 按钮■■,在弹出的窗口中单击 "Dependencies"│"App12",再单击"＋",如图 5.7 所示,在弹出的菜单中选择"Library Dependencies",在弹出的窗口中搜索"gson",然后选中最高版本,如图 5.8 所示。

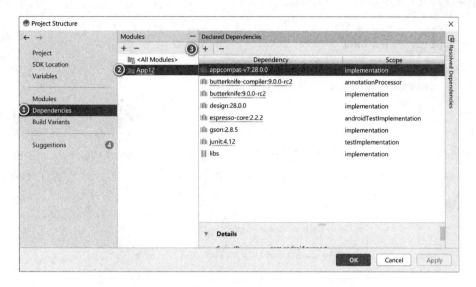

图 5.7　引入 Gson 的包

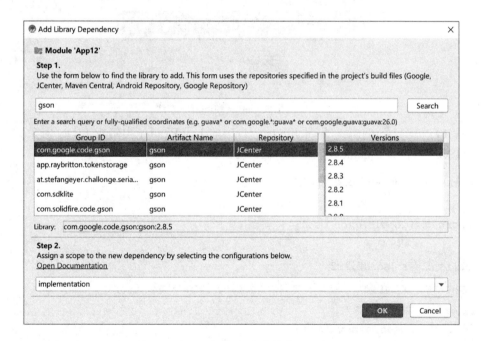

图 5.8　在已配置的仓库中搜索 Gson 的包

步骤 13：使用 Gson 进行解析需要新建 User 对象类，这个类是一个 Java Bean，可以实现将 JSON 数据转换成 Java 对象。使用 Gson 解析 JSON 数据时，对象定义原则如下。

- 遇到 JSON 数据"{}"则创建对象，遇到"[ ]"则创建集合（ArrayList）。
- 创建的对象中所有字段名称要和 JSON 返回字段一致。

根据以上原则，User 类中只有两个字段：name 和 age，代码如下所示。

```
1.   package cn.edu.android.app12;
2.
3.     public class User {
4.       private String name ;
5.       private int age ;
6.     }
7.   }
```

该类创建完成后右击空白处,在弹出的菜单中选择"Generate…"|"Getter and Setter",在弹出的对话框中选中"name"和"age"字段,单击"OK"按钮,然后就生成了 Getter 和 Setter 方法,如图 5.9 所示。

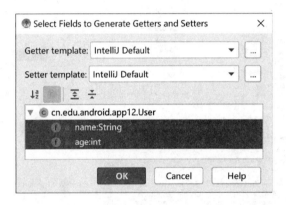

图 5.9 生成 Getter 和 Setter 方法

步骤 14:新建 JsonUtils2 类,采用 Gson 自带的 JsonReader 类解析 JSON 对象,当前要解析的 JSON 数据是{"name":"Jhon","age":21}。

```
1.   package cn.edu.android.app12;
2.
3.   import com.google.gson.Gson;
4.
5.   public class JsonUtils2 {
6.     public String parseUserFromJson(String jsonData2) {
7.         String result = "";
8.         Gson gson = new Gson();
9.         // 将 JSON 消息转换成对象
10.        User user = gson.fromJson(jsonData2, User.class);
11.        result += "  name--->" + user.getName() + "<br/>";
12.        result += "  age--->" + user.getAge() + "<br/>";
13.        return result;
14.    }
15. }
```

步骤 15:新建 JsonUtils3 类,采用 Gson 自带的 JsonReader 类解析 JSON 数组,当前要解析的 JSON 数据是[{"name": Jhon, "age":21}, {"name":"Mike", "age":22}]。

```
1.    package cn.edu.android.app12;
2.
3.    import java.lang.reflect.Type;
4.    import java.util.Iterator;
5.    import java.util.LinkedList;
6.    import com.google.gson.Gson;
7.    import com.google.gson.reflect.TypeToken;
8.
9.    public class JsonUtils3 {
10.
11.      public String parseUserFromJson(String jsonData) {
12.        String result = "";
13.        /* TypeToken 是 Gson 提供的数据类型转换器,它是一个接口,可以支持各种数
              据集合类型转换,这里通过 getType()方法获取的是 LinkedList<User>,即把
              Json 数据转换成 LinkedList<User>这种数据结构 */
14.        Type listType = new TypeToken<LinkedList<User>>(){}.getType();
15.        Gson gson = new Gson();
16.        // 解析出的 JSON 数据按 LinkedList<User>这种数据结构进行存放
17.        LinkedList<User> users = gson.fromJson(jsonData, listType);
18.        for (Iterator<User> iterator =
              users.iterator();iterator.hasNext();){
19.          User user = (User) iterator.next();
20.          result += "  name--->" + user.getName() + "<br/>";
21.          result += "  age--->" + user.getAge() + "<br/>";
22.        }
23.        return result;
24.      }
25. }
```

步骤 16:在侧滑菜单 3 个选项的触发函数中分别调用 3 种 JSON 解析方法。

```
1.  public class MainActivity extends AppCompatActivity {
2.    protected void onCreate(Bundle savedInstanceState) {
3.        ……
4.        navigationView.setNavigationItemSelectedListener(new
          NavigationView.OnNavigationItemSelectedListener() {
5.          @Override
6.          public boolean onNavigationItemSelected(MenuItem item) {
```

```
7.                Message msg = new Message();
8.                switch (item.getItemId()) {
9.                    case R.id.jsonArray: {
10.                        JsonUtils1 jsonUtils1 = new JsonUtils1();
11.                        msg.obj = textFormatHeader + "JSON 数组为:" +
                               textFormatEnd + jsonData1 + "<br/><br/>" +
                               textFormatHeader + "JsonReader 解析后为:" +
                               textFormatEnd + jsonUtils1.parseJson(jsonData1);
12.                        mHandler.sendMessage(msg);
13.                        break;
14.                    }
15.                    case R.id.gsonObject: {
16.                        _____;
17.                        _____;
18.                        _____;
19.                        _____;
20.                    }
21.                    case R.id.gsonArray: {
22.                        _____;
23.                        _____;
24.                        _____;
25.                        _____;
26.                    }
27.                } // switch
28.                // 关闭弹出的菜单
29.                activityMain.closeDrawers();
30.                return true;
31.            } // onNavigationItemSelected()
32.        }); // OnNavigationItemSelectedListener
33.    }
34.
35.    public boolean onOptionsItemSelected(MenuItem item) { ...... }
36.    protected void onDestroy() { ...... }
37. }
```

步骤 17：运行并测试 App12。

 知识拓展：程序调试

程序调试是定位故障的重要方法，是程序员入门必备技能。下面以本实验为例介绍 Android 程序调试的方法。

步骤 1：设置断点：找到可能发生问题的代码行，单击前面空白处，如图 5.10 所示。

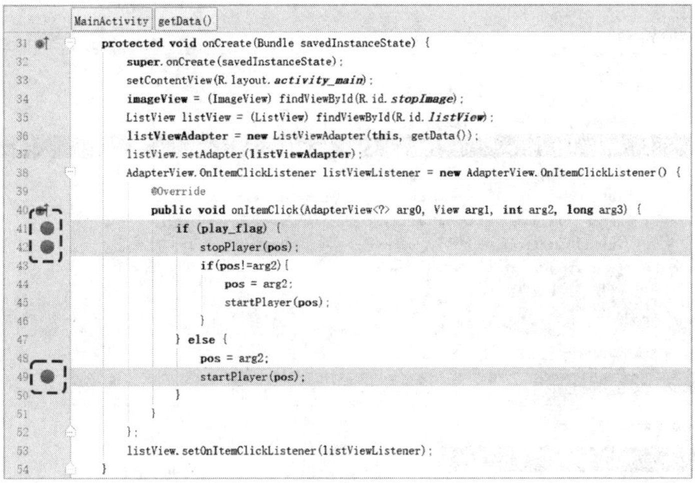

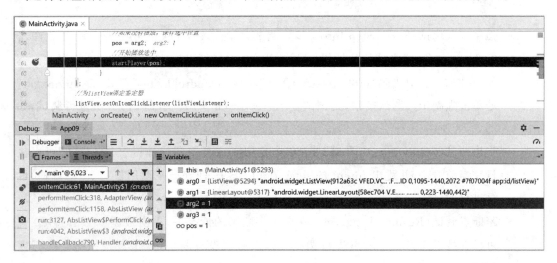

图 5.10　设置断点

步骤 2：开启调试会话：通过单击工具栏的调试按钮 ，在模拟器或真机上使用调试模式运行该应用程序，代码执行到步骤 1 中的断点处时会出现图 5.11 所示的调试窗口。

图 5.11　调试窗口

步骤 3：在调试窗口中有以下几种调试方式。

* 单步调试（Step Over）：单击按钮 即可进入单步调试，快捷键为"F8"。执行单步调

试程序向下执行一行。如果当前行调用了其他方法,执行单步调试将直接获得该方法的结果,并不跳入方法进行跟踪。

- 步入调试(Step Into):单击按钮 ⬇ (蓝色)将步入调用的方法继续调试,快捷键为"F7"。如果当前行没有调用方法,则将执行下一行。例如,在程序执行到图 5.11 中"startPlayer(pos);"代码处按 F7 键,则会跳入图 5.12 中"private void startPlayer (int pos)"方法定义处执行,并且在调试窗口和程序窗口中可以查看入参 pos 的取值。使用步出调试可以跳出该方法,回到原来的位置继续进行调试。

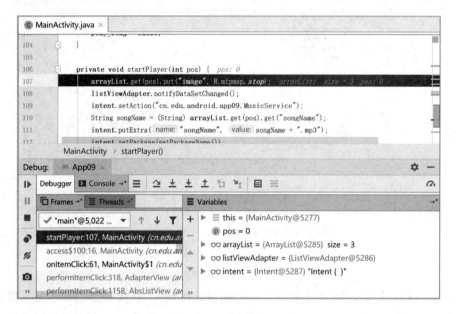

图 5.12　执行 startPlayer 方法

- 强制步入调试(Force Step Into):步入调试只能进入自定义的方法进行调试,而单击按钮 ⬇ (红色)或者使用快捷键"Alt＋Shift＋F7"可以进入任何方法进行调试。例如,在图 5.12 中代码"intent. setAction("cn. edu. android. app09. MusicService");"处单击强制步入调试按钮,则调试程序进入 Intent 的 setAction()方法进行调试,如图 5.13 所示。

- 步出调试(Step Out):在图 5.13 中单击按钮 ⬆ 或者使用快捷键"Shift＋F8"可以执行完当前方法,并跳出 Intent 的 setAction()方法,回到原来调用处的下一行语句继续进行调试。

- 跨断点调试(Resume Program):在设置多断点的情况下,单击按钮 ▶ 或者按 F9 键可以直接进入下一个断点进行调试。如果后面没有断点,单击该按钮将会执行完程序。

- 查看断点(View BreakPoints):单击按钮 🔘 ,会弹出图 5.14 所示的断点窗口,这里可以对已经设置的断点增加条件。例如,在第 49 行断点处在 Condition 中增加 pos == 1,那么该断点只有当变量 pos 等于 1 时才有效。

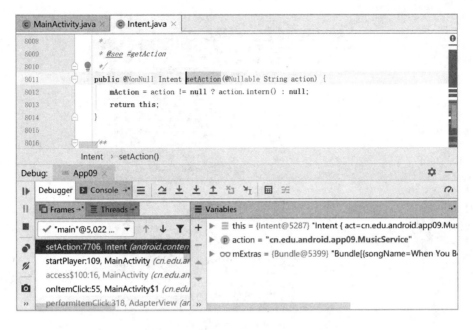

图 5.13　调试 Intent 的 setAction()方法

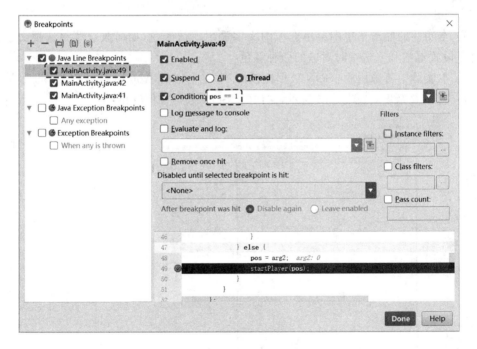

图 5.14　断点窗口

- 设置变量：右击变量窗口可以通过"New Watch …"选项增加查看的变量，通过"Remove Watch"删除查看的变量，通过"Remove All Watches"删除所有查看的变量，如图 5.15 所示。
- 停止调试（Stop）：单击按钮 ■ 或者使用快捷键"Ctrl＋F2"停止调试。

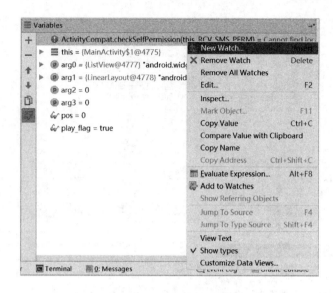

图 5.15　调试变量的操作

✏ 思考

（1）本实验的侧滑菜单中菜单选项的文字采用默认颜色，如何改变菜单选项文字的颜色，并且设置选中和未选中时对应的两种颜色？

（2）本实验中所采用的 JSON 数据比较简单，在上架的 App 中用到的 JSON 数据基本都具有一定的复杂度，如图 5.16 所示，这样的 JSON 数据如何解析？

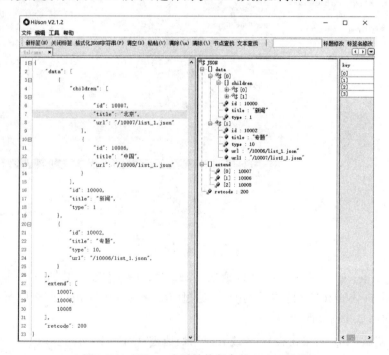

图 5.16　HiJson 查看结构复杂的 JSON 数据

实验 2　Web 服务器的访问

1. 实验目的

移动设备的硬件资源比较有限,从而限制了移动设备的计算能力、存储能力、共享能力等。移动设备具有便于携带、可随时访问网络等特点,比较适合做客户端。目前很多应用中都使用了客户端/服务器端这种方式,服务器端可以向客户端推送信息,客户端向服务器端请求数据,服务器端还可以承担数据保存、数据处理等消耗资源的任务。

本实验介绍的是 Android 应用程序与 Web 服务器整合的应用程序。服务器端使用 MySQL 数据库和 Eclipse Java EE 版本进行开发,中间层采用 Servlet,数据库连接使用 c3p0 技术对数据库进行操作。

本实验的主要目的包括以下几点。

(1) 熟悉基本的服务器端环境搭建方法。

(2) 熟悉 Android 客户端和 Web 服务器端数据交互的方式。

(3) 掌握 Android 客户端和 Web 服务器端 JSON 数据封装和解析的方式。

(4) 掌握 Web 服务器端的 Servlet 和数据库技术,主要包括 HttpServlet、c3p0 数据库连接池配置和使用,数据库常用操作包括预处理语句 PreparedStatement 对象、结果集 ResultSet 对象、数据库连接 Connection 的获取和关闭。

2. 安装 MySQL

(1) 下载 MySQL,这里以 MySQL Community Server 8.0.17 为例,如图 5.17 所示。MySQL 分为安装版和压缩版,这里推荐下载压缩版。下载完成后解压压缩包,这里解压至 C:\Program Files 目录下。

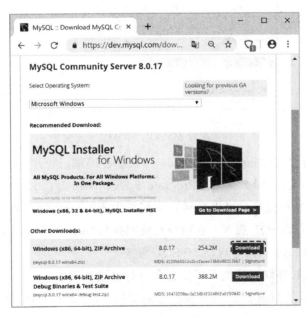

图 5.17　下载 MySQL

（2）在解压后的目录 C:\Program Files\mysql-8.0.17-winx64 下创建文件 my.ini,并且设置该文件的内容如下。

```
[mysqld]
# 设置 3306 端口
port = 3306
# 设置 MySQL 的安装目录
basedir = C:\\Program Files\\mysql-8.0.17-winx64
# 设置 MySQL 数据库数据的存放目录
datadir = C:\\Program Files\\mysql-8.0.17-winx64\\data
# 允许最大连接数
max_connections = 20
# 服务端使用的字符集默认为 8 比特编码的 latin1 字符集
character-set-server = utf8
# 创建新表时将使用默认的存储引擎
default-storage-engine = INNODB
# 创建模式
sql_mode = NO_ENGINE_SUBSTITUTION,STRICT_TRANS_TABLES
```

注意:datadir 需要设置成自己的 MySQL 的解压缩目录。

（3）配置 MySQL 的环境变量,首先创建 MYSQL_HOME 系统变量,然后将%MYSQL_HOME%\bin 加入环境变量,如图 5.18 和图 5.19 所示。

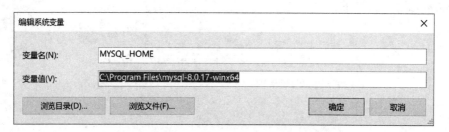

图 5.18　配置 MYSQL_HOME 系统变量

（4）以管理员身份运行 cmd 进入 Windows 命令行终端,执行"mysqld --initialize"命令对 MySQL 进行初始化,此时会在 C:\Program Files\mysql-8.0.17-winx64 目录下生成一个新目录 data,命令执行完毕后可以看到 root 用户生成的随机密码,如图 5.20 所示。

（5）安装和启动 MySQL 服务。在命令行终端执行"mysqld --install"命令安装 mysqld 服务,执行"net start mysql"命令启动 MySQL 服务。

（6）登录 MySQL 并修改随机密码。在命令行终端执行"mysql -u root -p"命令,连接 MySQL 数据库,输入类似图 5.20 中随机生成的密码,执行以下 SQL 命令重置 root 密码。

图 5.19　配置 path 环境变量

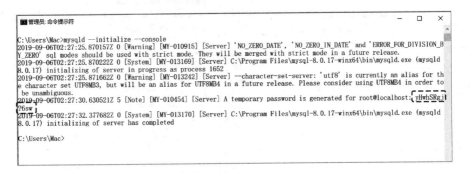

图 5.20　初始化 MySQL

mysql > alter user 'root'@'localhost' identified with mysql_native_password by '新密码';

（7）不需要使用 MySQL 时输入"exit；"退出。

（8）删除 MySQL 数据库。首先输入"net stop mysql"命令，停止 MySQL 服务；然后输入"mysqld -remove"移除 mysqld 服务；最后删除 MySQL 所在目录。

3. 安装 Eclipse Java EE

（1）下载 Eclipse Java EE。下载地址为 https://www. eclipse. org/downloads/packages，本实验以"eclipse-jee-2018-09-win32-x86_64"这个版本为例。

（2）下载完成后解压缩"eclipse-jee-2018-09-win32-x86_64. zip"至"C:\Program Files"目录。

（3）下载并解压 Java EE SDK。Oracle 官网下载地址为 https://www. oracle. com/

technetwork/java/javaee/downloads/java-ee-sdk-downloads-3908423. html，下载完成后解压至任意目录。

（4）安装 GlassFish 应用服务器。运行解压后的文件 glassfish4\bin\pkg. bat ，提示"是否安装输入＜y/n＞"时，输入"y"后按"Enter"键，直至完成安装。

（5）在操作系统桌面创建 Eclipse 的快捷方式。右击 C：\Program Files\eclipse\Eclipse. exe，在弹出的快捷菜单中选择"发送到"|"桌面快捷方式"，并将快捷方式命名为"Eclipse"，以后双击系统桌面上的快捷图标即可运行。

4. 配置 Tomcat 应用服务器

（1）下载 Tomcat 应用服务器。下载地址为 http：//tomcat. apache. org/，Tomcat 的版本较多，本实验以"apache-tomcat-9. 0. 13-windows-x64"这个版本为例。

（2）解压缩"apache-tomcat-9. 0. 13-windows-x64. zip"至"C：\Program Files"目录。

（3）运行 Eclipse Java EE，依次选择菜单栏中的"Window"|"Preferences"，然后选择"Server"|"Runtime Environments"，如图 5.21(a)所示，单击"Add"按钮弹出图 5.21(b)所示的界面，新建一个服务器，这里选择"Apache Tomcat v9.0"。在弹出的窗口的"Tomcat installation directory"文本框中输入 Tomcat 的安装目录，单击"Finish"完成配置。

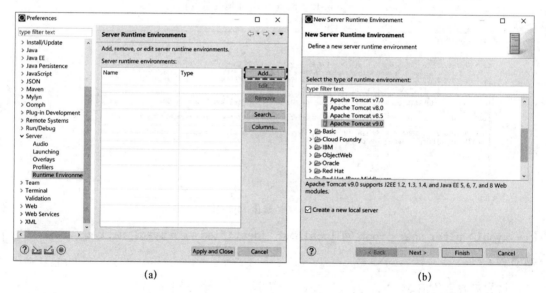

(a) (b)

图 5.21 配置 Tomcat 应用服务器

5. Eclipse 环境设置

（1）设置 Eclipse 的默认字符集。在 Eclipse 中默认使用当前操作系统的字符集，一般为 GBK，然而我们开发 Web 应用程序时，一般使用 UTF-8，所以需要设置默认字符集。依次选择菜单栏中的"Window"|"Preferences"，选择"General"|"Workspace"，在"Text file encoding"|"Other"区域选择"UTF-8"，如图 5.22 所示。这样以后新建项目时会默认使用 UTF-8 字符集。

（2）设置 Build Path。在开发 Web 应用程序时会用到 Tomcat，需要将 Tomcat/lib 加

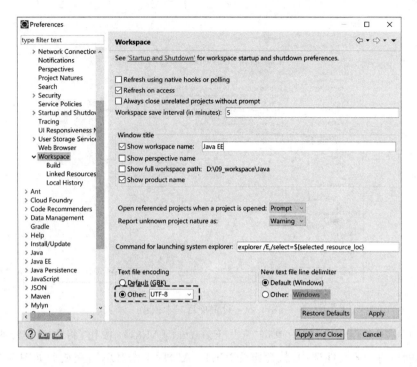

图 5.22　设置 Eclipse 的默认字符集

入编译路径中，否则在建立 JSP 文件时会出现图 5.23 所示的错误。为了解决该问题，需要为 Eclipse 中设置编译运行 Java Web 项目所需要的 jar 依赖。具体操作过程为：选择菜单栏中的"Window"|"Preferences"，在弹出的窗口中选择"Java"|"Build Path"|"Classpath Variables"，单击"New…"按钮，新建名为"Tomcat Server"的变量，将 Path 设置为 Tomcat 安装目录下的 lib 目录，如图 5.24 所示，lib 目录下有 Web 项目所需要的 jar 包，然后单击"OK"按钮。

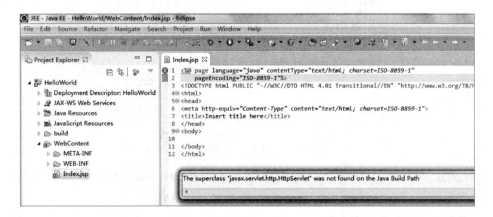

图 5.23　报错找不到 HttpServlet 类

　　然后添加 User Libraries，即向以后的每个工程添加依赖的 jar 包。在图 5.24 所示的界面中选择"Java"|"Build Path"|"User Libraries"，单击"New…"按钮，新建名为"Tomcat

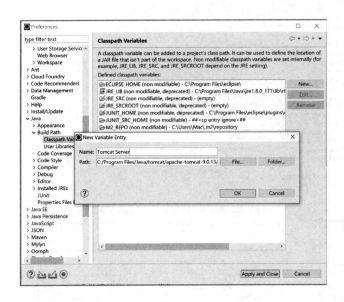

图 5.24　设置项目基本依赖

Server"的 User Libraries。然后单击"Add External JARs…"按钮,将之前安装的 tomcat/lib 目录下的所有 jar 文件选中(快捷键为"Ctrl+A")后单击"OK",完成后如图 5.25 所示。

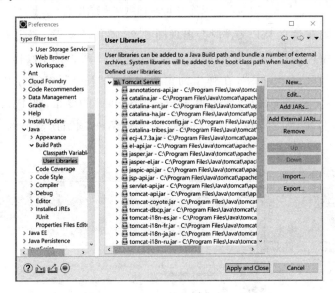

图 5.25　设置 User Libraries

(3) 新建 Web 服务器。在 Eclipse 主界面依次选择"Window"|"Show View"|"Other"|"Server"|"Servers"查看已创建的 Web 服务器,如图 5.26 所示。

为避免启动服务器时出现图 5.27 所示的错误,右击"Tomcat v9.0 Server at localhost"删除该服务器。单击链接"No servers are available…",如图 5.28 所示,重新创建一个 Web 服务器。在图 5.29 所示的界面中选择"Tomcat v9.0 Server",单击"Finish"按钮完成服务器的创建。

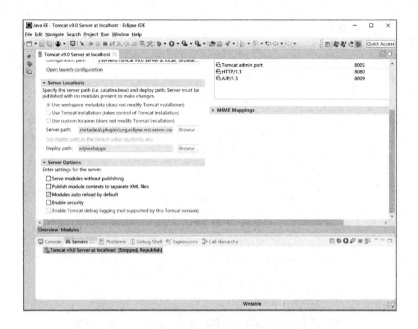

图 5.26　Web 服务器窗口

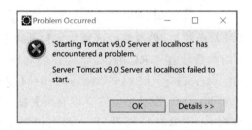

图 5.27　Web 服务器报错

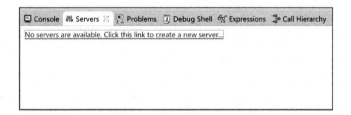

图 5.28　Web 服务器报错信息

6. HttpServlet 介绍

Servlet 由两个 Java 包组成：javax. servlet 和 javax. servlet. http。在 javax. servlet 包中定义了所有 Servlet 类都必须实现或扩展的通用接口和类。在 javax. servlet. http 包中定义了采用 HTTP(超文本传输协议)的 HttpServlet 类。HTTP 的请求方式包括 GET、POST、HEAD、DELETE、OPTIONS、PUT 和 TRACE，在 HttpServlet 类中提供了相对应的服务方法，分别为 doGet()、doPost()、doHead()、doDelete()、doOptions()、doPut()和 doTrace()，本实验主要使用了 doGet()和 doPost()两种方法。

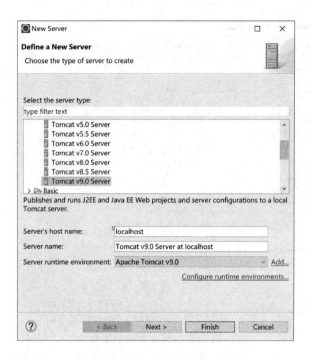

图 5.29　新建 Web 服务器

GET 请求和 POST 请求差异较多,最本质的区别主要包括以下几点。

(1) 安全性:GET 请求的参数放在 URL 中,如将用户名和密码放入 URL 中:http://localhost:8080/index/login? username=123456&password=1q2w3e4r,而 POST 请求的参数是放在请求 body 中的,所以 GET 相对来说安全性有所欠缺,不能用于传递敏感信息。

(2) 长度:GET 请求的 URL 传参有长度限制,一般来说提交的数据最大是 2 KB,而 POST 请求没有长度限制。

(3) 编码:GET 请求的参数只能是 ASCII 码,所以中文需要 URL 编码,而 POST 请求传参没有这个限制。

本实验中使用 HttpServlet 容器响应 Android 客户端请求的整个流程如下所述。

(1) Android 客户端向服务器端 Servlet 容器发出 HTTP 请求。

(2) Servlet 容器解析来自 Android 客户端的 HTTP 请求。

(3) Servlet 容器创建一个 HttpRequest 对象,在这个对象中封装 HTTP 请求信息。

(4) Servlet 容器创建一个 HttpResponse 对象。

(5) Servlet 容器调用 HttpServlet 的 service()方法,把 HttpRequest 和 HttpResponse 对象作为 service()方法的参数传给 HttpServlet 对象。

(6) HttpServlet 调用 HttpRequest 的相关方法,获取 HTTP 请求信息。

(7) 服务器端根据请求信息调用相关方法,如数据库操作的方法等,获取数据后,HttpServlet 调用 HttpResponse 的相关方法,生成 JSON 响应数据。

(8) Servlet 容器把 HttpServlet 的响应结果传送给 Android 客户端。

(9) Android 客户端解析服务器端传送过来的 JSON 数据,根据数据更新界面。

7. 界面与代码结构

本实验模仿 App 登录功能的实现。在图 5.30(a)所示的界面中输入正确的用户名和密码后,跳转到图 5.30(b)所示的界面,如果输入的用户名或者密码不正确,则弹出 Toast 显示"用户名或者密码有误!"。启动应用程序后第一个界面如图 5.30(a)所示,对应的代码是图 5.30(c)中的 MainActivity.java,输入正确的用户名和密码后通过 HttpUtil.java 文件中的 post()方法发送请求给服务器端,服务器端收到消息后会根据 Servlet 文件中的配置执行 LoginServlet.java 这个类,然后通过 JDBCUtils.java 获取数据库连接,由 UserDao.java 执行数据查询,查询的结果返回给 LoginServlet.java,封装成 UserLoginDto 对象,最后通过 JsonUtils.java 封装成 JSON 消息返回给客户端,客户端接收到 JSON 消息后进行解析,如果解析结果为"success"则跳转到图 5.30(b)所示的界面,否则弹出 Toast 提示信息。客户端和服务器端的代码结构分别如图 5.30(c)和图 5.30(d)所示。

| (a) 登录界面 | (b) 登录成功 | (c) 客户端代码结构 | (d) 服务器端代码结构 |

图 5.30 App13 界面与代码结构

8. 实验步骤

步骤 1: 在 Android Studio 中新建一个 Android 工程并将其命名为 App13,根据图 5.30(a) 和图 5.30(b)编写界面部分代码,注册"登录"监听事件。

步骤 2: 在确保 MySQL 服务已经启动的情况下,登录 MySQL 数据库。登录后执行以下脚本(注解无须输入)。

```
1.  ------------------------------
2.  - 创建数据库
3.  ------------------------------
4.  create DATABASE my_server character set utf8;
5.  ------------------------------
6.  - 创建数据表
7.  ------------------------------
8.  use my_server;
```

```
9.    ----------------------------------
10.  - 新建用户表
11.  ----------------------------------
12.  DROP TABLE IF EXISTS t_users;
13.  CREATE TABLE t_users(
14.        userId int(11) NOT NULL primary key auto_increment, - 用户 ID,主键
15.        userName varchar(255), - 用户名
16.        password varchar(255), - 密码
17.        gender varchar(255), - 性别
18.  );
19.  ----------------------------------
20.  - 向表 t_users 中插入一条测试数据
21.  ----------------------------------
22.  INSERT INTO 't_users' VALUES ('20160012','Tom','123456','male');
```

若执行以上 SQL 语句没有报错,则输入"exit"退出。执行完毕后创建了一张表 t_users,并且添加了用户名为"Tom"密码为"123456"的一条数据。若执行过程中有报错信息,则根据报错提示信息解决问题。

步骤 3:在客户端设置 Gson 的依赖,并将以下 3 个 jar 包复制至 app13\libs 目录下。由于在模块的 build. gradle 文件中已经加入了"implementation fileTree(include:['*.jar'], dir:'libs')"描述,因此 libs 目录下的 jar 包会自动设置为模块的依赖,编译、链接、打包时会自动加载图 5.31 所示的 jar 包。

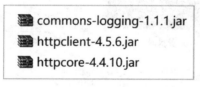

图 5.31　客户端需要的 jar 包

步骤 4:创建包路径"cn. edu. android. app13. response"和"cn. edu. android. app13. Util"。右击模块的包路径"cn. edu. android. app13",在弹出的菜单中依次选择"New"|"Package",在弹出的对话框中输入"response",然后以同样的方法创建另一个包路径。

步骤 5:在 cn. edu. android. app13. response 包路径下新建 User 类,为该类创建 4 个成员变量,分别表示用户 ID、用户名、密码和性别,并创建带有 4 个参数的构造方法,生成所有成员变量的 setter()和 getter()方法。

```
1.  package cn. edu. android. app13. reponse;
2.
3.  public class User {
4.       private String name; // 名字
5.       private String password; // 密码
```

```
6.       private int userId; // 用户 ID 主键
7.       private String gender; // 性别
8.
9.       public User(){
10.          super();
11.      }
12.
13.      public User(String name,String password, int userId, String gender) {
14.          super();
15.          this.password = password;
16.          this.name = name;
17.          this.userId = userId;
18.          this.gender = gender;
19.      }
20.      …… // 生成 4 个成员变量的 setter()和 getter()方法
21. }
```

步骤 6:在 cn. edu. android. app13. response 包路径下新建 UserDto 类,在该类中新建两个成员变量,并生成 setter()和 getter()方法,用于解析服务器端发来的 JSON 消息。

```
1.  public class UserDto {
2.      private String status; // success 为成功,fail 为失败
3.      private User result;
4.      …… // 生成两个成员变量的 setter()和 getter()方法
5.  }
```

步骤 7:在 cn. edu. android. app13. Util 包路径下新建 JsonUtil 类,在该类中增加将对象转换成 JSON 数据、将数组转换成 JSON 数据、将 JSON 数据转换成对象的方法。

```
1.  package cn. edu. android. app13. Util;
2.
3.  import android. util. Log;
4.  import com. google. gson. Gson;
5.  import java. util. List;
6.
7.  public class JsonUtil {
8.      private static Gson gson = new Gson();
9.      public static Gson getGson() {
10.         return gson;
11.     }
12.     public static String objectToJson(Object obj) {
```

```
13.            return getGson().toJson(obj);
14.        }
15.    public static String listToJson(List list) {
16.            return getGson().toJson(list);
17.        }
18.    public static Object jsonToObject(String json, Class clazz) {
19.            return getGson().fromJson(json, clazz);
20.        }
21. }
```

步骤 8：在 cn. edu. android. app13. Util 包路径下新建 HttpUtil 类，本实验采用 Apache HttpClient 与远程服务器通信，为了简化 HttpClient 的用法，定义了 HttpUtil 对 get()方法 和 post()方法发送请求的方法并进行了封装，本实验中采用 post()方法，代码如下所示。

```
1.  package cn. edu. android. app13. Util;
2.
3.  import android. content. Context;
4.  import android. widget. Toast;
5.  import org. apache. http. HttpResponse;
6.  import org. apache. http. HttpStatus;
7.  import org. apache. http. NameValuePair;
8.  import org. apache. http. client. HttpClient;
9.  import org. apache. http. client. entity. UrlEncodedFormEntity;
10. import org. apache. http. client. methods. HttpGet;
11. import org. apache. http. client. methods. HttpPost;
12. import org. apache. http. impl. client. DefaultHttpClient;
13. import org. apache. http. message. BasicNameValuePair;
14. import org. apache. http. util. EntityUtils;
15. import java. util. ArrayList;
16. import java. util. List;
17. import java. util. Map;
18.
19. public class HttpUtil {
20.     public static final String SUCCESS = "success"; // 服务器端返回成功信息
21.     public static final String FAIL = "fail"; // 服务器端返回失败信息
22.     /* 使用模拟器访问服务器端时 10.0.2.2 即为本机地址；如果使用真机进行调
            试，需要将真机和服务器放在同一个局域网中，并且将该服务器的 IP 地址设置为
            局域网的 IP 地址；如果使用广域网服务器空间搭建的服务器，则将该 IP 地址更改
            为服务器空间供应商提供的 IP 地址，手机或模拟器需具有访问网络的权限  */
```

```
23.         public static String SERVER_IPADDR = "10.0.2.2";
24.         public static int SERVER_PORTNO = 8080; // Tomcat 默认通过 8080 端口提供服务
25.         public static String SERVER_URL = "http://" + SERVER_IPADDR +
26.             ":" + SERVER_PORTNO + "/MyWeb/Login? time1 = " +
27.             System.currentTimeMillis(); // 向服务器端发送请求的 IP 地址
28.     private Context context; // 调用当前类的组件保存在 context 中
29.     HttpClient httpClient = new DefaultHttpClient(); // 创建 HTTP 客户端
30.
31.     public HttpUtil(Context context) {
32.         // 调用者需传入调用的组件,本实验中是指 MainActivity
33.         this.context = context;
34.     }
35.     // 通过 get 方法获取请求
36.     public String getRequest(String url) {
37.         HttpGet request = new HttpGet(url); // 声明 HttpGet 请求
38.         try {
39.             // 执行 get 请求
40.             HttpResponse response = httpClient.execute(request);
41.             /* 返回状态码为 200 时解析应答实体,并返回给调用类,否则弹出
                提示对话框 */
42.             if (response.getStatusLine().getStatusCode() ==
                HttpStatus.SC_OK){
43.                 String result = EntityUtils.toString(response.getEntity());
44.                 return result;
45.             } else {
46.                 Toast.makeText(context, "网络连接不上!",
47.                 Toast.LENGTH_LONG).show();
48.             }
49.         } catch (Exception e) {
50.             e.printStackTrace();
51.         } finally {
52.             // 关闭 HttpClient
53.             httpClient.getConnectionManager().shutdown();
54.         }
55.         return null;
56.     }
```

```
57.
58.       /* 通过 post 方法获取请求,需传入服务器访问的 URL 和请求中用到的参数
          列表 */
59.       public String postRequest(String url, final Map<String, String>
          rawParams){
60.           HttpPost post = new HttpPost(url);
61.           /* 将 Map 中的键值对放入 NameValuePair 的数组中,NameValuePair 是
              Apache 的 jar 包提供的类 */
62.           List<NameValuePair> params = new ArrayList<NameValuePair>();
63.           for(String key:rawParams.keySet()){
64.               params.add(new BasicNameValuePair(key, rawParams.get(key)));
65.           }
66.           try {
67.               // 设置实体的编码方式为 GBK
68.               post.setEntity(new UrlEncodedFormEntity(params, "gbk"));
69.               // 执行 post 请求
70.               HttpResponse response = httpClient.execute(post);
71.               /* 如果服务器端返回的状态码为"200"表示信息交互成功,获取服
                  务器端返回的信息 */
72.               if (response.getStatusLine().getStatusCode() ==
                  HttpStatus.SC_OK) {
73.                   String result = EntityUtils.toString(response.getEntity());
74.                   return result;
75.               } else {
76.                   Toast.makeText(context, "There is no Internet!",
77.                   Toast.LENGTH_LONG).show();
78.               }
79.           } catch (Exception e) {
80.               e.printStackTrace();
81.           } finally {
82.               httpClient.getConnectionManager().shutdown();
83.           }
84.           return null;
85.       }
86. }
```

步骤 9:在 MainActivity 中获取界面控件,并为"登录"按钮设置触发函数,对应的代码请读者自行完成。

步骤 10:该类中需要的全局变量如下所示。

```
1.   private UserDto dto;
2.   // 请在 onCreate()方法中进行初始化
3.   protected HttpUtil web;
4.   private Handler handler = new Handler() {
5.       public void handleMessage(Message msg) {}
6.   };
```

步骤 11：MainActivity 的"登录"按钮调用 login()方法，在 login()方法中调用 HttpUtil 类中的方法发送 post 请求，并将结果通过 Handler 更新到 LoginActivity，LoginActivity 请读者根据前面讲述的内容自行编写。

```
1.   private void login() {
2.       new Thread(new Runnable() {
3.           @Override
4.           public void run() {
5.               // 发送 post 请求时需要的服务器 URL
6.               String url = HttpUtil.SERVER_URL + "&action = login";
7.
8.               // 发送 get 请求时用户名和密码需要放在服务器的 URL 中
9.               /* String url = HttpUtil.SERVER_URL_STUDENT_SERVLET +
10.              "&action = login&username = " + username + "&password = " +
11.              password; */
12.              // 将用户名和密码放入 HashMap 中
13.              Map < String, String > map = new HashMap <>();
14.              map.put("username", username);
15.              map.put("password", password);
16.              // 发送 post 请求
17.              String result = web.postRequest(url, map);
18.              // 如果是发送 get 请求则用下列代码替换
19.              // String result = web.getRequest(url);
20.              /* 若获取的结果不为空，则将服务器端传来的 JSON 信息转化成
                  UserDto 对象更新界面 */
21.              if (result != null)
22.                  dto = (UserDto) JsonUtil.jsonToObject(result, UserDto.class);
23.              handler.sendEmptyMessage(0x123);
24.          }
25.      }).start();
26.  }
27.
28.  private Handler handler = new Handler() {
```

```
29.        public void handleMessage(Message msg) {
30.            // 若获取的信息为"success"字符串则跳转到LoginActivity并且设置在界面上
31.            if (dto != null && dto.getStatus().equals(HttpUtil.SUCCESS)) {
32.                Intent intent = new Intent(MainActivity.this, LoginActivity.class);
33.                intent.putExtra("name", dto.getResult().getName());
34.                startActivity(intent);
35.            }
36.            else {
37.                Toast.makeText(MainActivity.this,"用户名或者密码有误!",
                   Toast.LENGTH_SHORT).show();
38.            }
39.        }
40.    };
```

步骤 12:客户端最后需要在 AndroidManifest. xml 文件中的 manifest 节点内增加网络访问权限,至此,客户端的设计完成。

```
1.    <uses-permission android:name = "android.permission.ACCESS_NETWORK_STATE" />
2.    <uses-permission android:name = "android.permission.INTERNET" />
```

步骤 13:下面介绍服务器端的代码。首先打开 Eclipse 新建项目,在 Eclipse 中依次选择"File"|"new"|"project",在图 5.32(a)所示的界面中选择"Dynamic Web Project"。在接着出现的界面中输入工程名称,如"MyWeb",如图 5.32(b)所示,单击"Next"进入下一个界面,再次单击"Next"。

(a)

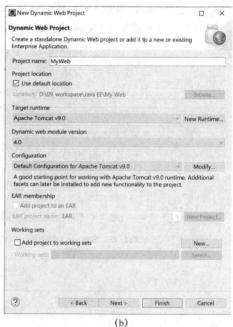
(b)

图 5.32 新建项目(一)

步骤 14： 在图 5.33 所示的界面中需要勾选"Generate web. xml deployment descriptor"选项，项目会自动生成 web. xml 配置文件，单击"Finish"，此工程项目创建完毕。

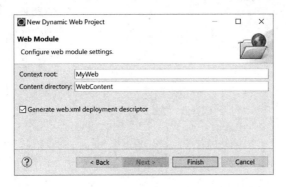

图 5.33　新建项目(二)

步骤 15： 在该工程内建立 LoginServlet 类，用于处理客户端发送过来的请求（Request），并且回复一个响应（Response）。该类的包名称为 cn. edu. android，并继承 HttpServlet 类，即在图 5.34 所示的界面中的"Superclass："文本框内选择"javax. servlet. http. HttpServlet"。类 HttpServlet 定义了 HTTP 下运行的 Servlet 类所需要的各种方法。

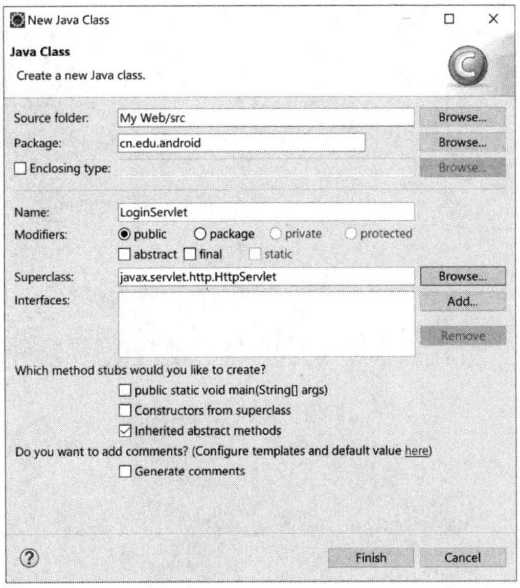

图 5.34　新建类

步骤 16： 在项目中选择"File"|"new"|"Servlet"新建 Servlet，即在 web. xml 文件中创建 Servlet 和 Java 类"LoginServlet"的映射关系。在图 5.35 所示的界面中的"Class name"处单击"Browse…"，并选择 LoginServlet，单击"Next"按钮。

步骤 17： 修改 URL 映射路径（URL mapping），将默认的 LoginServlet 修改为 Login，如图 5.36 所示，客户端使用地址"http://localhost:8080/LoginServlet/Login"进行访问，修改完成后单击"Finish"。打开 WebContent 目录下的 web. xml 文件查看确认，该文件比原来多了＜ servlet ＞和＜ servlet-mapping ＞节点，修改完成后 web. xml 文件的内容如下所示。

图 5.35   新建 Servlet

图 5.36   修改 URL mapping

```
1.    <?xml version = "1.0" encoding = "UTF-8"? >
2.    < web-app······>
3.        < display-name > MyWeb </display-name >
4.        < welcome-file-list >······</welcome-file-list >
5.        <! -- 新增的 Servlet -->
6.        < servlet >
7.            <! -- Servlet 描述信息,可省略 -->
8.            < description/>
9.            <! -- 发布时 Servlet 的名称,可省略 -->
10.           < display-name > LoginServlet </display-name >
```

```
11.        <!-- Servlet 的名称,可以任意命名,但必须和"servlet-mapping"节点中的
           "servlet-name"一致 -->
12.        < servlet-name > LoginServlet </servlet-name >
13.        <!-- Servlet 的类名,如果有 Servlet 带有包名,一定要把包路径写完整,否
           则 Servlet 容器无法找到对应的 Servlet 类 -->
14.        < servlet-class > cn. edu. android. LoginServlet </servlet-class >
15.    </servlet >
16.    <!-- Servlet 访问路径的映射 -->
17.    < servlet-mapping >
18.        <!-- Servlet 的名称,要和"servlet"节点中的"servlet-name"一致 -->
19.        < servlet-name > LoginServlet </servlet-name >
20.        <!-- Servlet 的访问路径映射,这个路径就是在地址栏输入的路径 -->
21.        < url-pattern >/Login </url-pattern >
22.    </servlet-mapping >
23. </web-app >
```

Servlet 的执行过程即为根据访问地址的路径信息,找到< servlet-mapping >中< url-pattern >对应的< servlet-name >,对应找到< servlet >中该< servlet-class >,从而实例化该 Servlet 并执行。

注意: 如果需要处理多个客户端发来的请求,可以在本步骤中增加其他 Servlet,并定义对应的类,在新定义的类中实现业务逻辑的处理。

步骤 18: 复制图 5.37 所示的 4 个 jar 包至 MyWeb\WebContent\WEB-INF\lib 目录下,其中 c3p0-0.9.1.2. jar 用于连接数据库、创建数据库连接池,mysql-connector-java-8.0.13. jar 是 MySQL 数据库提供的 jar 包。根据图 5.30(d)复制客户端的 UserDto. java、User. java、JsonUtils. java 文件至 MyWeb\src\cn\edu\android 目录下,并修改包路径。

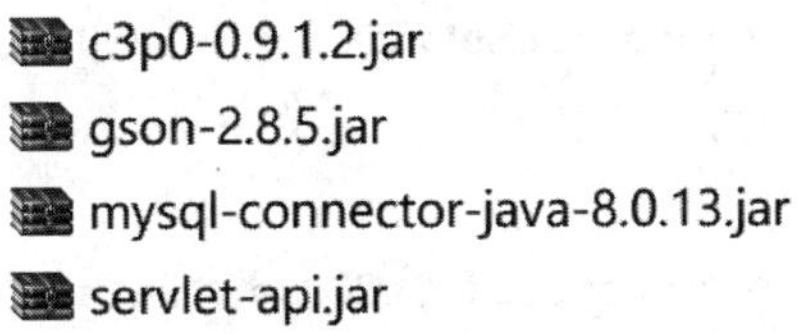

    c3p0-0.9.1.2.jar

    gson-2.8.5.jar

    mysql-connector-java-8.0.13.jar

    servlet-api.jar

图 5.37　服务器端需要的 jar 包

步骤 19: 在MyWeb\config 目录下新建一个 XML 文件并将其命名为 c3p0-config. xml,该文件用于存储数据库用户名和密码、最大连接数等信息,文件的主要内容如下所示。

```
1.  <?xml version = "1.0" encoding = "UTF-8"? >
2.  < c3p0-config >
3.   < default-config >
4.    <!-- 默认配置 -->
5.    < property name = "driverClass">com. mysql. cj. jdbc. Driver </property >
```

```
6.   < property name = "jdbcUrl"> jdbc:mysql://127.0.0.1:3306/my_server?
     useSSL = false&amp; serverTimezone = UTC&amp; allowPublicKeyRetrieval =
     true&amp;characterEncoding = utf8 </property>
7.   < property name = "user"> root </property>
8.   < property name = "password">设置成您的 MySQL 密码</property>
9.   <!-- 连接池中保留的最大连接数,默认值为 15 -->
10.  < property name = "maxPoolSize"> 200 </property>
11.  <!-- 连接池中保留的最小连接数,默认值为 3 -->
12.  < property name = "minPoolSize"> 5 </property>
13.  <!-- 初始化连接池中的连接数,取值应在 minPoolSize 与 maxPoolSize 之间,
     默认值为 3 -->
14.  < property name = "initialPoolSize"> 10 </property>
15.  <!-- 最大空闲时间,60 s 内未使用则连接被丢弃,若为 0 则永不丢弃,默认值
     为 0 -->
16.  < property name = "maxIdleTime"> 60 </property>
17.  <!-- 当连接池连接耗尽时,客户端调用 getConnection()后等待获取新连接的
     时间,超时后将抛出 SQLException,如设为 0 则无限期等待,单位为毫秒,默认
     值为 0 -->
18.  < property name = "checkoutTimeout"> 3000 </property>
19.  <!-- 当连接池中的连接耗尽时 c3p0 一次同时获取的连接数,默认值为 3 -->
20.  < property name = "acquireIncrement"> 5 </property>
21.  <!-- 定义从数据库获取新连接失败后重复尝试的次数,默认为 30,小于等于 0
     表示无限次 -->
22.  < property name = "acquireRetryAttempts"> 30 </property>
23.  <!-- 重新尝试的时间间隔,默认为 1 000 ms -->
24.  < property name = "acquireRetryDelay"> 1000 </property>
25.  <!-- 关闭连接时,是否提交未提交的事务,默认为 false,即关闭连接,回滚未
     提交的事务 -->
26.  < property name = "autoCommitOnClose"> false </property>
27.  <!-- c3p0 将建一张名为 Test 的空表,并使用其自带的查询语句进行测试。
     如果定义了这个参数那么属性 preferredTestQuery 将被忽略。用户不能在这
     张 Test 表上进行任何操作,它将只供 c3p0 测试使用,默认值为 null -->
28.  < property name = "automaticTestTable"> Test </property>
29.  <!-- 如果设为 false,则获取连接失败将会引起所有等待连接池来获取连接
     的线程抛出异常,但是数据源仍有效保留,并在下次调用 getConnection()的时
     候继续尝试获取连接。如果设为 true,则在获取连接失败后该数据源将申明已
     断开并永久关闭。默认为 false -->
```

```
30.      < property name = "breakAfterAcquireFailure"> false </property>
31.      <!-- 每 60 秒检查所有连接池中的空闲连接,默认值为 0 -->
32.      < property name = "idleConnectionTestPeriod"> 60 </property>
33.      <!-- c3p0 全局的 PreparedStatements 缓存的大小。如果 maxStatements 与
         maxStatementsPerConnection 均为 0,则缓存不生效,只要有一个不为 0,语句的
         缓存就能生效 -->
34.      < property name = "maxStatements"> 200 </property>
35.      <!-- maxStatementsPerConnection 定义了连接池内单个连接所拥有的最大缓
         存 Statements 数,默认值为 0 -->
36.      < property name = "maxStatementsPerConnection"> 10 </property>
37.    </default-config>
38. </c3p0-config>
```

　　步骤 20:创建 JDBCUtils 类。该类使用 c3p0 数据库连接池创建和关闭数据库连接,该类会读取 c3p0-config. xml。

```
1.  package cn. edu. android;
2.
3.  import java. sql. Connection;
4.  import java. sql. ResultSet;
5.  import java. sql. SQLException;
6.  import java. sql. Statement;
7.  import javax. sql. DataSource;
8.  import com. mchange. v2. c3p0. ComboPooledDataSource;
9.
10. public class JDBCUtils {
11.     private static DataSource dataSource = new ComboPooledDataSource();
12.
13.     // 返回数据源
14.     public static DataSource getDataSource() {
15.         return dataSource;
16.     }
17.
18.     // 获取一个数据库连接
19.     public static Connection connDb() {
20.         try {
21.             return dataSource. getConnection();
22.         } catch (SQLException e) {
23.             e. printStackTrace();
24.         }
```

```
25.              return null;
26.          }
27.
28.          // 释放数据库连接
29.          public static void closeDb(Connection conn,Statement stat, ResultSet rs) {
30.              try {
31.                  if (rs != null) {
32.                      rs.close();
33.                      rs = null;
34.                  }
35.                  if (stat != null) {
36.                      stat.close();
37.                      stat = null;
38.                  }
39.                  if (conn != null) {
40.                      conn.close();
41.                      conn = null;
42.                  }
43.              } catch (SQLException e) {
44.                  e.printStackTrace();
45.              }
46.          }
47.  }
```

步骤 21:创建 UserDao. java 类。在该类中将调用 JDBCUtils 类中的 connDb()方法获取数据库连接,并使用该连接对数据库进行操作,使用完成后调用 JDBCUtils 类中的 closeDb()方法释放数据库连接。为了保证只需要执行一次数据库连接,并防止数据库的多次连接给服务器造成负担,该类采用单例模式返回数据库连接。**单例模式的必要条件如下所述。**

① 私有的构造方法:防止在类外使用 new 关键字实例化对象。

② 私有的成员变量:防止在类外引入这个存放对象的变量。

③ 公有静态的实例化对象的方法:通过该方法可让用户进行实例化对象的操作。

具体代码如下所示。

```
1.  package cn. edu. android;
2.
3.  import java. sql. Connection;
4.  import java. sql. PreparedStatement;
5.  import java. sql. ResultSet;
6.  import java. sql. SQLException;
7.
```

```
8.   public class UserDao {
9.        // 数据库连接
10.       private Connection conn;
11.       // 预处理语句对象,可以向数据库发送带有参数的 SQL 语句
12.       private PreparedStatement prep;
13.       // 管理查询结果的类,简称结果集
14.       private ResultSet rs;
15.
16.       // 单例必要条件一:私有的构造方法
17.       private UserDao() {}
18.       // 单例必要条件二:私有的成员变量
19.       private static UserDao dao = new UserDao();
20.       // 单例必要条件三:公有静态的实例化对象的方法
21.       public static UserDao getInstance() {
22.           return dao;
23.       }
24.
25.       public User login(User user) {
26.           // 执行数据库操作需要捕获 SQL 异常
27.           try {
28.               // 获取数据库连接
29.               conn = JDBCUtils.connDb();
30.               // 使用预处理的方式定义 SQL 语句
31.               String sql = "select * from t_users where userName = ? and
                            password = ?";
32.               // 创建预处理语句对象
33.               prep = conn.prepareStatement(sql);
34.               // 设置参数 username 的值
35.               prep.setString(1, user.getName());
36.               // 设置参数 password 的值
37.               prep.setString(2, user.getPassword());
38.               // 执行 SQL 语句,并将结果赋给结果集 rs
39.               rs = prep.executeQuery();
40.               /* ResultSet 指针最初位于第 1 行之前,将结果集的指针从当前位置下移一
                  行。如果新的当前行有数据则返回 true,如果没有数据则返回 false */
41.               if (rs.next()) {
42.                   /* 通过 ResultSet 的 getXXX()方法从结果集中获取数据,并且赋
                      值给 User 对象,最后返回给调用者 */
43.                   User s = new User();
```

```
44.                s.setName(rs.getString("userName"));
45.                s.setPassword(rs.getString("password"));
46.                s.setUserId(rs.getInt("userId"));
47.                s.setGender(rs.getString("gender"));
48.                return s;
49.            } // if
50.        } catch (SQLException e) {
51.            e.printStackTrace();
52.        } finally {
53.            // 不论是否出现异常都要关闭数据库连接,否则会导致内存泄漏
54.            JDBCUtils.closeDb(conn, prep, rs);
55.        }
56.        return null;
57.    } // login
58. } // UserDao
```

步骤 22:在 LoginServlet.java 中增加对客户端的响应代码。该类继承自 HttpServlet,创建一个 HttpServlet 的主要步骤如下所述。

① 扩展 HttpServlet 抽象类。

② 覆盖 HttpServlet 的部分方法,如覆盖 doGet()或 doPost()方法。

③ 获取 HTTP 请求信息。通过 getParameter(String paraName)方法获取请求参数。

④ 生成 HTTP 响应结果。通过 HttpServletResponse 对象生成响应结果,它有一个 getWriter()方法,该方法返回一个 PrintWriter 对象,调用该类的 void print(String str)方法设置响应消息。

当 Android 客户端发送请求后,因为在 web.xml 文件中对 LoginServlet 进行了注册和声明,当用户发送的 URL 中匹配到字符串"login"时会调用该类。该类通过对 doPost()方法和 doGet()方法的实现,可以处理客户端发送过来的 POST 请求和 GET 请求。从 HttpServletRequest 中获取参数后,查询数据库,将从数据库中获取的结果封装成 JSON 消息,通过 HttpServletResponse 返回给 Android 客户端。

```
1.  package cn.edu.android;
2.
3.  import java.io.IOException;
4.  import java.io.PrintWriter;
5.  import javax.servlet.ServletException;
6.  import javax.servlet.http.HttpServlet;
7.  import javax.servlet.http.HttpServletRequest;
8.  import javax.servlet.http.HttpServletResponse;
9.
10. // 使用 HttpServlet 步骤 1:扩展 HttpServlet 抽象类
```

```
11.  public class LoginServlet extends HttpServlet {
12.
13.      // 使用 HttpServlet 步骤 2：覆盖 doGet()，处理用户的 GET 请求
14.      public void doGet(HttpServletRequest request, HttpServletResponse response)
         throws ServletException, IOException {
15.
16.          PrintWriter out = response.getWriter();
17.          // 获取操作的动作
18.          String action = request.getParameter("action");
19.          // 返回的数据状态，输入的数据不正确会返回"fail"
20.          String status = "fail";
21.          /* 发送的请求 URL 匹配结果包含 web.xml 中"<url-pattern>"配置的
             "Login"，本实验中 Android 客户端使用的 URL 为 http://10.0.2.2:8080/
             MyWeb/Login */
22.          if ("login".equals(action)) {
23.              // 使用 HttpServlet 步骤 3：获取 HTTP 请求中的参数信息
24.              String username = request.getParameter("username");
25.              String password = request.getParameter("password");
26.              // 构造 User 和 UserDto 对象，用于封装成 JSON 消息
27.              User result = new User();
28.              UserDto dto = new UserDto();
29.              if (! isEmpty(username) && ! isEmpty(password)) {
30.                  // 获取数据库连接，查询数据库，将查询的结果放入 result 中
31.                  result = UserDao.getInstance().login(
32.                          new User(username, password));
33.                  if (result != null) {
34.                      status = "success";
35.                  }
36.              }
37.              // 设置数据传输对象 UserDto 中的 User 的值，用于返回 JSON 数据
38.              dto.setStatus(status);
39.              dto.setResult(result);
40.              // 使用 HttpServlet 步骤 4：通过 PrintWriter 对象返回 HTTP 响应结果
41.              out.print(JsonUtils.objectToJson(dto));
42.          }
43.          // 缓存的输出字节被写出
44.          out.flush();
45.          // 关闭 PrintWriter
46.          out.close();
```

```
47.        }
48.
49.        // 使用 HttpServlet 步骤 5：覆盖 doPost()，处理用户的 POST 请求
50.        public void doPost(HttpServletRequest request,HttpServletResponse response)
51.               throws ServletException, IOException {
52.           doGet(request, response);
53.        }
54.
55.        // 判断入参字符串是否为空
56.        private boolean isEmpty(String str) {
57.           if (str == null || str.length() == 0)
58.              return true;
59.           return false;
60.        }
61. }
```

步骤 23：运行服务器端代码和客户端代码，对代码进行测试。

 知识拓展：第三方库

在以往的实验中经常要调用第三方库，主要为 jar 包，事实上 Android 中常见的第三方库包括：＊.so、＊.jar、＊.aar 三种类型。

JAR(Java Archive,Java 归档)是与平台无关的文件格式，它允许将若干＊.class 文件组合成一个压缩文件，JAR 文件一般情况下只包含 class 文件与清单文件，不包含资源文件，如图片等所有 res 中的文件。

AAR 文件是 Android 库项目的二进制归档文件，可以包含项目所有资源 class 文件以及 res 资源。要将某个模块打包成 AAR 文件，需要新建模块时选择"Android Library"模块类型，如图 5.38 所示，不要建成 Android Project，运行该模块后，Android Studio 自动把该模块打包成 aar 包。

Android 中的 SO 文件是动态链接库，一般来说，SO 文件是 C 或 C++语言的内容打包成的库，多用于 NDK 开发中，例如，底层的硬件调用等情况就需要使用 SO 文件。SO 文件的调用具有以下优点：让开发者最大化利用已有的 C 和 C++代码，达到重用的目的；SO 文件是二进制文件，没有解释编译的开销，用 SO 文件实现的功能比纯 Java 实现的功能要快；相对于 Java 代码、二进制代码，SO 文件的反编译难度更大，一些核心代码可以考虑放在 SO 文件中。

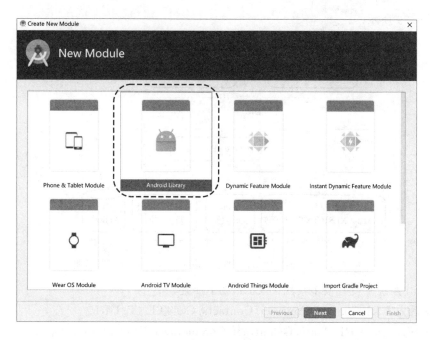

图 5.38　新建 Android Library 模块

📝 思考

为了扩展系统功能,如何实现增加一张表或多张表?

实验 3　SQLite 数据库和 Bmob 云存储

1. 实验目的

(1) 通过联系人模块了解 ContentProvider 的运行机制,掌握通过 ContentResolver 获取联系人的信息。

(2) 熟悉 Android 内置的 SQLite 数据库的使用,本实验需要从联系人模块查询出联系人数据,然后将该数据插入 SQLite 数据库中,掌握 SQLite 数据库的插入、查询等操作。

(3) 掌握 Bmob 后端云数据存储、删除、更新和查询的方法。

(4) 通过图标字体库 IcoMoon 的使用,美化应用程序界面。

2. ContentResolver

ContentProvider 是 Android 在不同的应用程序之间实现数据共享的一种机制,不管共享的数据通过什么方式存储(存储在 SQLite 数据库中、云服务器中或者通过文件存储在移动设备的内部存储器中),都可以通过 ContentProvider 共享数据,实现对数据的 CRUD (Create,Read,Update and Delete,增加、读取、更新和删除)操作,使用者 ContentResolver 不需要了解 ContentProvider 的内部实现方式,通过 URI(Universal Resource Identifier,统一资源标志符)即可对共享的数据进行操作。ContentProvider 和 ContentResolver 的工作原理如图 5.39 所示。

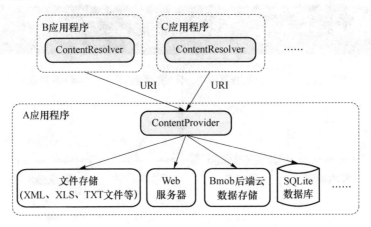

图 5.39　ContentProvider 和 ContentResolver 的工作原理

Android 系统中设有很多常用的 URI,如下所述。

- 联系人 URI:ContactsContract. Contacts. CONTENT_URI。
- 联系人电话 URI:ContactsContract. CommonDataKinds. Phone. CONTENT_URI。
- 联系人 E-mail URI:ContactsContract. CommonDataKinds. Email. CONTENT_URI。
- SD 卡上音频文件的 URI:MediaStore. Audio. Media. EXTERNAL_CONTENT_URI。
- 内部存储器上音频文件的 URI:MediaStore. Audio. Media. INTERNAL_CONTENT_URI。
- SD 卡上图片文件的 URI:MediaStore. Audio. Images. EXTERNAL_CONTENT_URI。
- 内部存储器上图片文件的 URI:MediaStore. Audio. Images. INTERNAL_CONTENT_URI。
- SD 卡上视频文件的 URI:MediaStore. Audio. Video. EXTERNAL_CONTENT_URI。
- 内部存储器上视频文件的 URI:MediaStore. Audio. Video. INTERNAL_CONTENT_URI。

Android 的组件都有一个 ContentResolver 对象,该对象的获取方法如下。

```
ContentResolver resolver = getContentResolver();
```

ContentResolver 类提供了与 ContentProvider 类进行交互的 4 个增删改查的方法,如下所述。

- public Uri insert(Uri uri, ContentValues values):向 ContentProvider 中添加数据。第一个入参是访问 ContentProvider 的 URI,第二个入参 ContentValues 为插入数据的字段-取值键值对对象。该方法的出参为访问该数据的 URI。如果 ContentProvider 底层数据存储在数据库中,那么一般 ContentValues 的键为数据库中表的字段名称,值为该字段的取值。ContentValues 只能存储基本数据类型,如 String、int 等,不能存储自定义对象。若通过 ContentProvider 增加一条记录,姓名(字段名为 NAME)取值为"Albert Einstain",年龄(字段名为 AGE)为 60,则定义 ContentValues 如下。

```
ContentValues contentValues = new ContentValues();
contentValues.put("NAME","Albert Einstain");
contentValues.put("AGE",60);
```

- public int delete(Uri uri, String selection，String[] selectionArgs)：从 ContentProvider 中删除数据。selection 为 SQL 语句中的 where 查询子句,selectionArgs 查询条件属性值,用于替换 selection 中的"?"通配符。例如,selection 取值为"select name from table where id ＝ ? and name ＝ ?",selectionArgs 取值为{"1", "Albert Einstain "},最终生成的 SQL 语句为"delete from table where id ＝ 1 and name ＝ "Albert Einstain";"。出参为删除的记录的个数。

- public int update(Uri uri, ContentValues values, String whereClause, String[] whereArgs)：更新 ContentProvider 中的数据。values 为要更新的值,whereClause 为可选的 where 子句,如果其值为 null,则将修改所有的行,在 whereClause 中包含 "?"时,如果 whereArgs 的值不为 null,则这个数组中的值将依次替换 whereClause 中出现的"?"。

- public Cursor query(Uri uri, String[] projection, String selection, String[] selectionArgs, String sortOrder)：从 ContentProvider 中查询数据。参数 projection 是投影,即查询数据要返回的列,sortOrder 为结果排序方式,即查询结果根据指定字段进行排序。

3. SQLite 数据库

SQLite 是 Android 内置的一款轻量级数据库,每个应用程序均可调用该数据库。对数据库进行操作的方式包括：代码操作数据库和命令行操作数据库。

（1）代码操作数据库

在代码中对数据库进行 CRUD 操作的类是 SQLiteDatabase,该类提供了整套对数据库进行操作的方案,是对 SQLite 数据库进行操作最重要的类。该类提供的常用方法和 ContentResolver 提供的方法很相似,相同入参不再赘述。

- Long insert(String table, String nullColumnHack, ContentValues values)：插入一条记录。table 是要插入数据的表；SQL 不允许插入空行,nullColumnHack 初始化值为空时,这一列将会被显式地赋予一个 null 值；values 是要插入的值。

- int update(String table, ContentValues values, String whereClause, String[] whereArgs)：更新一条记录。

- Cursor query(String table, String[] projection, String selection, String[] selectionArgs, String groupBy, String having, String orderBy)：查询数据库。having 为可选的 having 子句,如果其值为 null,则将包含所有的分组。

- int delete(Uri uri, String selection，String[] selectionArgs)：删除记录。

- static SQLiteDatabase openOrCreateDatabase(File file, CursorFactory factory)：打开或创建数据库。该方法是一个静态的方法,所以不需要获取 SQLiteDatabase 实例就可以对数据库进行操作。入参 file 是数据库文件所在目录及数据库文件名；入参 factory 为可选的数据库游标工厂类,当查询被提交时,该对象会被调用来实例化一个游标,默认为 null。

- void close():关闭数据库。
- void execSQL(String sql):直接执行入参 SQL 语句。

查询数据库后,将结果返回给游标 Cursor,这是查询结果的记录集,Cursor 类常用的方法主要有以下几种。

- boolean moveToNext():将 Cursor 移向下一行。
- int getCount():返回结果集中记录的数目。
- int getInt(int columnIndex):返回指定列中的数据的整型值。
- int getString(int columnIndex):返回指定列中的数据的字符串。
- int getColumnIndex(String columnName):按给定的列名返回列的索引值,若不存在则返回−1。
- boolean moveToFirst():将 Cursor 移动到第一行。

(2) 命令行操作数据库

代码建库后数据库文件存放在/data/data/<package-name>/databases/目录下,数据库的所有信息都可以通过命令行终端查看。Android Studio 具有内置的命令行终端,直接在主窗口的下方单击“Terminal”即可使用,如图 5.40 所示。

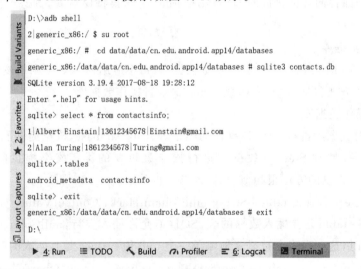

```
D:\>adb shell
2|generic_x86:/ $ su root
generic_x86:/ #  cd data/data/cn.edu.android.app14/databases
generic_x86:/data/data/cn.edu.android.app14/databases # sqlite3 contacts.db
SQLite version 3.19.4 2017-08-18 19:28:12
Enter ".help" for usage hints.
sqlite> select * from contactsinfo;
1|Albert Einstain|13612345678|Einstain@gmail.com
2|Alan Turing|18612345678|Turing@gmail.com
sqlite> .tables
android_metadata  contactsinfo
sqlite> .exit
generic_x86:/data/data/cn.edu.android.app14/databases # exit
D:\
```

▶ 4: Run   ≡ TODO   ⚒ Build   ⚙ Profiler   ≡ 6: Logcat   ▩ Terminal

图 5.40　命令行建库

首先,启动模拟器后在“Terminal”窗口中执行“adb shell”命令登录命令行终端。如果环境变量%ANDROID_HOME%\platform-tools 配置不正确,会报错“'adb shell' 不是内部或外部命令,也不是可运行的程序或批处理文件”,这时需要重新检查并修改环境变量。adb shell 登录后默认只具备普通用户权限,所以需要切换到 root 用户:

```
adb shell
su root
```

其次,进入/data/data/< package-name >/databases/目录下,可以通过 Linux 系统下的
"ls"命令等查看文件和路径,这里以 cn. edu. android. app14 目录为例:

cd /data/data/cn.edu.android.app14/databases

再次,通过 sqlite3 工具打开数据库,如果该数据库不存在,则创建该数据库。例如,打
开或创建 contacts 数据库,当显示 SQLite 数据库的版本号时表示完成打开或创建数据库。
打开数据库后就可以执行数据的 SQL 语句或 SQLite 数据库的命令,SQLite 内置命令都以
"."开头,例如,".tables"命令可查看当前数据库中的所有表。

generic_x86:/data/data/cn.edu.android.app14/databases # **sqlite3 contacts.db**
SQLite version 3.19.4 2017-08-18 19:28:12
Enter ".help" for usage hints.
sqlite>

最后,通过".exit"命令或者".quit"命令退出 SQLite,返回 Linux 命令行终端。

4. Bmob 云存储

Bmob 云存储具有高效的服务器数据存储和完善的移动后端云服务,提供了对数据进
行 CRUD 操作的 API,可以帮助开发者摆脱后端开发负担,可以缩短开发周期。Bmob 提供
了云数据库和文件服务,任何数据、文件都可以存放在云服务器上。使用 Bmob 云存储之
前,需要做如下准备工作。

(1)登录官方网站 https://www.bmob.cn/,初次使用的开发人员需要在该网站进行
注册。网站同时提供了使用文档和视频供开发者学习。

(2)注册完成后进入首页"我的控制台",在新打开的页面中单击按钮 ┃＋创建应用┃创
建应用,在应用名称和应用类型处输入任意内容,选择免费的开发版,单击"创建应用",如
图 5.41 所示。

图 5.41 Bmob 云存储中创建应用

(3)创建完成后返回控制台,控制台出现图 5.42 所示的界面,单击"应用 Key"跳转到

图 5.43 所示的界面,可获取应用密钥,单击图 5.43 中的"复制"按钮即可得到 Application ID。单击"云数据库",可查看当前创建的数据库,且可对库中的数据进行 CRUD 操作。

图 5.42　Bmob 云存储控制台(一)

图 5.43　Bmob 云存储控制台(二)

(4) 使用 Gradle 对 Bmob Android SDK 包依赖进行管理。在项目的 build.gradle 文件中添加 Bmob 的 maven 仓库地址。

```
......
allprojects {
    repositories {
        google()
        jcenter()
        mavenCentral()
        maven { url "https://raw.github.com/bmob/bmob-android-sdk/master" }
    }
}
......
```

在模块的 build.gradle 文件中添加依赖。

```
android {
    ......
    useLibrary 'org.apache.http.legacy'
}
dependencies {
    ......
    implementation 'cn.bmob.android:bmob-sdk:3.7.3-rc1'
    implementation "io.reactivex.rxjava2:rxjava:2.2.2"
    implementation 'io.reactivex.rxjava2:rxandroid:2.1.0'
    implementation 'com.squareup.okio:okio:2.1.0'
    implementation 'com.google.code.gson:gson:2.8.5'
    implementation 'com.squareup.okhttp3:okhttp:3.12.0'
}
```

（5）使用 Bmob 存储数据的主要步骤还包括：初始化 BmobSDK、创建对应 Bmob 后台表的 JavaBean、配置 ContentProvider、对数据进行增删改查。在后续的实验步骤中将分别介绍上述内容，读者也可查阅官网文档或视频进行学习。

5. 图标字体库 IcoMoon

在开发移动应用程序时，程序员经常困扰于没有合适的 UI 图标资源。该问题可通过图标字体库解决，利用网站提供的图标字体库，程序员不需要修图就可得到想要的矢量图，还可以通过代码设置矢量图的颜色、大小。图标字体库有很多种，使用方法总体相似，本实验中使用 IcoMoon，网址为 https://icomoon.io/app/#/select。下面介绍如何下载图标字体库。

首先，进入网站后单击左上角的菜单按钮，如图 5.44（a）所示，在弹出的菜单中选择"New Project"，在随后出现的图 5.44（b）所示的界面中输入项目名称。

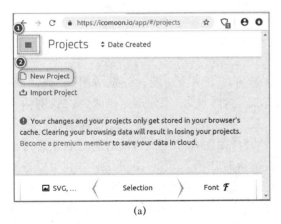
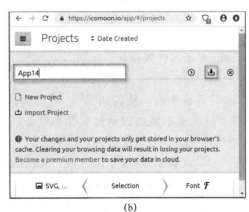

(a)　　　　　　　　　　　　　(b)

图 5.44　在 IcoMoon 中登记项目

其次，在图 5.45（a）所示的界面中单击"Add Icons From Library…"，进入图 5.45（b）所示的界面，选中"IcoMoon-Free"，单击"Add"按钮增加需要的图标字体库。

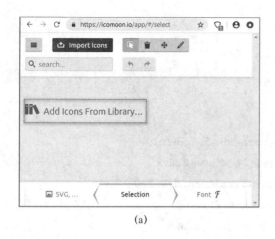

| (a) | (b) |

图 5.45　选择图标字体库

最后,在图 5.46(a)所示的界面中选择"user""mobile"和"envelop",单击右下角的"Font"按钮,进入图 5.46(b)所示的界面,单击"Download"进行下载,供代码调用。

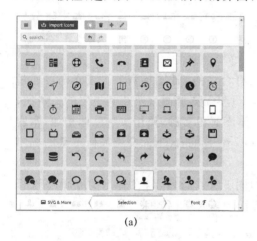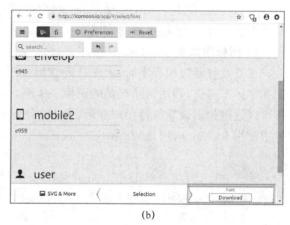

| (a) | (b) |

图 5.46　下载图标字体库

6. 界面与代码结构

图 5.47(a)所示为本实验的唯一界面,本实验有以下两个功能。首先,如图 5.47(b)所示,在该界面中输入姓名、电话号码和 E-mail 地址,然后点击"添加至通讯录"按钮,刚输入的联系人及其联系方式会被保存在设备联系人模块中,如图 5.47(c)所示。然后,点击"备份通讯录"按钮,可将数据备份至 Bmob 云存储平台,如图 5.48 所示,同时会将数据备份至本地 SQLite 数据库中,单击 Android Studio 右下角的"Device File Explorer"按钮可以查看数据库已经创建,如图 5.49 所示。如果 Bmob 云存储平台和 SQLite 数据库中有数据,则在备份之前会将数据全部清空。通过两种功能的实现,学习联系人模块数据的读取、SQLite 数据库和 Bmob 云存储平台的使用方法。

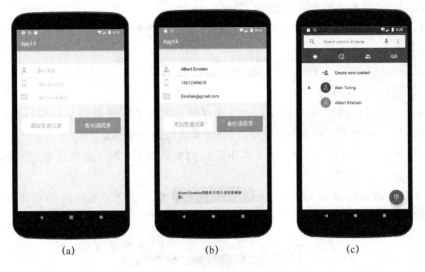

图 5.47 App14 实验界面和功能

图 5.48 将联系人模块备份至 Bmob 云

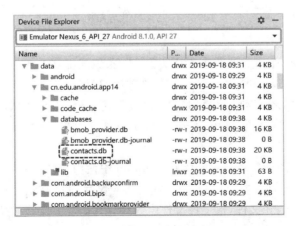

图 5.49 浏览模拟器上创建的数据库文件

图 5.50 所示为本实验的代码结构,其中:

- MainActivity. java 处理界面事件,并在相关的按钮中通过 ContentResolver 访问联系人模块;
- SqliteAdapter. java 和 BmobAdapter. java 分别对 SQLite 数据库和 Bmob 云存储平台进行相关操作;
- Contacts. java 这个类为实现 Bmob 云存储功能而必须提供的 JavaBean 类,Bmob 云上会相应地生成一张名为 Contacts 的表,该类必须继承自 BmobObject,Contacts 表中的字段必须在 Contacts 这个类中定义为成员变量,并且生成这些变量的 setter()和 getter()方法;
- MDFontsUtils. java 和 MDFonts. java 这两个类分别是为生成图标字体而创建的字体映射类。

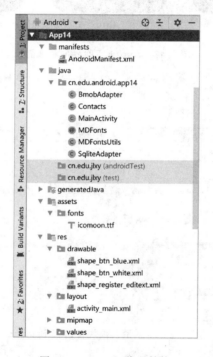

图 5.50　App14 代码结构

7. 实验步骤

步骤 1:新建模块 App14,按照第 4 章实验 2 相关叙述部署 ButterKnife 依赖环境。

步骤 2:首先导入图标字体库。右击模块,在弹出的菜单中依次选择"new"|"directory",在弹出的对话框中输入"assets",在 assets 目录下继续创建 fonts 目录。然后将本实验中下载的图标字体库压缩包解压,复制解压后 fonts 目录下的文件 icomoon. ttf 至 assets/fonts 目录下。

步骤 3:创建一个图标字体映射类。在 Android 中使用枚举内存消耗较大,图标字体库官方不推荐用枚举方式,所以这里创建一个注解类定义字符串常量。打开下载的图标字体库压缩包里的 demo. html 文件,根据该文件内容对应地创建字体映射类 MDFonts. java。

```
1.   package cn.edu.android.app14;
2.
3.   import android.support.annotation.StringDef;
4.
5.   // 定义3个常量
6.   @StringDef({
7.        MDFonts.ENVELOP,
8.        MDFonts.MOBILE,
9.        MDFonts.USER
10.  })
11.
12.  public @interface MDFonts {
13.        String ENVELOP = "\ue945";  // 信封图标,取值从 demo.html 文件内获取
14.        String MOBILE = "\ue958";   // 手机图标
15.        String USER = "\ue971";     // 用户图标
16.  }
```

上述代码类似于定义了3个静态常量,如下所示,但上述代码具有更高的效率。

```
public class MDFonts{
    public static final String ENVELOP = "\ue945";
    public static final String TYPE_TWO = "\ue958";
    ......
}
```

步骤4:定义字体工具类设置控件的图标。

```
1.   package cn.edu.android.app14;
2.
3.   import android.content.Context;
4.   import android.graphics.Typeface;
5.   import android.support.annotation.NonNull;
6.   import android.widget.TextView;
7.
8.   public class MDFontsUtils {
9.
10.       // 字体
11.       public static Typeface OCTICONS;
12.
```

```
13.        /* 对可变入参设置图标字体,可变入参即为可以接受的实参,且不受个数限制,
               可以是一个、两个、三个甚至更多。最终生成的图标须用 TextView 表示,所以入参
               即为需要设置图标的控件 */
14.        public static void setOctIcons(final TextView… textViews) {
15.            if (textViews == null || textViews.length == 0)
16.                return;
17.            /* 获取入参的上文环境 Context 类,该类是维持 Android 程序中各组件正
               常工作的一个核心功能类,Activity、Service 等都是它的子类,通过该类可
               获取 assets 目录下的图标字体 */
18.            Typeface typeface = getOctIcons(textViews[0].getContext());
19.            for (TextView textView: textViews)
20.                textView.setTypeface(typeface);
21.        }
22.
23.        // 通过 Context 获取图标字体
24.        private static Typeface getOctIcons(final Context context) {
25.            if (OCTICONS == null)
26.                OCTICONS = Typeface.createFromAsset(context.getAssets(),
                   "fonts/icomoon.ttf");
27.            return OCTICONS;
28.        }
29. }
```

步骤 5:在 colors.xml 文件中增加颜色。

```
1.  < color name = "white">#fff </color >
2.  < color name = "blue">#03A9F4 </color >
3.  < color name = "ltgray">#f0f0f0 </color >
```

步骤 6:在 drawable 目录下新建两个形状文件 shape_btn_white.xml 和 shape_btn_
blue.xml,分别作为界面中白色按钮和蓝色按钮的背景。白色按钮带弧度,且有 0.5 dp 的
浅灰色边框,代码如下所示。

```
1.  < shape xmlns:android = "http://schemas.android.com/apk/res/android"
2.      android:shape = "rectangle">
3.      < corners android:radius = "4dp"/>
4.      < solid android:color = "@color/white"/>
5.      < stroke android:width = "0.5dp" android:color = "#cfcfcf"/>
6.  </shape >
```

蓝色按钮不带边框,代码如下所示。

```
1.  < shape xmlns:android = "http://schemas. android. com/apk/res/android"
2.      android:shape = "rectangle">
3.      < corners android:radius = "4dp"/>
4.      < solid android:color = "@color/blue"/>
5.  </shape >
```

步骤 7：在 drawable 目录下增加文件 shape_register_editext. xml，用于定义光标颜色，光标为深灰色，宽度为 1 dp，代码如下所示。

```
1.  < shape xmlns:android = "http://schemas. android. com/apk/res/android"
2.      android:shape = "rectangle">
3.      < solid android:color = "#323232"/>
4.      < size android:width = "1dp"/>
5.  </shape >
```

步骤 8：修改布局文件 activity_main. xml。整体布局由嵌套的布局构成，以下代码实现了"输入姓名"输入栏。

```
1.  <!-- 背景为浅灰色，内边距为 50 dp -->
2.  < LinearLayout xmlns:android = "http://schemas. android. com/apk/res/android"
3.      xmlns:tools = "http://schemas. android. com/tools"
4.      android:layout_width = "match_parent"
5.      android:layout_height = "match_parent"
6.      android:background = "#f4f4f4"
7.      android:orientation = "vertical"
8.      android:paddingTop = "50dp"
9.      tools:context = "cn. edu. android. app14. MainActivity">
10.
11.     <!-- "输入姓名"输入栏：背景为白色，内部控件水平放置 -->
12.     < LinearLayout android:layout_width = "match_parent"
13.         android:layout_height = "wrap_content"
14.         android:background = "@color/white"
15.         android:orientation = "horizontal">
16.
17.         <!-- 需要设置图标字体的控件，左侧设置外边距为 15 dp，按比例缩放图片 -->
18.         < TextView android:id = "@ + id/tv_name"
19.             android:layout_width = "wrap_content"
20.             android:layout_height = "wrap_content"
21.             android:layout_marginLeft = "15dp"
```

```
22.            android:scaleType = "centerCrop" />
23.
24.        <!-- "输入姓名"控件:不采用默认背景,提示信息为"输入姓名",提示信息
              文字颜色为浅灰色,光标颜色为深灰色,文字大小为 16 sp -->
25.        <EditText android:id = "@ + id/et_name"
26.            android:layout_width = "wrap_content"
27.            android:layout_height = "50dp"
28.            android:background = "@null"
29.            android:hint = "输入姓名"
30.            android:textColorHint = "#cccccc"
31.            android:textCursorDrawable = "@drawable/shape_register_editext"
32.            android:textSize = "16sp" />
33.    </LinearLayout>
34.
35.        <!-- 分割线,高度为 1 dp,浅灰色 -->
36.        <TextView
37.            android:layout_width = "match_parent"
38.            android:layout_height = "1dp"
39.            android:layout_marginLeft = "42dp"
40.            android:background = "@color/ltgray" />
41. </LinearLayout>
```

　　"输入电话号码"的界面设置方式与上方代码类似,"输入电话号码"中 TextView 的 ID 为 tv_phone,EditText 的 ID 为 et_phoneNo,"输入 E-mail 地址"中 TextView 的 ID 为 tv_email,EditText 的 ID 为 et_email,请读者参考以上代码自行完成。

　　步骤 9:在输入栏下面增加两个按钮"添加至通讯录"和"备份通讯录",将两个按钮放入一个线性布局中,并使其在水平方向各占布局宽度的 1/2。

```
1.  <LinearLayout ……>
2.      ……
3.
4.      <!-- 将两个按钮放在一个线性布局中,并设置上下左右的外边距 -->
5.      <LinearLayout android:layout_width = "match_parent"
6.          android:layout_height = "wrap_content"
7.          android:layout_marginLeft = "15dp"
8.          android:layout_marginTop = "50dp"
9.          android:layout_marginRight = "15dp"
10.         android:layout_marginBottom = "15dp"
11.         android:orientation = "horizontal">
```

12.

13.　　　　　　　 `<!-- 设置"添加至通讯录"按钮的 ID、宽度、高度、权重,背景设置为步骤 3 中定义的 XML 文件,文字居中 -->`

14.　　　　　　　 `<TextView android:id = "@ + id/bt_insert"`

15.　　　　　　　　　　 `android:layout_width = "match_parent"`

16.　　　　　　　　　　 `android:layout_height = "60dp"`

17.　　　　　　　　　　 `android:layout_weight = "1"`

18.　　　　　　　　　　 `android:background = "@drawable/shape_btn_white"`

19.　　　　　　　　　　 `android:gravity = "center"`

20.　　　　　　　　　　 `android:text = "添加至通讯录"`

21.　　　　　　　　　　 `android:textColor = "@color/blue"`

22.　　　　　　　　　　 `android:textSize = "20sp" />`

23.

24.　　　　　　　 `<!-- "备份通讯录"按钮 -->`

25.　　　　　　　 `<TextView android:id = "@ + id/bt_bak"`

26.　　　　　　　　　　 `android:layout_marginLeft = "15dp"`

27.　　　　　　　　　　 _____

28.　　　　　　　　　　 _____

29.　　　　　　　　　　 _____

30.　　　　　　　　　　 _____

31.　　　　　　　　　　 _____

32.　　　　　　　　　　 _____

33.　　　　　　　　　　 _____

34.　　　　　　　　　　 _____ `/>`

35.　　　　 `</LinearLayout>`

36. `</LinearLayout>`

　　步骤 10:在 MainActivity.java 中通过 ButterKnife 获取各个控件并绑定,并生成两个按钮的点击事件,最后在 onDestroy()方法中解除绑定,具体过程参考第 4 章实验 2 相关内容。各控件的变量取值情况如下所示。

1. `@BindView(R.id.tv_name)`

2. `TextView tvName;`　　　　　 // 用户图标

3. `@BindView(R.id.et_name)`

4. `EditText etName;`　　　　　 // 文本输入框"输入姓名"

5. `@BindView(R.id.tv_phone)`

6. `TextView tvPhone;`　　　　　 // 手机图标

7. `@BindView(R.id.et_phoneNo)`

8. `EditText etPhoneNo;`　　　　 // 文本输入框"输入电话号码"

9. `@BindView(R.id.tv_email)`

```
10.  TextView tvEmail;                // 信封图标
11.  @BindView(R.id.et_email)
12.  EditText etEmail;                // 文本输入框"输入 E-mail 地址"
13.  @BindView(R.id.bt_insert)
14.  TextView btInsert;               // "添加至通讯录"按钮
15.  @BindView(R.id.bt_bak)
16.  TextView btBak;                  // "备份通讯录"按钮
```

步骤 11：为控件设置图标颜色和大小。定义一个 setView()方法，使用该方法为 TextView 设置需要的颜色和大小。

```
1.  private void setView(@NonNull TextView tv, String icon) {
2.      tv.setText(icon);
3.      tv.setTextColor(Color.LTGRAY);      // 为图标设置颜色
4.      tv.setTextSize(25);                 // 为图标设置大小
5.      MDFontsUtils.setOctIcons(tv);
6.  }
```

在 onCreate()方法中对相关控件进行设置，设置完成后运行程序就能看到界面已经加载了图标的颜色和大小。

```
1.  protected void onCreate(Bundle savedInstanceState) {
2.      super.onCreate(savedInstanceState);
3.      setContentView(R.layout.activity_main);
4.      unbinder = ButterKnife.bind(this);
5.
6.      // 为 TextView 控件 tvName、tvPhone、tvEmail 设置用户、手机、信封图标
7.      setView(tvName, MDFonts.USER);
8.      _____;
9.      _____;
10. }
```

步骤 12：为两个按钮增加点击事件的处理函数 onViewClicked()方法，两个按钮的点击事件分别封装在 onClickBtInsert()和 onClickBtBak()方法中，具体代码在后面的步骤中增加。

```
1.  @OnClick({R.id.bt_insert, R.id.bt_bak})
2.  public void onViewClicked(View view) {
3.      switch (view.getId()) {
4.          case R.id.bt_insert:
5.              onClickBtInsert();
6.              break;
7.          case R.id.bt_bak:
```

```
8.          onClickBtBak();
9.          break;
10.     }
11. }
```

　　步骤 13：向通讯录模块增加联系人及其联系方式时，需要判断输入的内容是否为空，如果为空则通过 Toast 进行提示，该功能由 checkInput()方法实现，读者可以在该方法中增加更加严格的判断，如输入的邮箱地址是否正确等。当点击两个按钮时，需要隐藏系统软键盘，该功能通过 hideSoftInput()方法实现。

```
1.  private boolean checkInput(EditText et) {
2.      if(et.getText().toString().equals("")){
3.          Toast.makeText(this, et.getHint().toString(),
                            Toast.LENGTH_LONG).show();
4.          return false;
5.      }
6.      return true;
7.  }
8.
9.  void hideSoftInput(View v) {
10.     InputMethodManager inputMethodManager = (InputMethodManager)
            this.getSystemService(Activity.INPUT_METHOD_SERVICE);
11.     inputMethodManager.hideSoftInputFromWindow(v.getWindowToken(),
            InputMethodManager.HIDE_NOT_ALWAYS);
12. }
```

　　步骤 14：点击"添加至通讯录"按钮则调用 ContentResolver 向系统通讯录增加记录。

```
1.  ……
2.  import android.provider.ContactsContract;
3.  import android.provider.ContactsContract.CommonDataKinds.Email;
4.  import android.provider.ContactsContract.CommonDataKinds.Phone;
5.  import android.provider.ContactsContract.CommonDataKinds.StructuredName;
6.  import android.provider.ContactsContract.Data;
7.  import android.provider.ContactsContract.RawContacts;
8.
9.  public class MainActivity extends AppCompatActivity {
10.     ……
11.     private ContentResolver resolver = null;
12.
```

```
13.      protected void onCreate(Bundle savedInstanceState) {
14.          ……
15.          resolver = this.getContentResolver();
16.      }
17.
18.  public void onClickBtInsert() {
19.          // 隐藏软键盘
20.          hideSoftInput(btInsert);
21.          // 如果"姓名""电话""邮箱地址"为空则通过 Toast 报错
22.          if( !checkInput(etName) || ! checkInput(etPhoneNo) ||
                 ! checkInput(etEmail) )
23.              return;
24.          ContentValues values = new ContentValues();
25.          // 向 RawContacts.CONTENT_URI 中插入一个空值,获取系统返回的 rawContactId
26.          Uri rawContactUri = resolver.insert(RawContacts.CONTENT_URI, values);
27.          long rawContactId = ContentUris.parseId(rawContactUri);
28.
29.          // 根据 rawContactUri 插入姓名
30.          values.clear();
31.          values.put(Data.RAW_CONTACT_ID, rawContactId);
32.          values.put(Data.MIMETYPE, StructuredName.CONTENT_ITEM_TYPE);
33.          values.put(StructuredName.GIVEN_NAME, etName.getText().toString());
34.          resolver.insert(Data.CONTENT_URI, values);
35.
36.          // 插入电话号码,其类型为移动电话号码
37.          values.clear();
38.          values.put(Data.RAW_CONTACT_ID, rawContactId);
39.          values.put(Data.MIMETYPE, Phone.CONTENT_ITEM_TYPE);
40.          values.put(Phone.NUMBER, etPhoneNo.getText().toString());
41.          values.put(Phone.TYPE, Phone.TYPE_MOBILE);
42.          resolver.insert(Data.CONTENT_URI, values);
43.
44.          // 插入 E-mail 邮箱地址,邮箱类型为家庭
45.          values.clear();
46.          values.put(Data.RAW_CONTACT_ID, rawContactId);
47.          values.put(Data.MIMETYPE, Email.CONTENT_ITEM_TYPE);
48.          values.put(Email.DATA, etEmail.getText().toString());
```

```
49.        values.put(Email.TYPE, Email.TYPE_HOME);
50.        resolver.insert(Data.CONTENT_URI, values);
51.
52.        Toast.makeText(MainActivity.this, etName.getText().toString() + "的
           联系方式已添加至通讯录!", Toast.LENGTH_LONG).show();
53.    }
```

步骤 15：创建 SqliteAdapter.java，实现打开数据库、关闭数据库的方法，创建表 contactsinfo，并实现向表 contactsinfo 中插入数据、删除所有数据和查询数据的代码。

```
1.  package cn.edu.android.app14;
2.
3.  import android.content.ContentValues;
4.  import android.content.Context;
5.  import android.database.Cursor;
6.  import android.database.sqlite.SQLiteDatabase;
7.  import android.database.sqlite.SQLiteException;
8.  import android.util.Log;
9.
10. public class SqliteAdapter {
11.
12.     // 将要创建的数据库名称
13.     private static final String DB_NAME = "contacts.db";
14.     // 数据库中存储联系人信息的表的名称
15.     private static final String DB_TABLE = "contactsinfo";
16.     // 联系人信息表中 4 个字段名
17.     public static final String KEY_ID = "_id";
18.     public static final String NAME = "name";
19.     public static final String PHONENO = "phoneno";
20.     public static final String EMAIL = "email";
21.     // 创建表的 SQL 语句
22.     private static final String DB_CREATE = "create table " + DB_TABLE + "(" +
        KEY_ID + " integer primary key autoincrement," + NAME + " text not null," +
        PHONENO + " integer," + EMAIL + " float);";
23.
24.     private SQLiteDatabase db;
25.     private final Context context;
26.
27.     // 实例化类时需传入组件运行的上下文环境,并保存在全局变量 context 中
28.     public SqliteAdapter(Context _context) {
```

```
29.            context = _context;
30.        }
31.
32.        // 关闭数据
33.        public void close() {
34.            if (db != null) {
35.                db.close();
36.                db = null;
37.            }
38.        }
39.
40.        /* 创建并打开数据库,创建联系人信息表。如果原数据库存在该表,则删除表并
    重新创建 */
41.        public void open() throws SQLiteException {
42.            db = SQLiteDatabase.openOrCreateDatabase("/data/data/" +
                    context.getPackageName() + "/databases/" + DB_NAME, null);
43.            db.execSQL("DROP TABLE IF EXISTS " + DB_TABLE);
44.            db.execSQL(DB_CREATE);
45.        }
46.
47.        // 通过 ContentValues 向数据库中插入一条记录
48.        public long insert(Contacts contacts) {
49.            ContentValues newValues = new ContentValues();
50.            newValues.put(NAME, contacts.getName());
51.            newValues.put(PHONENO, contacts.getPhoneNo());
52.            newValues.put(EMAIL, contacts.getEmail());
53.            return db.insert(DB_TABLE, null, newValues);
54.        }
55.
56.        // 查询数据库中的所有数据
57.        public void queryAll() {
58.            Cursor cursor = db.query(DB_TABLE, new String[]{KEY_ID, NAME,
                            PHONENO, EMAIL}, null, null, null, null, null);
59.            // 获取结果集中记录总数,即查询出多少条数据
60.            int resultCounts = cursor.getCount();
61.            if (resultCounts == 0 || ! cursor.moveToFirst()) {
62.                return;
63.            }
64.            for (int i = 0; i < resultCounts; i++) {
```

```
65.        /* 通过 getColumnIndex()获取字段的索引值,再根据索引值获取最终取
            值 */
66.        Log.i("SqliteAdapter", "新增记录:姓名 " + cursor.getString
            (cursor.getColumnIndex(NAME)) + "\t 电话号码 " + cursor.
            getString(cursor.getColumnIndex(PHONENO)) + "\t Email " +
            cursor.getString(cursor.getColumnIndex(EMAIL));
67.        cursor.moveToNext();
68.    }
69.  }
70.
71.  // 删除数据库中的数据
72.  public long deleteAll() {
73.      return db.delete(DB_TABLE, null, null);
74.  }
75. }
```

步骤 16:下面实现 Bmob 云存储功能。首先按前面的介绍做好前期准备工作,然后创建对应 Bmob 后台表的 JavaBean,这里将其命名为 Contacts,最终在 Bmob 云上生成一个名为 Contacts 的表。Contacts 这个类需继承自 BmobObject,该类包含 4 个字段,请读者自行生成 4 个成员变量的 setter()和 getter()方法。为了方便传值,该类需定义一个带 4 个入参的构造方法。另外,为了方便调试,需要覆盖 toString()方法。

```
1.  package cn.edu.android.app14;
2.
3.  import cn.bmob.v3.BmobObject;
4.
5.  public class Contacts extends BmobObject {
6.
7.      // 定义 4 个成员变量,字段名将作为 Bmob 最终生成的表中的字段名
8.      private int ID = -1;
9.      private String name;
10.     private String phoneNo;
11.     private String email;
12.
13.     // 带入参的构造方法
14.     Contacts(int id, String name, String phoneNo, String email){
15.         this.ID = id;
16.         this.name = name;
17.         this.phoneNo = phoneNo;
18.         this.email = email;
```

```
19.        }
20.
21.        // 生成 4 个成员变量的 setter()和 getter()方法
22.        ……
23.
24.        @Override
25.        public String toString(){
26.            String result = "";
27.            result + = "ID:" + this.ID + "\r";
28.            result + = "姓名:" + this.name + "\r";
29.            result + = "电话号码:" + this.phoneNo + "\r ";
30.            result + = "身高:" + this.email + "\r";
31.            return result;
32.        }
33. }
```

步骤 17:在AndroidManifest.xml 文件中配置 ContentProvider。

```
1.    ……
2.    < manifest ……>
3.        < application ……>
4.            ……
5.            < provider android:name = "cn.bmob.v3.util.BmobContentProvider"
6.                android:authorities = "cn.edu.android.app14.BmobContentProvider"/>
7.        </application >
8.        ……
9.    </manifest >
```

步骤 18:创建 BmobAdapter,在该类中初始化 Bmob SDK,并提供方法对 Bmob 云数据进行插入、删除、查询操作。

```
1.  package cn.edu.android.app14;
2.
3.  import android.content.Context;
4.  import android.util.Log;
5.  import android.widget.Toast;
6.  import java.util.Iterator;
7.  import java.util.List;
8.  import cn.bmob.v3.Bmob;
9.  import cn.bmob.v3.BmobQuery;
10. import cn.bmob.v3.exception.BmobException;
```

```
11.  import cn.bmob.v3.listener.FindListener;
12.  import cn.bmob.v3.listener.QueryListener;
13.  import cn.bmob.v3.listener.SaveListener;
14.  import cn.bmob.v3.listener.UpdateListener;
15.
16.  public class BmobAdapter {
17.      private final Context context;
18.
19.      /* 初始化 Bmob 云,这里填写的密钥即为图 5.43 中的 Application ID,要替换成
         自己申请的 Application ID,否则将不能实现功能 */
20.      BmobAdapter(Context _context) {
21.          context = _context;
22.          Bmob.initialize(_context, "261c9875379ccaf94f6d7e44e62c421");
23.      }
24.
25.      /* 传入一个 Contacts 对象调用 save()方法,即可插入一条记录,需要注意 Bmob
         所有的 CRUD 操作都是异步消息,插入完成后将通过回调函数 done()返回结果 */
26.      public void insertBmob(Contacts contacts) {
27.          contacts.save(new SaveListener<String>() {
28.              @Override
29.              public void done(String objectId, BmobException e) {
30.                  if (e == null) {
31.                      /* objectId 为这条记录插入 Bmob 云数据库后生成的主键,拥
                         有该主键后才能对表执行查询、修改操作,这里用于查询记录是
                         否成功插入 */
32.                      queryOne(objectId);
33.                  } else {
34.                      Log.i("BmobAdapter:", "插入数据失败:" + e.getMessage());
35.                  }
36.              }
37.          });
38.      }
39.
40.      // 查询一条记录
41.      public void queryOne(String objectId) {
42.          BmobQuery<Contacts> bmobQuery = new BmobQuery<Contacts>();
43.          bmobQuery.getObject(objectId, new QueryListener<Contacts>() {
44.              @Override
```

```
45.            public void done(Contacts c, BmobException e) {
46.                if (e == null) {
47.                    toast("成功添加记录:" + c.getName());
48.                } else {
49.                    Log.i("BmobAdapter","查询数据失败:" + e.getMessage());
50.                }
51.            }
52.        });
53.    }
54.
55.    public void deleteAll() {
56.        BmobQuery<Contacts> query = new BmobQuery<>();
57.        query.addWhereGreaterThan("ID", 0);
58.        query.findObjects(new FindListener<Contacts>() {
59.            @Override
60.            public void done(List<Contacts> list, BmobException e) {
61.                for (Iterator<Contacts> iterator = list.iterator();
                        iterator.hasNext(); ){
62.                    Contacts contacts = iterator.next();
63.                    deleteOne(contacts);
64.                }
65.            }
66.        });
67.    }
68.
69.    // 根据 Contacts 对象删除一条记录
70.    public void deleteOne(Contacts c) {
71.        c.delete(new UpdateListener() {
72.            @Override
73.            public void done(BmobException e) {
74.                if (e == null) {
75.                    Log.i("BmobAdapter","成功删除原记录:" + c.getName());
76.                } else {
77.                    Log.i("BmobAdapter","删除失败:" + e.getMessage());
78.                }
79.            }
80.        });
81.    }
82.
```

```
83.        /* 查询所有记录。一般情况下查询数据时必须根据 Bmob 云生成的主键
           objectId 进行查询,这里使用 BmobQuery,并设定 Where 条件进行查询 */
84.    public void queryAll() {
85.        BmobQuery<Contacts> query = new BmobQuery<>();
86.        query.addWhereGreaterThan("ID", 0);
87.        query.setLimit(200); // 最多查询 200 条数据
88.        query.findObjects(new FindListener<Contacts>() {
89.            @Override
90.            public void done(List<Contacts> list, BmobException e) {
91.                // 如果查询过程产生异常,则记录错误
92.                if (e != null)
93.                    Log.i("BmobAdapter", e.toString());
94.                // 否则遍历查询结果
95.                if (e == null) {
96.                    for (Iterator<Contacts> iterator = list.iterator();
                            iterator.hasNext(); ) {
97.                        Contacts c = iterator.next();
98.                        Log.i("BmobAdapter", "新增记录:" + c.getName());
99.                    }
100.                }
101.            }
102.        });
103.    }
104.
105.    // 通过 Toast 显示信息
106.    void toast(String msg) {
107.        Toast.makeText(context, msg, Toast.LENGTH_SHORT).show();
108.    }
109. }
```

步骤 19:备份联系人信息至本地 SQLite 数据库和 Bmob 云。

```
1.  public void onClickBtBak() {
2.      hideSoftInput(btBak);
3.
4.      // 准备联系人模块 URI,从通讯录中读取数据
5.      Uri uri = Uri.parse("content://com.android.contacts/contacts");
6.      Cursor cursor = resolver.query(uri, null, null, null, null);
7.
```

8. /* 获取 SqliteAdapter 和 BmobAdapter 对象,并将 SQLite 数据库和 Bmob 云中原来的数据全部删除 */

9. `SqliteAdapter sqliteAdapter = new SqliteAdapter(MainActivity.this);`

10. `BmobAdapter bmobAdapter = new BmobAdapter(MainActivity.this);`

11. `bmobAdapter.deleteAll();`

12. `sqliteAdapter.open();`

13. `sqliteAdapter.deleteAll();`

14.

15. // 增加表格中 ID 值,用于索引表记录

16. `int ID = 1;`

17.

18. `while (cursor.moveToNext()) {`

19. // 获取联系人姓名

20. `    String contactId = cursor.getString(cursor.getColumnIndex`
    `                    (ContactsContract.Contacts._ID));`

21. `    String name = cursor.getString(cursor.getColumnIndex`
    `                    (ContactsContract.Contacts.DISPLAY_NAME));`

22. `    String phone = "";`

23. `    String email = "";`

24. `    StringBuilder sb = new StringBuilder();`

25. `    sb.append("contactId = ").append(contactId).append(",姓名 = ").`
    `            append(name);`

26.

27. // 获取联系人手机号码

28. `    Cursor phones = resolver.query(Phone.CONTENT_URI, null,`

29. `                Phone.CONTACT_ID + " = " + contactId, null, null);`

30. `    while (phones.moveToNext()) {`

31. `        phone = phones.getString(phones.getColumnIndex("data1"));`

32. `    }`

33. `    sb.append(", 联系电话 = ").append(phone);`

34.

35. // 获取联系人 E-mail 地址

36. `    Cursor emails = resolver.query(Email.CONTENT_URI, null,`

37. `                Email.CONTACT_ID + " = " + contactId, null, null);`

38. `    while (emails.moveToNext()) {`

39. `        email = emails.getString(emails.getColumnIndex("data1"));`

40. `    }`

41. `    sb.append(", email = ").append(email);`

42. `    Log.i("MainActivity", sb.toString());`

```
43.        // 清除 sb 中的数据
44.        sb.delete(0, sb.length() - 1);
45.        /* 构造一个 Contacts 对象,通过这个对象向 SQLite 数据库和 Bmob 云中插
           入数据 */
46.        Contacts contacts = new Contacts(ID++, name, phone, email);
47.        sqliteAdapter.insert(contacts);
48.        bmobAdapter.insertBmob(contacts);
49.    }
50.
51.    // 查询 SQLite 数据库和 Bmob 云中的数据,验证是否成功插入
52.    bmobAdapter.queryAll();
53.    sqliteAdapter.queryAll();
54.    sqliteAdapter.close();
55. }
```

步骤 20:增加联系人模块和 Bmob 云存储所需的访问权限。

```
1.  <!-- 联系人模块读和写的访问权限 -->
2.  <uses-permission android:name = "android.permission.READ_CONTACTS"/>
3.  <uses-permission android:name = "android.permission.WRITE_CONTACTS"/>
4.  <uses-permission android:name = "android.permission.INTERNET"/>
5.  <!-- 获取网络状态的信息 -->
6.  <uses-permission android:name = "android.permission.ACCESS_NETWORK_STATE"/>
7.  <!-- 获取 WiFi 网络状态的信息 -->
8.  <uses-permission android:name = "android.permission.ACCESS_WIFI_STATE"/>
9.  <!-- 保持 CPU 运转,屏幕和键盘灯有可能是关闭的,用于文件上传和下载 -->
10. <uses-permission android:name = "android.permission.WAKE_LOCK"/>
11. <!-- 获取 SD 卡写的权限,用于文件上传和下载 -->
12. <uses-permission android:name = "android.permission.WRITE_EXTERNAL_STORAGE"/>
13. <!-- 允许读取手机状态 -->
14. <uses-permission android:name = "android.permission.READ_PHONE_STATE"/>
```

步骤 21:运行和测试 App14。在启动后需要在"Settings"|"Apps & Notifications"|"App14"|"Permissions"中打开相关权限。

 知识拓展:删除模块

删除模块的步骤如下所述。

步骤 1:打开"Gradle Scripts"下的 settings. gradle 文件,找到要删除的工程名,将其删除。

步骤 2:单击"运行"按钮旁的下拉列表,选择"Edit Configurations …"选项，在弹出的窗口中选中工程名称,再单击按钮 ⊟ 删除。

步骤 3:打开项目所在的物理路径,在项目的路径下将该工程删除。

第6章 高德地图入门

本章以高德地图为例详细介绍 Android 调用第三方的 Map 服务的方法,介绍如何在 Android 应用中嵌入高德地图以及高德地图的基本功能,在此基础上读者可以下载官网提供的示例,自行学习进阶功能。国内比较常用的地图服务有高德地图服务、百度地图服务等,各种地图的调用步骤基本相似,读者熟练掌握其中一种即可。

实验 1 高德地图入门

1. 实验目的

(1) 掌握高德地图 API Key 的获取方法。为了在应用程序中调用第三方 Map 服务,必须先获取第三方 Map 服务的 API Key。

(2) 掌握高德地图调试环境的配置。高德地图目前不支持 Android Studio 模拟器底层系统架构,所以需要使用第三方模拟器或者真机,本实验使用夜神模拟器。

(3) 掌握高德地图开发环境的配置和界面获取方式。

2. 界面与功能

高德地图具有显示地图、导航、搜索、定位、规划路径等功能。本实验主要展示调用显示地图的方法,高德地图默认显示北京市,如图 6.1(a)所示。该程序界面上的 Switch 添加了事件监听器,可以通过该控件打开路况,如图 6.1(b)所示,地图设置了倾斜度,将地图放大后可以显示 3D 的建筑物,如图 6.1(c)所示。

3. 实验步骤

步骤 1:使用高德地图需要获取地图服务的 API Key,在获取 API Key 之前需要获取 keystore 中存储的认证指纹,keystore 是密钥库,它分为以下两种版本。

- 发布版本(release version):如果是作为实际产品发布的签名 App,这类 App 的数字证书的 keystore 一般保存在用户自定义的路径中,生成方法参考第 4 章实验 2"知识拓展:APK 签名"部分介绍的生成密钥库的方法。
- 调试版本(debug version):Android Studio 自带一个供调试的 keystore,存放路径通常为 C:\Users\<用户名>\.android\debug.keystore。

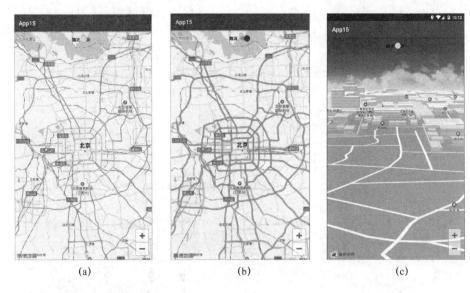

| (a) | (b) | (c) |

图 6.1　高德地图的调用

在高德地图中有些功能需要同时获取发布版本和调试版本,如果有多个工程使用同一个认证指纹,则会导致地图加载失败。本实验以调试版本 keystore 为例。

步骤 2:调试版本认证指纹申请。调用 JDK 提供的 keytool 工具查看 keystore 的认证指纹,Android Studio 已经将该功能集成到开发环境。打开 Android Studio 主界面最右侧的 Gradle 窗口,依次单击创建的 App|"Tasks"|"android",最后双击 "signingReport",如图 6.2所示,然后会出现图 6.3 所示的窗口,其中"SHA1"后的字符串就是通过 keystore 生成的指纹。

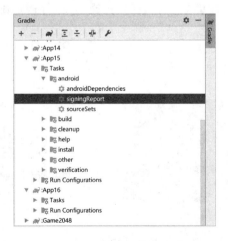

图 6.2　生成密钥库认证指纹

步骤 3:发布版本的认证指纹的获取(用于调试功能的应用可以跳过此步骤)。首先使用"APK 签名"功能生成密钥库,例如,生成的密钥库为文件 D:\release_app.jks,然后进入命令行下执行"keytool -list -v -keystore D:\release_app.jks",接着输入在生成密钥库时输入的密码,即可获得发布版本的认证指纹,如图 6.4 所示。

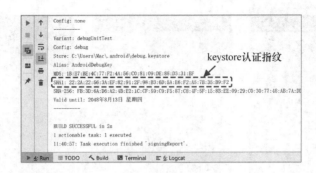

图 6.3　生成调试版本的认证指纹

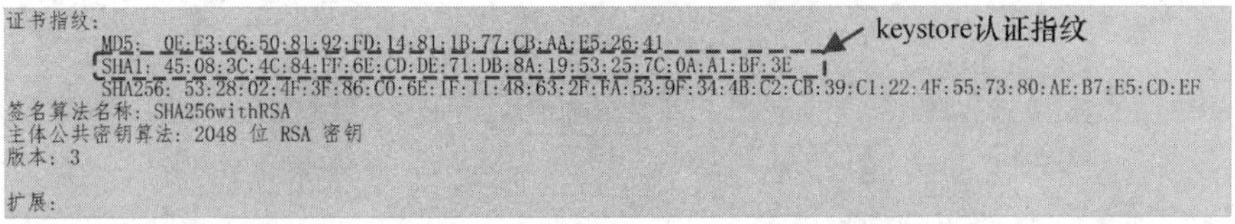

图 6.4　生成发布版本的认证指纹

提示：如果运行工具时系统提示找不到命令的错误，则说明 PATH 环境变量配置错误，需增加％JAVA_HOME％/bin 的环境变量，其中％JAVA_HOME％代表 JDK 的安装路径，JDK 的安装路径的 bin 子目录下应包含 keytool.exe 工具，该命令就是对该工具的调用。

步骤 4：打开高德地图登录网址 http://id.amap.com/，根据页面提示注册登录，如图 6.5 所示。注册登录后，打开 http://lbs.amap.com/dev/index/页面申请"成为开发者"，页面会提示用户输入邮箱、上传身份证正反面、输入手机号码（请输入真实的邮箱和手机号码，高德会采用短信或邮箱的方式进行验证），提交请求，并通过邮件激活，此时就拥有了一个高德的开发者账号。

图 6.5　登录高德地图

步骤 5：在高德地图的控制台页面单击"我的应用"新建一个应用，如图 6.6 所示，在弹出的窗口中输入应用名称和应用类型，如图 6.7 所示。应用创建完毕后，在控制台会出现图 6.8 所示的应用，在该页面中通过单击"＋"按钮添加新的 Key，则会出现图 6.9 所示的页面。

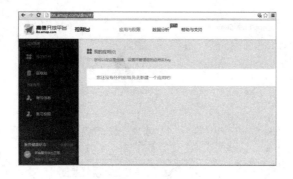

图 6.6　新建一个应用

图 6.7　输入应用名称和应用类型

图 6.8　应用创建完成后的页面

步骤 6：如果是调试版本，则在图 6.9 的"发布版安全码 SHA1"文本框中输入图 6.3 中生成的 SHA1 指纹。如果是发布版本，则在"发布版安全码 SHA1"文本框中输入图 6.4 中生成的 SHA1 指纹，在"调试版安全码 SHA1"文本框中输入图 6.3 中生成的 SHA1 指纹。本实验以调试版本为例。在"PackageName"文本框中输入 AndroidManifest.xml 配置文件中 package 属性的取值，这里输入"cn.edu.android.app15"，单击"提交"按钮，系统返回图 6.10 所示的页面，可在该页面中获取 API Key。

步骤 7：安装夜神模拟器。夜神模拟器下载地址为 https://www.yeshen.com/，本实验以 v6.6.0.3 为例，下载完成后双击文件安装，安装完成后直接运行，第一次运行该模拟器时加载较慢，需耐心等待。模拟器加载完毕后单击工具栏的设置按钮 ，在"性能设置"|"分辨率设置"中选择"手机版"，并设置分辨率，如图 6.11 所示。

提示：如果用 Android 真机调试则可以不安装该模拟器，直接安装真机驱动程序后，通过 USB 接口连接真机和计算机，在 Android Studio 中运行程序，即可识别出真机。

步骤 8：设置夜神模拟器为开发者模式。打开模拟器中的"设置"，依次打开"系统"|"关于平板电脑"选项，如图 6.12(a)所示，单击"版本号"5 次即可打开开发者模式。回到上一个界面，在"关于平板电脑"选项上方会多出一个"{}开发者"选项，单击该选项，在出现的界面

图 6.9 填写申请 Key 的信息

图 6.10 API Key 申请成功

图 6.11 夜神模拟器分辨率设置

中打开"USB 调试"开关,如图 6.12(b)所示,重启模拟器生效。此步骤同样适用于真机调试。

图 6.12　夜神模拟器打开开发者选项

步骤 9:关闭模拟器,打开夜神模拟器的多开器,选中已安装的模拟器,在菜单栏选择"更多操作"|"Android 升级"对该模拟器进行升级,将模拟器升级至最新版本,如图 6.13 所示,否则输入法可能无法使用。

图 6.13　夜神模拟器升级

步骤 10:新建模块 App15。新建项目的包名为申请 API Key 时填写的应用包名,即应用程序的包路径(PackageName)必须与图 6.9 中的完全一致,地图不能运行很多情况下就是这个问题引起的。

步骤 11:修改模块的 build. gradle 文件,增加支持的 SO 库架构,设置地图的依赖。设置依赖后保证网络畅通,否则会导致高德的地图包无法下载。

```
1.  apply plugin: 'com.android.application'
2.
3.  android {
4.      ……
5.      defaultConfig {
6.          // 该包路径必须和图 6.9 中填写的完全一致,否则会导致地图不能运行
7.          applicationId "com.edu.android.app15"
8.          ……
9.          ndk {
10.              // 设置支持的 SO 库架构
11.              abiFilters "armeabi", "armeabi-v7a", "arm64-v8a", "x86","x86_64"
12.          }
13.      }
14. }
15. dependencies {
16.     ……
17.     implementation  'com.amap.api:3dmap:5.0.0'
18.     implementation  'com.amap.api:location:3.3.0'
19. }
```

如果采用最新版本,则将版本号改为"latest.integration",也可以换成其他的版本号。

```
1.  implementation  'com.amap.api:3dmap:latest.integration'
2.  implementation  'com.amap.api:location:latest.integration'
```

步骤 12:配置清单文件 AndroidManifest.xml,在该文件的< application ……/>元素内添加以下< meta-data ……/>子元素。< meta-data……/>元素用于启用高德地图支持,其中的 android:value 属性值应该填写前面申请得到的 API Key。

```
1.  < meta-data
2.      android:name = "com.Amap.api.v2.apikey"
3.      android:value = "a30a248b1b6e3649b03e8755d5bdf1d0"/>
```

注意:不要按照以上代码直接输入,否则会导致地图加载失败。

步骤 13:在 Android 应用的 AndroidManifest.xml 文件中添加以下权限。

```
1.  <!-- 用于进行网络定位 -->
2.  < uses-permission android:name = "android.permission.ACCESS_COARSE_LOCATION" />
3.  <!-- 用于访问 GPS 定位 -->
4.  < uses-permission android:name = "android.permission.ACCESS_FINE_LOCATION"/>
5.  <!-- 用于获取运营商信息,用于支持提供运营商信息相关的接口 -->
6.  < uses-permission android:name = "android.permission.ACCESS_NETWORK_STATE" />
```

```
7.   <!-- 用于访问 WiFi 网络信息,WiFi 信息用于进行网络定位 -->
8.   <uses-permission android:name = "android.permission.ACCESS_WIFI_STATE" />
9.   <!-- 用于获取 WiFi 的权限,WiFi 信息用于进行网络定位 -->
10.  <uses-permission android:name = "android.permission.CHANGE_WIFI_STATE" />
11.  <!-- 用于访问网络,地图定位需要网络 -->
12.  <uses-permission android:name = "android.permission.INTERNET" />
13.  <!-- 用于读取手机当前的状态 -->
14.  <uses-permission android:name = "android.permission.READ_PHONE_STATE" />
15.  <!-- 用于写入缓存数据到扩展存储卡 -->
16.  <uses-permission android:name = "android.permission.WRITE_EXTERNAL_STORAGE" />
17.  <!-- 用于申请调用 A-GPS 模块 -->
18.  <uses-permission android:name = "android.permission.ACCESS_LOCATION_EXTRA_
     COMMANDS" />
```

步骤 14: 在布局文件中先放入 MapView 和 Switch 控件。将 Switch 的 ID 设置为 switch,将文本设置为"路况",将该控件放在界面顶部中央。设置两个控件的约束。

```
1.   <android.support.constraint.ConstraintLayout……>
2.
3.       <!-- 使用高德地图提供的 MapView -->
4.       <com.amap.api.maps.MapView
5.           android:id = "@ + id/map"
6.           android:layout_width = "match_parent"
7.           android:layout_height = "match_parent"
8.           …… />
9.       <Switch
10.          android:id = "@ + id/switch"
11.          android:text = "路况"
12.          …… />
13.  </android.support.constraint.ConstraintLayout>
```

步骤 15: MapView 要求在其所在的 Activity 的生命周期函数中回调 MapView 的生命周期函数。高德地图提供了 MapView 组件,这个 MapView 继承了 FrameLayout,因此它的本质是一个普通的容器控件,开发者可以直接将该 MapView 添加到应用界面上。

```
1.   public class MainActivity extends AppCompatActivity {
2.       private MapView mapView;
3.
4.       @Override
5.       protected void onCreate(Bundle savedInstanceState) {
6.           super.onCreate(savedInstanceState);
```

```
7.          setContentView(R.layout.main);
8.
9.          mapView = findViewById(R.id.map);
10.         // 必须回调 MapView 的 onCreate()方法
11.         mapView.onCreate(savedInstanceState);
12.     } // onCreate
13.
14.     @Override
15.     protected void onResume() {
16.         super.onResume();
17.         // 必须回调 MapView 的 onResume()方法
18.         mapView.onResume();
19.     }
20.
21.     @Override
22.      protected void onPause() {
23.         super.onPause();
24.         // 必须回调 MapView 的 onPause()方法
25.         mapView.onPause();
26.     }
27.
28.     @Override
29.      protected void onSaveInstanceState(Bundle outState) {
30.         super.onSaveInstanceState(outState);
31.         // 必须回调 MapView 的 onSaveInstanceState()方法
32.         mapView.onSaveInstanceState(outState);
33.     }
34.
35.     @Override
36.     protected void onDestroy() {
37.          super.onDestroy();
38.         // 必须回调 MapView 的 onDestroy()方法
39.          mapView.onDestroy();
40.     }
41. } // MainActivity
```

　　步骤 16：MapView 只是一个容器,真正为 MapView 提供地图支持的是 AMap 类,MapView 可以通过 getMap()方法来获取它所封装的 AMap 对象,AMap 对象则提供了大量的方法来控制地图。

```
1.  public class MainActivity extends AppCompatActivity {
2.    private AMap aMap ;
3.
4.    protected void onCreate(Bundle savedInstanceState) {
5.      ……
6.      // 获取 AMap 对象
7.      aMap = mapView.getMap();
8.      /* 地图模式可选类型:MAP_TYPE_NORMAL,MAP_TYPE_SATELLITE,MAP_TYPE_NIGHT
         (分别表示普通模式、卫星地图模式、夜晚模式) */
9.      aMap.setMapType(AMap.MAP_TYPE_NORMAL);
10.     aMap.showBuildings(true); // 显示建筑物
11.     CameraUpdate tilt = CameraUpdateFactory.changeTilt(40); //设置地图倾斜度
12.     aMap.moveCamera(tilt); // 地图倾斜度生效,放大地图后可以看到3D建筑物
13.     Switch sw = findViewById(R.id.switch);
14.     sw.setOnCheckedChangeListener(new
                CompoundButton.OnCheckedChangeListener() {
15.       @Override
16.       public void onCheckedChanged(CompoundButton buttonView,
                                      boolean isChecked) {
17.         if (isChecked) {
18.           // 显示交通状态
19.             aMap.setTrafficEnabled(true);
20.         } else {
21.             aMap.setTrafficEnabled(false);
22.         } // else
23.       } // onCheckedChanged
24.     }); // setOnCheckedChangeListener
25.   } // onCreate
26.   ……
27. } // MainActivity
```

步骤 17:运行模拟器和 App15。如果在弹出的"Select Deployment Target"窗口中没有找到夜神模拟器,则在命令行中输入"adb connect 127.0.0.1:62001"。夜神模拟器默认具有 root 权限,所以不需要在"设置"中赋予权限,直接运行该 App 就可以获取地图需要具有的权限,真机中必须要赋予权限才能运行。

 知识拓展:生成文档

在日常开发中为了方便别人调用经常需要提供文档,Java 中可以通过注释生成文档,

主要步骤如下所述。

步骤 1：在每个类和方法前加入注释，如图 6.14 所示。常用的注释如下。

图 6.14　为代码增加注释

- @author：代码的作者信息。
- @deprecated：指明一个过期的类或成员。
- @param：说明一个方法的参数，后面描述参数的类型和参数，如果有多个参数则另起一行，并依旧以"@param"开头。例如：@param 〈string〉 title 页面的标题。
- @exception：标志一个类抛出的异常。例如：@exception 抛出 IOException。
- @return：说明返回值类型。例如：@return 〈String〉返回字符串类型。
- @example：用于表示示例代码，通常示例代码会另起一行编写，如下所示。

```
1.  / * *
2.  * @example
3.  * getMultiply(3, 2);
4.  * /
```

- @overview：对当前代码文件的描述。
- @copyright：代码的版权信息。
- @version：描述当前代码的版本。例如：@version v1.2。

步骤 2：依次选择 Android Studio 工具栏的"Tools"|"Generate JavaDoc"，弹出图 6.15 所示的界面。

步骤 3：在图 6.15 所示的界面中选择"Whole project"（整个项目）、"Custom scope"（指定模块）或者指定的模块和文件，然后在"Output directory"中指定输出文档的路径。如果注释中有中文字符，需要在"Other command line arguments"中填写"-encoding utf-8 -charset utf-8"，否则生成会失败并提示"编码 GBK 的不可映射字符"。最后单击"OK"生成 HTML 页面，如图 6.16 所示，可以使用第三方工具将其制作成一个 CHM 文件。

图 6.15 生成 JavaDoc

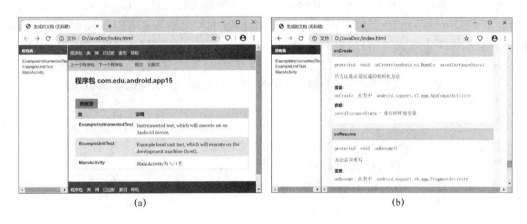

(a)   (b)

图 6.16 生成的 HTML 文档

实验 2　地　图　定　位

1. 实验目的

（1）掌握获取移动设备位置的方法，并在地图上标识。

（2）掌握通过指定的经度和纬度在地图上使用 Marker 进行标识。

（3）掌握 CameraUpdate 对象的使用方法，通过该对象控制地图的缩放级别、定位、复位地图的方法。

2. 位置服务

Android 平台支持提供位置服务的 API，在开发过程中主要用到 LocationManager 对象。该对象主要用于获取当前的位置、追踪设备的移动路线或设定敏感区域，在进入或离开敏感区域时设置设备发出特定警报等操作。获取 LocationManager 对象的方法如下所示。

```
1.    try {
2.        String service = Context.LOCATION_SERVICE;
3.        LocationManager locationManager =
                          (LocationManager)getSystemService(service);
4.    }
5.    catch (SecurityException e){
6.        e.printStackTrace();
7.    }
```

LocationManager 提供了一种便捷、高效的位置监视方法 requestLocationUpdates( ),该方法可以根据距离变化和时间间隔进行设置,产生位置改变事件的条件,这样可以避免因微小的距离变化而产生大量的位置改变事件。LocationManager 中设定监听位置变化的代码如下所示。

```
locationManager.requestLocationUpdates(provider, 2000, 10, locationListener);
```

第 1 个参数:定位方法(LocationProvider),可以使用 GPS 定位(LocationManager. GPS_PROVIDER)或网络定位(LocationManager. NETWORK_PROVIDER)。使用 GPS 定位:利用卫星提供精确的位置信息,需要 android. permission. ACCESS_FINE_LOCATION 用户权限。使用网络定位:利用基站或 WiFi 提供近似的位置信息,需要具有 android. permission. ACCESS_COARSE_LOCATION 或 android. permission. ACCESS_FINE_LOCATION 权限。

第 2 个参数:产生位置改变事件的时间间隔条件,满足该条件即调用监听器中相应的回调函数,并把改变后的位置作为入参传入,单位为微秒。

第 3 个参数:产生位置变化的距离条件,单位为米。

第 4 个参数:LocationListener 对象,用于处理位置改变事件的监听器,实例化该对象必须实现 4 个回调函数。

```
1.    LocationListener locationListener = new LocationListener(){
2.        public void onLocationChanged(Location location) {
3.            // 当定位信息发生改变时,将调用该方法,获取的新位置通过 Location 对象传入
4.        }
5.        public void onProviderDisabled(String provider) {
6.            // 当定位方式不能使用时调用
7.        }
8.        public void onProviderEnabled(String provider) {
9.            // 当定位方式可用时调用
10.       }
11.       public void onStatusChanged(String provider, int status, Bundle extras) {
12.           // 当网络状态发生变化时调用
13.       }
14.   }
```

回调函数的入参传递了可以确定位置的信息,如经度、纬度和海拔等,常用的 getLatitude()和 getLongitude()方法可以分别获取位置信息中的纬度和经度。

```
1.  double lat = location.getLatitude();
2.  double lng = location.getLongitude();
```

3. 覆盖物

通过 MapView 获取 AMap 对象之后,通过 AMap 来控制地图的显示外观。AMap 提供了很多方法来增加覆盖物,本实验主要介绍增加 Marker 标识和在地图上绘制直线的方法。不论程序需要向地图上添加什么覆盖物,操作步骤都大致相同,可按以下步骤进行。

(1)创建一个 XxxOptions 覆盖物对象。如果要添加 Marker 标识,则程序需要先创建一个 MarkerOptions。

(2)调用覆盖物对象 XxxOptions 的各种方法来设置属性。例如,position(LatLng var1)方法可以设置 Marker 标识的位置,其中 LatLng 是高德地图提供的对纬度、经度进行封装的类,用于表示地图上的一个位置。

(3)调用 AMap 对象的 addXxx()方法添加。例如,增加 Marker 的方法如下:

```
addMarker(MarkerOptions options) // 在地图上添加标记(Marker)
```

4. 地图控制

高德地图还提供了一个 CameraUpdate 类用于地图的基本控制,CameraUpdate 可设置地图的缩放级别、定位、倾斜角度等信息。该类并未提供构造器,程序需要通过 CameraUpdateFactory 来创建该类的实例。程序调用 AMap 的 moveCamera (CameraUpdate update)方法根据 CameraUpdate 对地图进行缩放、定位、倾斜,改变地图的中心点,限制地图的显示范围等。

5. 界面与功能

本实验展示了如何根据经度、纬度在地图上定位,如何获取移动设备的地理位置并在地图上标识。

当第一个按钮显示为"手动定位"时,该应用程序会提供文本框让用户输入经度、纬度,如图 6.17(a)所示,点击"定位"按钮后会调用指定经纬度的地图,这里仅支持国内地图服务,即经度范围是 $73°33'E$ 至 $135°05'E$,纬度范围是 $3°51'N$ 至 $53°33'N$,海外服务需要申请开通高德海外 LBS 服务权限。地图界面上有 3 个 Marker,并为 Marker 分别设置了 3 个不同的颜色,其中最下面的 Marker 会不停地闪烁,如图 6.17(b)所示。

当第一个按钮显示为"GPS 定位"时,该应用程序会主动获取模拟器或移动设备的位置,如图 6.17(c)所示。获取设备的定位信息这种方式得到的只不过是一些经度、纬度值,如果这些经度、纬度值不能以更形象、直观的方式显示出来,对大部分普通用户而言,这些经度、纬度数据几乎没有任何价值。高德地图可以根据经度、纬度调整地图所指向的位置,并且可以在地图上通过 Marker 进行标识。这里的 Marker 带有增长动画。

6. 实验步骤

步骤 1:新建工程 App16,包路径为"cn. edu. android. app16"。

步骤 2:按照本章实验 1 中的叙述在高德官网获取"cn. edu. android. app16"地图服务的 API Key,并在 AndroidManifest. xml 配置文件和 build. gradle 文件中进行相关设置。

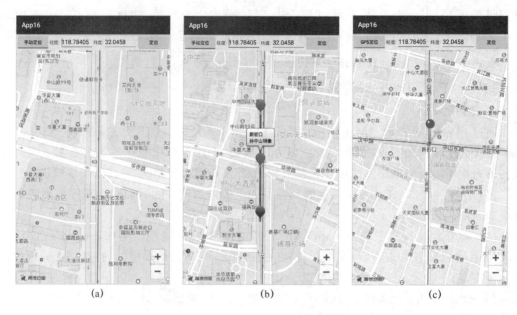

图 6.17　根据经纬度定位

步骤 3：按照本章实验 1 中的步骤 15 实现必须实现的生命周期回调函数，并回调 MapView 的生命周期函数。

步骤 4：复制 purple_pin. png 至 mipmap 目录。

步骤 5：在 strings. xml 文件中增加以下字符串。

```
1.  < resources >
2.      ......
3.      < string name = "txtLong">经度：</string >
4.      < string name = "txtLat">纬度：</string >
5.      < string name = "loc">定位</string >
6.      < string name = "lng"> 118.78405 </string >
7.      < string name = "lat"> 32.0458 </string >
8.      < string name = "gps">GPS 定位</string >
9.      < string name = "manul">手动定位</string >
10. </resources >
```

步骤 6：设计该程序的界面布局代码如下。

```
1.  <?xml version = "1.0" encoding = "utf-8"? >
2.  < LinearLayout xmlns:android = "http://schemas. android. com/apk/res/android"
3.      android:layout_width = "match_parent"
4.      android:layout_height = "match_parent"
5.      android:orientation = "vertical">
6.
```

```
7.    <LinearLayout
8.        android:layout_width = "match_parent"
9.        android:layout_height = "wrap_content"
10.       android:gravity = "center_horizontal"
11.       android:orientation = "horizontal">
12.       <ToggleButton
13.           android:id = "@ + id/toggleButton"
14.           android:layout_width = "0dp"
15.           android:layout_height = "wrap_content"
16.           android:layout_weight = "3"
17.           android:textOn = "@string/gps"
18.           android:textOff = "@string/manul"
19.           android:checked = "false"/>
20.       <TextView
21.           android:layout_width = "0dp"
22.           android:layout_height = "wrap_content"
23.           android:layout_weight = "1"
24.           android:text = "@string/txtLong" />
25.       <!-- 定义输入经度值的文本框 -->
26.       <EditText
27.           android:id = "@ + id/lng"
28.           android:layout_width = "0dp"
29.           android:layout_height = "wrap_content"
30.           android:layout_weight = "3"
31.           android:inputType = "numberDecimal"
32.           android:text = "@string/lng" />
33.       <TextView
34.           android:layout_width = "0dp"
35.           android:layout_height = "wrap_content"
36.           android:layout_weight = "1"
37.           android:text = "@string/txtLat" />
38.       <!-- 定义输入纬度值的文本框 -->
39.       <EditText
40.           android:id = "@ + id/lat"
41.           android:layout_width = "0dp"
42.           android:layout_height = "wrap_content"
43.           android:inputType = "numberDecimal"
44.           android:layout_weight = "3"
45.           android:text = "@string/lat" />
```

```
46.        < Button
47.            android:id = "@ + id/loc"
48.            android:layout_width = "0dp"
49.            android:layout_height = "wrap_content"
50.            android:layout_weight = "3"
51.            android:text = "@string/loc" />
52.        </LinearLayout >
53.        <!-- 使用高德地图提供的 MapView -->
54.        < com.amap.api.maps.MapView
55.            android:id = "@ + id/map"
56.            android:layout_width = "match_parent"
57.            android:layout_height = "match_parent" />
58. </LinearLayout >
```

步骤 7：获取用户输入的经度、纬度来进行定位，或者根据 GPS 传入的信号进行定位。

```
1.  public class MainActivity extends AppCompatActivity {
2.      private MapView mapView;
3.      private AMap aMap;
4.      Button bnLoc;
5.      TextView tvLat, tvLng;
6.      private LocationManager locationManager;
7.
8.      @Override
9.      protected void onCreate(Bundle savedInstanceState) {
10.         super.onCreate(savedInstanceState);
11.         setContentView(R.layout.main);
12.         locationManager = (LocationManager)
                            getSystemService(Context.LOCATION_SERVICE);
13.         mapView = _____; // 获取控件
14.         mapView.onCreate(savedInstanceState);
15.         bnLoc = _____;
16.         tvLat = _____;
17.         tvLng = _____;
18.         ToggleButton tb = _____;
19.         // 初始化地图
20.         init();
21.
22.         // 为"GPS 定位"按钮设置监听器
```

```
23.     tb.setOnCheckedChangeListener(new OnCheckedChangeListener(){
24.         @Override
25.         public void onCheckedChanged(CompoundButton buttonView,
                                            boolean isChecked){
26.             // 如果该 ToggleButton 为打开状态
27.             if(isChecked){
28.                 try {
29.                     // 通过监听器监听 GPS 提供的定位信息的改变
30.                     locationManager.requestLocationUpdates(
31.                     LocationManager.GPS_PROVIDER,300,8,new LocationListener(){
32.                         @Override
33.                         public void onLocationChanged(Location loc) {
34.                             // 使用 GPS 提供的定位信息来更新位置
35.                             updatePosition(loc);
36.                         }
37.                         @Override
38.                         public void onStatusChanged(String provider,
39.                             int status, Bundle extras) {
40.                         }
41.                         @Override
42.                         public void onProviderEnabled(String provider) {
43.                             // 启用 GPS 设备后,获取当前位置并更新至地图
44.                             updatePosition(locationManager
45.                                         .getLastKnownLocation(provider));
46.                         }
47.                         @Override
48.                         public void onProviderDisabled(String provider) {}
49.                     }); // locationManager.requestLocationUpdates
50.                 }catch (SecurityException e){
51.                     e.printStackTrace();
52.                 }
53.             } // if(isChecked)
54.         } // onCheckedChanged
55.     }); // setOnCheckedChangeListener
56.
57.     bnLoc.setOnClickListener(new View.OnClickListener(){
58.         @Override
59.         public void onClick(View v){
```

```
60.        // 获取用户输入的经度、纬度值
61.        String lng = tvLng.getText().toString().trim();
62.        String lat = tvLat.getText().toString().trim();
63.        if (lng.equals("") || lat.equals("")) {
64.            Toast.makeText(MainActivity.this, "经度、纬度不能为空!",
65.                            Toast.LENGTH_SHORT).show();
66.        }
67.        else{
68.            // 根据用户输入的将 ToggleButton 设置为手动定位
69.            ((ToggleButton)findViewById(R.id.toggleButton))
                                        .setChecked(false);
70.            double dLng = Double.parseDouble(lng);
71.            double dLat = Double.parseDouble(lat);
72.            // 将用户输入的经度、纬度封装成 LatLng
73.            LatLng pos = new LatLng(dLat, dLng);
74.            // 在附近定义两个新位置
75.            LatLng pos1 = new LatLng(dLat + 0.0012, dLng);
76.            LatLng pos2 = new LatLng(dLat - 0.0012, dLng);
77.            // 创建一个设置经纬度的 CameraUpdate
78.            moveCamera(pos);
79.            // 创建 MarkerOptions 对象
80.            MarkerOptions markerOptions = new MarkerOptions();
81.            // 设置 MarkerOptions 的添加位置
82.            markerOptions.position(pos);
83.            // 设置 MarkerOptions 的标题
84.            markerOptions.title("新街口");
85.            // 设置 MarkerOptions 的摘录信息
86.            markerOptions.snippet("孙中山铜像");
87.            // 设置 MarkerOptions 的图标
88.            markerOptions.icon(BitmapDescriptorFactory
89.                .defaultMarker(BitmapDescriptorFactory.HUE_RED));
90.            markerOptions.draggable(true);
91.            // 添加 MarkerOptions(实际上就是添加 Marker)
92.            Marker marker = aMap.addMarker(markerOptions);
93.            marker.showInfoWindow(); // 设置默认显示信息窗
94.            // 创建 MarkerOptions,并设置它的各种属性
95.            MarkerOptions markerOptions1 = new MarkerOptions();
96.            markerOptions1.position(pos1)
97.            // 设置标题
```

```
98.              .title("中山路")
99.              .icon(BitmapDescriptorFactory
100.             .defaultMarker(BitmapDescriptorFactory.HUE_MAGENTA))
101.             .draggable(true);
102.         // 使用集合封装多个图标,这样可为 MarkerOptions 设置多个图标
103.         ArrayList <BitmapDescriptor > giflist =
                         new ArrayList < BitmapDescriptor >();
104.         giflist .add(BitmapDescriptorFactory
105.                 .defaultMarker(BitmapDescriptorFactory.HUE_BLUE));
106.         giflist .add(BitmapDescriptorFactory
107.                 .defaultMarker(BitmapDescriptorFactory.HUE_GREEN));
108.         giflist.add(BitmapDescriptorFactory
109.                 .defaultMarker(BitmapDescriptorFactory.HUE_YELLOW));
110.         // 再创建一个 MarkerOptions,并设置它的各种属性
111.         MarkerOptions markerOptions2 = new MarkerOptions()
112.                 .position(pos2)
113.                 // 为 MarkerOptions 设置多个图标
114.                 .icons(giflist)
115.                 .title("中山南路")
116.                 .draggable(true)
117.                 // 设置图标的切换频率
118.                 .period(10);
119.         // 使用 ArrayList 封装多个 MarkerOptions,即可一次添加多个 Marker
120.         ArrayList < MarkerOptions > optionList = new
                                 ArrayList < MarkerOptions >();
121.         optionList.add(markerOptions1);
122.         optionList.add(markerOptions2);
123.         // 批量添加多个 Marker
124.         aMap.addMarkers(optionList, true);
125.         // 在附近两个位置增加直线覆盖物
126.         aMap .addPolyline((new PolylineOptions()).add(pos1, pos2)
127.             .geodesic(true).color(Color.RED));
128.     } // else
129.   } // onClick
130. }); // bn.setOnClickListener
131. } // onCreate
132. ......
133. }
```

步骤 **8**：实现 updatePosition()方法，根据传入的经度、纬度在 AMap 上定位，根据步骤 7 获取的经度、纬度创建 LatLng 对象，调用 CameraUpdateFactory 的 changeLatLng()方法创建改变地图中心的 Camera 对象，调用 AMap 的 moveCamera(CameraUpdate update)即可控制地图定位到指定位置。该示例程序的代码如下所示。

```
1.  private void updatePosition(Location location){
2.      LatLng pos = new LatLng(location.getLatitude(), location.getLongitude());
3.      // 创建一个设置经纬度的 CameraUpdate
4.      CameraUpdate cu = CameraUpdateFactory.changeLatLng(pos);
5.      // 更新地图的显示区域
6.      moveCamera(pos);
7.      // 创建一个 MarkerOptions 对象
8.      MarkerOptions markerOptions = new MarkerOptions();
9.      markerOptions.position(pos);
10.     // 设置 MarkerOptions 使用自定义图标
11.     markerOptions.icon(BitmapDescriptorFactory.fromResource(R.mipmap.car));
12.     markerOptions.draggable(true);
13.     // 添加 MarkerOptions(实际上是添加 Marker)
14.     Marker marker = aMap.addMarker(markerOptions);
15.     // 为 Marker 设置增长动画
16.     startGrowAnimation(marker);
17. }
18.
19. private void moveCamera(LatLng pos){
20.     // 清除所有 Marker 等覆盖物
21.     aMap.clear();
22.     // 创建一个设置经纬度的 CameraUpdate
23.     CameraUpdate cu = CameraUpdateFactory.changeLatLng(pos);
24.     // 更新地图的显示区域
25.     aMap.moveCamera(cu);
26. }
27.
28. private void startGrowAnimation(Marker growMarker) {
29.     if(growMarker != null) {
30.         Animation animation = new ScaleAnimation(0,1,0,1);
31.         animation.setInterpolator(new LinearInterpolator());
32.         // 整个移动所需要的时间
33.         animation.setDuration(500);
34.         // 设置动画
```

```
35.          growMarker.setAnimation(animation);
36.          // 开始动画
37.          growMarker.startAnimation();
38.      }
39. }
40. // 初始化 AMap 对象
41. private void init() {
42.      if (aMap == null) {
43.          aMap = mapView.getMap();
44.          // 创建一个设置放大级别的 CameraUpdate,在移动设备上缩放的取值范围为[3,19]
45.          CameraUpdate cu = CameraUpdateFactory.zoomTo(18);
46.          // 设置地图的默认放大级别
47.          aMap.moveCamera(cu);
48.          double dLng = Double.parseDouble(tvLng.getText().toString().trim());
49.          double dLat = Double.parseDouble(tvLat.getText().toString().trim());
50.          LatLng pos = new LatLng(dLat, dLng);
51.          moveCamera(pos);
52.      }
53. }
```

　　步骤 9：设置模拟器位置。打开夜神模拟器,在侧边栏单击"虚拟定位"按钮,将地图放大至最大,在地图上单击当前的位置,然后单击"定位到该位置"按钮,结果如图 6.18 所示。使用真机可忽略此步骤。

图 6.18　设置模拟器位置

步骤 10：运行并调试 Appl6。

 知识拓展：代码混淆

项目化开发过程中经常要用到代码混淆，即将项目的配置代码中的类名、方法名、成员变量等进行无意义的字符替换，达到增加反编译难度的作用。代码混淆主要通过模块的 build. gradle 文件实现，因为开启混淆会使编译时间变长，所以调试模式下不开启该功能，可以按以下代码配置。

```
1.  android {
2.      ......
3.      buildTypes {
4.          release {
5.              buildConfigField "boolean", "LOG_DEBUG", "false"    // 不显示 log 日志
6.              minifyEnabled true    // 打开代码混淆功能
7.              shrinkResources true    // 打开资源压缩功能
8.              /* 采用默认的混淆规则 proguard-android.txt 和自定义的混淆规则
                 proguard-rules.pro */
9.              proguardFiles getDefaultProguardFile('proguard-android.txt'),
                 'proguard-rules.pro'
10.             signingConfig signingConfigs.release    // 配置签名方法
11.         }
12.     }
13.
14.     signingConfigs {
15.         release {    // 对外发布版本的签名方法
16.             keyAlias 'androidreleasekey'    // 密钥别名
17.             keyPassword 'android'    // 密钥密码
18.             /* 采用 Android 自带的、供调试用的 debug.keystore,这个密钥库
                 的密码默认为"android",也可用第 4 章实验 2"知识拓展:APK 签名"
                 部分介绍的生成密钥库的方法,生成 release 密钥库,替换下面的
                 debug.keystore */
19.             storeFile file('C:/Users/<当前用户名>/.android/debug.keystore')
20.             storePassword 'android'
21.         }
22.     }
23. }
```

Android 自带的混淆规则为 proguard-android. txt,该文件在"\\Sdk\tools\proguard\"目录下,该文件中定义了一些默认的混淆规则,在实际的项目中可以统一替换为该文件。

proguard-rules. pro 是自定义的混淆规则,官方网站提供了混淆指令的介绍:https://www.guardsquare. com/en/products/proguard。

实验 3　地图 POI 搜索

1. 实验目的

(1) 掌握 POI 搜索的方法。

(2) 了解高德地图提供的输入内容自动提示功能。

2. POI 搜索

POI(Point Of Interest,兴趣点)搜索是地图应用中较常见的功能,在地图中一个 POI 可代表一栋大厦、一家商铺、一处景点等,通过 POI 搜索可以完成找餐馆、找景点等功能。地图 SDK 的搜索功能提供多种获取 POI 数据的接口。实现 POI 搜索的步骤如下。

(1) 继承 OnPoiSearchListener 监听。

(2) 构造 PoiSearch. Query 对象,通过 PoiSearch. Query(String query, String ctgr, String city) 设置搜索条件。

```
1.  /* 第一个参数 keyWord 表示搜索字符串,第二个参数表示 POI 搜索类型,二者选填其
      一,选择 POI 搜索类型时建议填写类型代码,cityCode 表示 POI 搜索区域,可以是城市
      编码或城市名称,也可以传空字符串,空字符串代表在全国范围内进行搜索 */
2.  query = new PoiSearch.Query(keyWord, "", cityCode);
3.  query.setPageSize(10); // 设置每页最多返回多少条 poiitem
4.  query.setPageNum(currentPage); // 设置查询页码
```

(3) 构造 PoiSearch 对象,并设置监听。

```
1.  poiSearch = new PoiSearch(this, query);
2.  poiSearch.setOnPoiSearchListener(this);
```

(4) 调用 PoiSearch 的 searchPOIAsyn()方法发送请求。

```
poiSearch.searchPOIAsyn();
```

(5) 通过回调接口 onPoiSearched 解析返回的结果,将查询到的 POI 以绘制点的方式显示在地图上。

```
1.  public void onPoiSearched(PoiResult result, int rCode) {
2.      // 解析 result 获取 POI 信息
3.  }
```

3. 输入内容自动提示

输入内容自动提示是指根据用户输入的关键词给出相应的提示信息,将最有可能的搜索词呈现给用户,以减少用户输入信息,提升用户体验。例如,输入"学校"会提示"××学校"等。实现步骤如下所述。

（1）继承 InputtipsListener 监听和 TextWatcher 监听。

（2）在 TextWatcher 的 onTextChanged（）方法中构造 InputtipsQuery 对象，通过 InputtipsQuery（String keyword，String city）设置搜索条件。

```
1.  // 第二个参数传入 null 或者"" 代表在全国进行搜索，否则按照传入的 city 进行搜索
2.  InputtipsQuery inputquery = new InputtipsQuery(newText, city);
3.  inputquery.setCityLimit(true); // 限制在当前城市
```

（3）构造 Inputtips 对象，并设置监听。

```
1.  Inputtips inputTips = new Inputtips(InputtipsActivity.this, inputquery);
2.  inputTips.setInputtipsListener(this);
```

（4）调用 PoiSearch 的 requestInputtipsAsyn（）方法发送请求。

```
inputTips.requestInputtipsAsyn();
```

（5）通过回调接口 onGetInputtips 解析返回的结果，获取输入提示返回的信息。

```
1.  public void onGetInputtips(final List<Tip> tipList, int rCode) {
2.      /* 通过 tipList 获取 Tip 信息，tipList 数组中的对象是 Tip，Tip 类中包含
        PoiID、Adcode、District、Name 等信息。rCode 是返回结果成功或者失败的响应
        码，1000 为成功，其他为失败 */
3.  }
```

4. 功能与代码结构

在搜索栏中搜索感兴趣的场所，高德地图返回预设的 POI，可以更改城市，城市输入出错会弹出错误提示信息，点击"搜索"按钮，会在指定的城市中搜索出 10 个符合搜索条件的地点，并在地图中绘制 Marker 标识，点击"下一页"按钮将切换搜索出的下面 10 个结果，点击 Marker 将弹出该地点的信息，如图 6.19 所示。

(a)   (b)

图 6.19　高德地图 POI 搜索

本实验通过 3 个监听器接口类实现主要功能,分别为 TextWatcher、OnPoiSearchListener 和 InputtipsListener,所以必须实现这 3 个接口类必须实现的方法。本实验的主要代码结构如图 6.20 所示。

图 6.20　App17 主要代码结构

- TextWatcher 主要用于对输入文本进行监听,该监听器绑定的方式如下所示。

```
searchText.addTextChangedListener(this);
```

　　searchText 一般为 EditText。TextWatcher 接口必须实现的方法为 afterTextChanged (Editable s)、beforeTextChanged(CharSequence s,int start,int count,int after)、onTextChanged (CharSequence s,int start,int before,int count)。

- OnPoiSearchListener 用于监听高德地图返回的 POI 数据,该接口必须实现的方法为 onPoiSearched(PoiResult result,int rCode)、onPoiItemSearched(PoiItem item, int rCode),本实验在"搜索"按钮的点击事件中触发 POI 搜索。
- InputtipsListener 用于接收高德地图返回的相关的 POI 值,必须实现的方法为 onGetInputtips(List < Tip > tipList,int rCode)。

5. 实验步骤

　　步骤 1:新建工程 App17,包路径为"cn. edu. android. app17"。

　　步骤 2:按照本章实验 1 中的叙述在高德官网获取"cn. edu. android. app17"地图服务的 API Key,并在 AndroidManifest. xml 配置文件和 build. gradle 文件中进行相同的设置。这里需要注意申请 API Key 时要同时填写发布版安全码和调试版安全码,否则会导致部分 POI 功能不可用。

　　步骤 3:在 strings. xml 文件中定义实验中需要的常量字符串。

```
1.  < resources >
2.      ......
3.      < string name = "no_result">对不起,没有搜索到相关数据!</string>
```

```
4.        < string name = "input_key">请输入搜索关键字</string >
5.        < string name = "input_city">请输入城市</string >
6.        < string name = "beijing">北京</string >
7.        < string name = "search">搜索</string >
8.        < string name = "next">下一页</string >
9.    </resources >
```

步骤 4：根据图 6.19 所示设计布局文件。自动填充文本输入框控件 AutoCompleteTextView 中，android:completionThreshold＝"1"属性设置了一个阈值，规定用户输入 1 个字符后出现自动提示；dropDownVerticalOffset ＝ "1dp" 表示弹出提示信息控件向下偏移 1 dp；android:imeOptions＝"actionDone"属性表示在接收用户输入时，移动设备的软键盘回车键的显示文字改为"完成"。本实验将地图放在一个 Fragment 中。

```
1.    < LinearLayout xmlns:android = "http://schemas.android.com/apk/res/android"
2.        android:layout_width = "match_parent"
3.        android:layout_height = "match_parent"
4.        android:orientation = "vertical">
5.
6.        < LinearLayout
7.            android:layout_width = "match_parent"
8.            android:layout_height = "wrap_content">
9.
10.            < AutoCompleteTextView
11.                android:id = "@ + id/keyWord"
12.                android:layout_width = "0dp"
13.                android:layout_height = "wrap_content"
14.                android:layout_weight = "2"
15.                android:completionThreshold = "1"
16.                android:dropDownVerticalOffset = "1dp"
17.                android:hint = "@string/input_key"
18.                android:imeOptions = "actionDone"
19.                android:inputType = "text|textAutoComplete"
20.                android:maxLength = "20"
21.                android:singleLine = "true"
22.                android:textColor = " # 000000"
23.                android:textSize = "16sp" />
24.
25.            < EditText
26.                android:id = "@ + id/city"
27.                android:layout_width = "0dp"
```

```
28.            android：layout_height = "wrap_content"
29.            android：layout_marginLeft = "5dp"
30.            android：layout_weight = "2"
31.            android：hint = "@string/input_key"
32.            android：imeOptions = "actionDone"
33.            android：singleLine = "true"
34.            android：inputType = "text"
35.            android：text = "@string/beijing"
36.            android：textColor = "#000000"
37.            android：textSize = "16sp" />
38.
39.        < Button
40.            android：id = "@ + id/searchButton"
41.            android：onClick = "searchButton"
42.            …… />
43.
44.        < Button
45.            android：id = "@ + id/nextButton"
46.            android：onClick = "nextButton"
47.            …… />
48.    </LinearLayout >
49.
50.    < fragment
51.        android：id = "@ + id/map"
52.        class = "com. amap. api. maps. SupportMapFragment"
53.        android：layout_width = "match_parent"
54.        android：layout_height = "match_parent" />
55.
56. </LinearLayout >
```

步骤 5：在 MainActivity. java 文件中定义程序中需要的全局变量，并在 onCreate()方法中获取 AutoCompleteTextView 和 EditText 这两个控件。

```
1.  private AutoCompleteTextView searchText；// 输入搜索关键字
2.  private EditText editCity；// 输入城市名字或者城市区号
3.  private AMap aMap；
4.  private PoiResult poiResult；// POI 搜索返回的结果
5.  private int currentPage = 0；// POI 搜索结果从第 0 个开始显示
6.  private PoiSearch. Query poiQuery；// POI 查询条件类
7.  private PoiSearch poiSearch；// POI 搜索
```

```
8.
9.    protected void onCreate(Bundle savedInstanceState) {
10.          super.onCreate(savedInstanceState);
11.          setContentView(R.layout.activity_main);
12.
13.          searchText = _____;
14.          editCity = _____;
15.          aMap = ((SupportMapFragment) getSupportFragmentManager()
16.                  .findFragmentById(R.id.map)).getMap(); // 获取地图
17.          searchText.addTextChangedListener(this); // 添加文本输入框监听事件
18.  }
```

步骤 6: MainActivity 实现接口 TextWatcher、OnPoiSearchListener 和 InputtipsListener,通过"Alt+Enter"键进行修复,完成 3 个接口类必须实现的方法。

```
1.    public class MainActivity extends AppCompatActivity implements TextWatcher,
      OnPoiSearchListener, InputtipsListener {
2.          ......
3.
4.          @Override
5.          public void afterTextChanged(Editable s) {   }
6.
7.          @Override
8.          public void beforeTextChanged(CharSequence s, int start, int count, int after ) { }
9.
10.         @Override
11.         public void onTextChanged(CharSequence s,int start,int before,int count) {   }
12.
13.         @Override
14.         public void onPoiSearched(PoiResult result, int rCode) {   }
15.
16.         @Override
17.         public void onPoiItemSearched(PoiItem item, int rCode) {   }
18.
19.         @Override
20.         public void onGetInputtips(List<Tip> tipList, int rCode) {   }
21.  }
```

步骤 7: 定义 showToast()方法,用于显示 Toast。

```
1.  private void showToast(int code){
2.      Toast.makeText(this,code,Toast.LENGTH_SHORT).show();
3.  }
```

步骤 8:完成文本输入触发函数 onTextChanged(),当用户输入第一个关键字时触发该方法。

```
1.  public void onTextChanged(CharSequence s, int start, int before, int count) {
2.      String newText = s.toString().trim();
3.      if (!"".equals(newText)) {
4.          // 根据用户输入定义输入建议查询
5.          InputtipsQuery inputQuery = new InputtipsQuery(newText,
                                        editCity.getText().toString());
6.          Inputtips inputTips = new Inputtips(this, inputQuery);
7.          // 为输入建议定义监听器,将结果返回给 onGetInputtips()方法
8.          inputTips.setInputtipsListener(this);
9.          inputTips.requestInputtipsAsyn(); // 向高德服务器发送输入建议异步请求
10.     }
11. }
```

步骤 9:在 onGetInputtips()方法中获取高德服务器返回的输入建议信息。

```
1.  public void onGetInputtips(List<Tip> tipList, int rCode) {
2.      if (rCode == AMapException.CODE_AMAP_SUCCESS) { // 高德地图成功返回输入建议
3.          List<String> listString = new ArrayList<String>();
4.          /* Tip 中包含 PoiID、District、Name 等信息,这里仅将 Name 取出放入
            listString */
5.          for (int i = 0; i < tipList.size(); i++) {
6.              listString.add(tipList.get(i).getName());
7.          }
8.          /* 定义适配器,按照系统的 simple_spinner_dropdown_item 将数据
            listString 适配到当前 Activity */
9.          ArrayAdapter<String> adapter = new ArrayAdapter<String>(this,
10.                     android.R.layout.simple_spinner_dropdown_item, listString);
11.         searchText.setAdapter(adapter); // 为搜索关键字输入框提示信息设置关键字
12.         aAdapter.notifyDataSetChanged(); // 通知界面更新 Adapter 数据并显示
13.     }
14.     else {
15.         showToast(rCode);
16.     }
17. }
```

步骤 10:定义"搜索"按钮的触发方法。

```
1.   public void searchButton(View v) {
2.       String keyWord = _____;  // 获取用户输入的关键字
3.       String city = _____;  // 获取用户输入的城市名称
4.       if ("".equals(keyWord)) {  // 判断关键字是否为空
5.           showToast(R.string.input_key);
6.           return;
7.       }
8.       if ("".equals(city)) {  // 判断城市是否为空
9.           _____;
10.          _____;
11.      }
12.
13.      currentPage = 0;  // 请求从第 0 个开始的查询结果
14.      /* 第一个参数表示搜索字符串,第二个参数表示 POI 搜索类型,第三个参数表示
         POI 搜索区域(空字符串代表全国) */
15.      poiQuery = new PoiSearch.Query(keyWord, "", city);
16.      poiQuery.setPageSize(10);  // 设置每次最多返回 10 条查询结果
17.      poiQuery.setPageNum(currentPage);  // 设置请求从第 0 个开始的查询结果
18.      poiSearch = new PoiSearch(this, poiQuery);
19.      // 绑定监听,将结果返回给 onPoiSearched()
20.      poiSearch.setOnPoiSearchListener(this);
21.      poiSearch.searchPOIAsyn();  // 发送 POI 搜索的异步请求
22.  }
```

步骤 11:完成 POI 搜索信息回调函数,并根据高德服务器返回的数据设置 Marker。

```
1.   public void onPoiSearched(PoiResult result, int rCode) {
2.       /* 返回码为 1000,且返回结果不为空,且为当前应用的查询时,处理结果,否则报
         错 */
3.       if (rCode == AMapException.CODE_AMAP_SUCCESS) {
4.           if (result != null
5.               && result.getQuery() != null
6.               && result.getQuery().equals(poiQuery)) {  // POI 搜索的结果
7.               poiResult = result;
8.               // 将搜索到的各个 POI 放入列表
9.               List<PoiItem> poiItems = poiResult.getPois();
10.              // 如果列表不为空,则绘制 Marker 标识
11.              if (poiItems != null && poiItems.size() > 0) {
12.                  aMap.clear();  // 清理之前的图标
```

```
13.          try {
14.              /* 循环取出列表中的 POI,并获取每个 POI 的经度和纬度,根据 POI 的标
                 题和提示信息设置 Marker,设置完成后将 Marker 放在地图上 */
15.              for (int i = 0; i < poiItems.size(); i++) {
16.                  PoiItem pi = poiItems.get(i);
17.                  LatLonPoint llp = pi.getLatLonPoint();
18.                  MarkerOptions mo = new MarkerOptions()
19.                      .position(new LatLng(llp.getLatitude(),
20.                              llp.getLongitude()))
21.                      .title(pi.getTitle())
22.                      .snippet(pi.getSnippet());
23.                  Marker marker = aMap.addMarker(mo);
24.                  marker.setObject(i);
25.              }
26.              /* 如果只有一个搜索结果,直接根据返回的 poiItems 结果数据
                 进行地图绘制 */
27.              if(poiItems.size() == 1){
28.                  aMap.moveCamera(CameraUpdateFactory.newLatLngZoom(new
                     LatLng(poiItems.get(0).getLatLonPoint().getLatitude(),
                     poiItems.get(0).getLatLonPoint().getLongitude()), 18f));
29.              }
30.              /* 如果有多个搜索结果,需要构造 LatLngBounds.Builder 对象
                 再绘制地图 */
31.              else{
32.                  LatLngBounds.Builder b = LatLngBounds.builder();
33.                  for (int i = 0; i < poiItems.size(); i++) {
34.                      b.include(new
                         LatLng(poiItems.get(i).getLatLonPoint().getLatitude(),
                         poiItems.get(i).getLatLonPoint().getLongitude()));
35.                  }
36.                  LatLngBounds bounds = b.build();
37.                  aMap.moveCamera(CameraUpdateFactory.newLatLngBounds
                     (bounds, 5));
38.              }
39.          } catch (Throwable e) {
40.              e.printStackTrace();
41.          }
42.      } else {
```

```
43.                 showToast(R.string.no_result);
44.             }
45.         }
46.     } else {
47.         showToast(R.string.no_result);
48.     }
49. }
```

步骤 12：完成"下一页"按钮的触发函数，在该方法中重新请求 10 条 POI 搜索数据。

```
1.  public void nextButton(View v) {
2.      if (poiQuery != null && poiSearch != null && poiResult != null) {
3.          if (poiResult.getPageCount() - 1 > currentPage) {
4.              currentPage ++ ;
5.              poiQuery.setPageNum(currentPage); // 设置查后一页
6.              poiSearch.searchPOIAsyn(); // 根据新设的查询条件重新进行搜索
7.          }
8.          else {
9.              showToast(R.string.no_result);
10.         }
11.     }
12. }
```

步骤 13：运行并测试 App17。

 知识拓展：反编译

在学习 Android 开发的过程中，经常需要学习别人的应用是怎么开发的，一些漂亮的动画和精致的布局会让人爱不释手。有时，一个 App 在测试真机或用户的真机上出现错误，这个错误可能在几天前已经被修改过，但是不确定是修改前引起的问题，还是修改后引起的问题。在这种情况下，如果该应用对应的 APK（Android Package，Android 安装包）未经过混淆，便可以对 APK 进行反编译查看其中的代码。

APK 可以使用 WinRAR 等压缩工具进行查看，如图 6.21 所示，APK 文件中包括：包含签名等信息的目录 META-INF、res 目录下的所有文件、项目配置文件 AndroidManifest.xml 和资源索引文件 resources.arsc。要反编译 APK 获取应用程序细节，可以使用 3 个工具，分别为 apktool、dex2jar 和 Java 反编译工具 jd-gui。

（1）反编译资源文件

使用 WinRAR 等工具解压得到的 XML 文件都是乱码，而 apktool 这个工具可以最大限度地还原资源文件和 AndroidManifest.xml 文件。该工具的下载地址为 https://ibotpeaches.github.io/Apktool/install/。具体步骤如下所述。

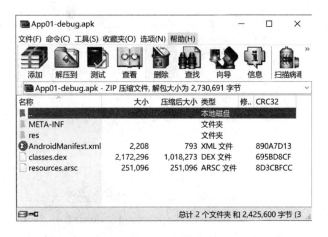

图 6.21　使用 WinRAR 查看 APK

① 打开 apktool 下载地址，如图 6.22 所示，右击"wrapper script"，在弹出的菜单中选择保存为 apktool.bat，然后通过"find newest here"超链接下载 apktool＊＊＊.jar，下载完成后将文件重命名为 apktool.jar。在 D 盘新建文件夹 Java-Decompile，将下载的两个文件放在该文件夹内。

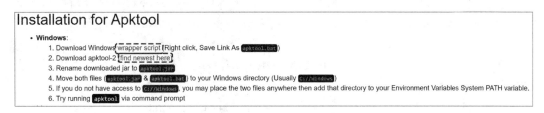

图 6.22　下载 apktool

② 复制要反编译的 APK 文件至 D:\Java-Decompile\目录下，这里以安装程序 App01-debug.apk 为例。

③ 同时按下 Win 键和 R 键调出"运行"窗口，在该窗口中输入"cmd"进入命令行模式，利用 cd 命令进入刚刚创建的文件夹中，再输入"apktool d App01-debug.apk"，如图 6.23 所示。

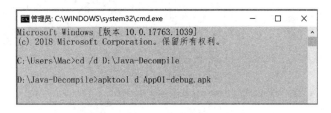

图 6.23　执行 apktool 进行反编译

④ 回到资源管理器中，可以发现 D:\Java-Decompile\目录下多了一个 App01-debug 文件夹，如图 6.24 所示，这样 res 文件夹中的资源文件和 AndroidManifest.xml 文件就被反编译出来了。

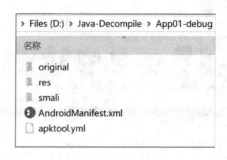

图 6.24　反编译后的文件

（2）反编译可执行的二进制文件，恢复 Java 源代码

① 下载 dex2jar，下载地址为 https://sourceforge.net/projects/dex2jar/，假设下载的文件为 dex2jar-2.0.zip，解压该文件至 D:\Java-Decompile\dex2jar-2.0\目录下，检查该目录，确保该目录下有一个文件为 d2j-dex2jar.bat，该文件是反编译的主要可执行程序。

② 使用 WinRAR 打开 App01-debug.apk，解压得到 classes.dex 文件，并复制该文件至 D:\Java-Decompile\dex2jar-2.0\目录下。该文件即为在 ART 虚拟机上可执行的二进制代码文件，dex2jar 可以将该文件反编译为 classes-dex2jar.jar 文件。

③ 进入命令行模式，利用 cd 命令进入 D:\Java-Decompile\dex2jar-2.0\目录，键入"d2j-dex2jar.bat classes.dex"，即可看到在 D:\Java-Decompile\dex2jar-2.0\目录下生成了一个 classes-dex2jar.jar 文件。

④ 下载 jd-gui-windows-*.zip，下载地址为 https://java-decompiler.github.io/，下载完成后解压缩，运行 jd-gui.exe。

⑤ 将上述 classes-dex2jar.jar 文件拖入 jd-gui.exe，即可得到 *.java 文件，如图 6.25 所示。

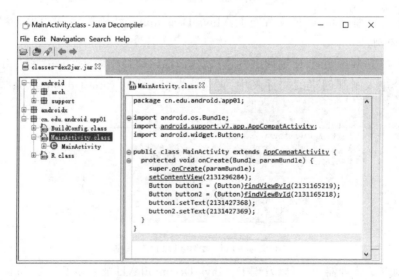

图 6.25　反编译出的 Java 源代码

第7章 动 画

实验 1　基 础 动 画

1. 实验目的

(1) 掌握逐帧动画的实现方法。

(2) 掌握补间动画的两种实现方法。

2. 逐帧动画

逐帧动画(Frame Animation)就是将一张张单独的图片连贯地进行播放,从而在视觉上产生一种动画的效果。实现过程如下所述。

(1) 定义逐帧动画资源文件。逐帧动画通常采用 XML 文件进行定义,并且存放在 drawable 目录下,例如,anim. xml 文件格式如下所示。

```
1.  <?xml version = "1.0" encoding = "utf-8"? >
2.  < animation-list xmlns:android = "http://schemas. android. com/apk/res/android"
    android:oneshot = "false">
3.      < item
4.          android:drawable = "@mipmap/pic_name01"
5.          android:duration = "integer" />
6.      < item
7.          android:drawable = "@mipmap/pic_name02"
8.          android:duration = "integer" />
9.      ……
10. </animation-list >
```

其中,android:oneshot 属性控制该动画是否循环播放,如果该参数为"true",则动画只播放一次,否则该动画将循环播放。< item……/>标签指定每帧采用的图片资源和每帧持续时间。

(2) 为控件指定动画。一般动画需要放在 ImageView 中,在配置文件中将 anim. xml 文件设置为 ImageView 的背景即可。

（3）启动动画。

```
1.  AnimationDrawable anim = (AnimationDrawable) imageView.getBackground();
2.  anim.start();
```

3. 补间动画

补间动画仅需设定动画开始和结束的状态，中间状态系统会自动补齐，不需要像逐帧动画那样每一张图都提前准备好。Android 有四类补间动画，它们都继承自 Animation 这个类，分别为 TranslateAnimation（平移动画）、ScaleAnimation（缩放动画）、RotateAnimation（旋转动画）、AlphaAnimation（渐变动画）。四种动画的实现方式分为两种，即 XML 配置文件实现方式和代码实现方式。

（1）TranslateAnimation

在 res/anim 目录下定义 translate _ anim.xml 文件，该动画将视图从坐标为 (fromXDelta, fromYDelta) 的位置向坐标为 (toXDelta, toYDelta) 的位置平移，如将视图从坐标为 (0,0) 的位置平移至坐标为 (100,100) 的位置，该动画持续时间为 3 000 ms，文件内容如下所示。

```
1.  <?xml version = "1.0" encoding = "utf-8"? >
2.  < translate xmlns:android = "http://schemas.android.com/apk/res/android"
3.      android:interpolator = "@android:anim/accelerate_decelerate_interpolator"
4.      android:fromXDelta = "0"
5.      android:fromYDelta = "0"
6.      android:toXDelta = "100"
7.      android:toYDelta = "100"
8.      android:duration = "3000"
9.      android:fillAfter = "true"/>
```

Interpolator（插值器）的主要作用是控制动画的变化节奏，各种插值器的含义如下所述。

- AccelerateDecelerateInterpolator：在动画开始时速率较慢，在中间时加速。
- AccelerateInterpolator：在动画开始时速率较慢，然后开始加速。
- AnticipateOvershootInterpolator：开始的时候向后，然后向前甩一定值后返回。
- BounceInterpolator：动画结束的时候弹起。
- CycleInterpolator：动画循环播放特定的次数，速率改变沿用正弦函数变化规律。
- DecelerateInterpolator：在动画开始时较快，然后变慢。
- LinearInterpolator：以常量速率改变。

（2）ScaleAnimation

在 res/anim 目录下定义 scale _ anim.xml 文件，该动画将视图在 x 轴方向从 fromXScale 放大至 toXScale，在 y 轴方向从 fromYScale 放大至 toYScale，缩放中心为 (pivotX, pivotY) 的位置。例如，下面的内容为以视图 x 轴方向 50% 和 y 轴方向 50% 的位置为中心，从无放大至原始比例。

```
1.   <?xml version = "1.0" encoding = "utf-8"? >
2.   < scale xmlns:android = "http://schemas.android.com/apk/res/android"
3.       android:fromXScale = "0.0"
4.       android:fromYScale = "0.0"
5.       android:pivotX = "50 %"
6.       android:pivotY = "50 %"
7.       android:toXScale = "1.0"
8.       android:toYScale = "1.0"
9.       android:duration = "3000"
10.      android:fillAfter = "true"/>
```

（3）RotateAnimation

在 res/anim 目录下定义 rotate_anim. xml 文件,示例文件的动画将视图从 0°旋转至 360°,旋转中心为视图 x 轴方向 50% 和 y 轴方向 50% 的位置,文件内容如下所示。

```
1.   <?xml version = "1.0" encoding = "utf-8"? >
2.   < rotate xmlns:android = "http://schemas.android.com/apk/res/android"
3.       android:fromDegree = "0"
4.       android:toDegree = "360"
5.       android:pivotX = "50 %"
6.       android:pivotY = "50 %"
7.       android:duration = "3000"
8.       android:fillAfter = "true"/>
```

（4）AlphaAnimation

在 res/anim 目录下定义 alpha_anim. xml 文件,示例文件的动画从完全透明到完全不透明改变视图的透明度。

```
1.   <?xml version = "1.0" encoding = "utf-8"? >
2.   < alpha xmlns:android = "http://schemas.android.com/apk/res/android"
3.       android:fromAlpha = "0.0"
4.       android:toAlpha = "1.0"
5.       android:duration = "3000"
6.       android:fillAfter = "true"/>
```

set 标签可将多个动画进行组合,每种动画的子标签的使用方式和上面介绍的一致。

```
1.   <?xml version = "1.0" encoding = "utf-8"? >
2.   < set xmlns:android = "http://schemas.android.com/apk/res/android"
3.       android:interpolator = "@[package:]anim/interpolator_resource"
```

```
4.        android:shareInterpolator = ["true" | "false"] >
5.      < alpha ······ />
6.      < scale ······ />
7.      < translate ······ />
8.      < rotate ······/>
9.    </set >
```

XML 文件定义完成后,可在代码中调用该文件。

```
1.  Animation anim = AnimationUtils.loadAnimation(this,R.anim.translate_anim);
2.  view.startAnimation(anim);
```

为该动画添加监听,如下所示。

```
1.  anim.addListener(new AnimatorListener() {
2.      @Override
3.      public void onAnimationStart(Animation animation) {
4.          // 动画开始时执行
5.      }
6.
7.      @Override
8.      public void onAnimationRepeat(Animation animation) {
9.          // 动画重复时执行
10.     }
11.
12.     @Override
13.     public void onAnimationEnd(Animation animation) {
14.         // 动画结束时执行
15.     }
16. });
```

4. 界面与功能

本实验由逐帧动画和补间动画两种动画组成。启动应用程序后,ImageView 通过动画集合(包括旋转动画、缩放动画、渐变动画)进入界面,如图 7.1 所示。进入界面后加载逐帧动画,以 120 ms 为间隔加载不同的图片,构成动画效果,点击"跳过"按钮后,ImageView 以位移动画的形式从右侧消失。

(a)　　　　　　　　　　(b)　　　　　　　　　　(c)

图 7.1　基本动画

5. 实验步骤

步骤 1：新建工程 App18。

步骤 2：将素材 anim_＊＊.png 文件复制至 mipmap 目录下，在 drawable 目录下新建 anim.xml 逐帧动画资源文件，其中 android:oneshot 设置该动画不循环播放，文件内容如下所示。

```
1.  <?xml version = "1.0" encoding = "utf-8"? >
2.  <!-- 定义动画不循环播放 -->
3.  < animation-list xmlns:android = "http://schemas.android.com/apk/res/android"
4.  android:oneshot = "true">
5.      < item android:drawable = "@mipmap/anim_1" android:duration = "120" />
6.      < item android:drawable = "@mipmap/anim_2" android:duration = "120" />
7.      ……
8.      < item android:drawable = "@mipmap/anim_20" android:duration = "120" />
9.      < item android:drawable = "@mipmap/anim_21" android:duration = "120" />
10.     < item android:drawable = "@mipmap/anim_15" android:duration = "120" />
11.     < item android:drawable = "@mipmap/anim_16" android:duration = "120" />
12.     ……
13.     < item android:drawable = "@mipmap/anim_21" android:duration = "120" />
14. </animation-list >
```

步骤 3：定义布局文件。首先将默认的 TextView 设置为不可见（android:visibility = "invisible"），然后向布局文件中拖入一个 ImageView 和一个 TextView，分别作为动画容器和"跳过"按钮，接着在约束布局中设置好四个方向的约束。设置 ImageView 的背景为步骤 2 中的 anim.xml，"跳过"按钮的点击事件为 skip()，以下布局设置仅供参考。

```
1.    <?xml version = "1.0" encoding = "utf-8"? >
2.    < android. support. constraint. ConstraintLayout ……>
3.
4.        < TextView
5.            android:id = "@ + id/textView"
6.            android:visibility = "invisible"
7.            android:text = "Hello world!"
8.            ……/>
9.
10.       < ImageView
11.           android:id = "@ + id/imageView"
12.           android:layout_width = "411dp"
13.           android:layout_height = "452dp"
14.           android:layout_marginBottom = "8dp"
15.           android:background = "@drawable/anim"
16.           android:scaleType = "centerCrop"
17.           ……/>
18.
19.       < TextView
20.           android:layout_width = "wrap_content"
21.           android:layout_height = "wrap_content"
22.           android:background = " #eee"
23.           android:padding = "5dp"
24.           android:text = "跳过"
25.           android:onClick = "skip"
26.           ……/>
27. </android. support. constraint. ConstraintLayout >
```

步骤 4:定义全局变量供其他方法调用。其中,需要在 onCreate()方法中获取界面控件。

```
1.  private ImageView imageView;
2.  private TextView textView; // Hello world! 控件
3.
4.  // 记录 ImageView 当前的位置
5.  private float curX = 0;
6.  private float curY = 0;
7.  // 记录 ImageView 的下一个位置
8.  float nextX = 0;
9.  // 屏幕的宽度
10. int width = 0;
```

步骤 5:定义 ImageView 的补间动画 startTweenedAnim(),并在 onCreate()方法中调用。

```
1.   private void startTweenedAnim() {
2.       // 旋转动画,从相对于自身 x,y 轴一半的位置,从 0°旋转至 360°
3.       RotateAnimation animRotate = new RotateAnimation(0, 360,
4.               Animation.RELATIVE_TO_SELF, 0.5f, Animation.RELATIVE_TO_SELF,
5.               0.5f);
6.       animRotate.setDuration(1000); // 动画时间
7.       animRotate.setFillAfter(true); // 保持动画结束状态
8.
9.       // 缩放动画,以视图 x,y 轴一半的位置为中心,从无放大至原始比例
10.      ScaleAnimation animScale = new ScaleAnimation(0, 1, 0, 1,
11.              Animation.RELATIVE_TO_SELF, 0.5f, Animation.RELATIVE_TO_SELF,
12.              0.5f);
13.      animScale.setInterpolator(new BounceInterpolator()); // 设置弹跳效果
14.      animScale.setDuration(1000);
15.      animScale.setFillAfter(true); // 保持动画结束状态
16.
17.      // 渐变动画,从完全透明到不透明显示视图
18.      AlphaAnimation animAlpha = new AlphaAnimation(0, 1);
19.      animAlpha.setDuration(2000);
20.      animAlpha.setFillAfter(true);
21.
22.      // 动画集合,用于同时显示以上三种动画
23.      AnimationSet set = new AnimationSet(true);
24.      set.addAnimation(animRotate);
25.      set.addAnimation(animScale);
26.      set.addAnimation(animAlpha);
27.
28.      // 启动动画
29.      imageView.startAnimation(set);
30.  }
```

步骤 6:定义 ImageView 的逐帧动画 startFrameAnim(),并在 onCreate()方法中调用。

```
1.   private void startFrameAnim() {
2.       // 设置动画
3.       AnimationDrawable anim = (AnimationDrawable) imageView.getBackground();
4.       anim.start();
5.   }
```

步骤 7：定义"跳过"按钮的触发事件 skip()。

```
1.   public void skip(View v) {
2.       // 当用户点击了"跳过"按钮后,该按钮消失
3.       v.setVisibility(View.GONE);
4.       // 设置"Hello World!"正常页面可见
5.       textView.setVisibility(View.VISIBLE);
6.
7.       // 获取当前设备的屏幕密度,通过屏幕密度计算屏幕宽度的像素个数
8.       DisplayMetrics metrics = new DisplayMetrics();
9.       WindowManager wm = (WindowManager)getSystemService(Context.WINDOW_
                       SERVICE);
10.      wm.getDefaultDisplay().getMetrics(metrics);
11.      width = metrics.widthPixels;
12.      // 获取 ImageView y 轴坐标
13.      curY = imageView.getY();
14.      // 通过定时器控制每 20 毫秒发送一次 0x123 信号给 Handler
15.      new Timer().schedule(new TimerTask() {
16.          @Override
17.          public void run() {
18.              handler.sendEmptyMessage(0x123);
19.          }
20.      }, 0, 20);
21.  }
```

步骤 8：定义 Handler,当每 20 毫秒接收到 0x123 后,启动右移动画(TranslateAnimation),并将 x 轴的坐标移动 100,直至移出屏幕,然后将 ImageView 设置为消失。

```
1.   final Handler handler = new Handler() {
2.       public void handleMessage(Message msg) {
3.           if (msg.what == 0x123) {
4.               // 在 x 轴方向上向右移出,图片不可见后,将其设置为消失
5.               if (nextX > 2 * width) {
6.                   imageView.setVisibility(View.GONE);
7.               } else {
8.                   nextX += 100;
9.               }
10.              // 设置显示 ImageView 发生位置改变
11.              TranslateAnimation anim = new TranslateAnimation(curX, nextX,
                                   curY, curY);
```

```
12.
13.            curX = nextX;
14.            anim.setDuration(20);
15.            // 开始位移动画
16.            imageView.startAnimation(anim);
17.        }
18.    }
19. };
```

步骤 9：运行 App18。

 知识拓展：Android Studio 使用技巧

（1）剪切板比对功能（Compare With Clipboard）：选中并复制被选中的功能，转至比对的代码，右击该代码，在菜单中选择"Compare With Clipboard"，与剪切板上的内容进行比对。在随后出现的图 7.2 所示的窗口中，可以通过单击"<<"和">>"进行代码的互相复制。

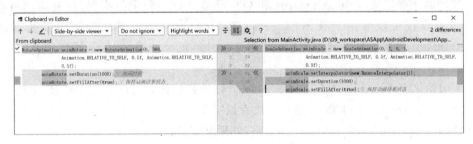

图 7.2 剪切板比对功能

（2）列编辑模式（Column Selection Mode）：正常选择编辑模式下只能逐行进行编辑，而在列编辑模式下，可以选中某个矩形区域后进行编辑。使用方法有两种：按住 Alt 键，然后拖动鼠标选中某个矩形区域进行编辑，如图 7.3 所示；右击代码选择"Column Selection Mode"或者通过快捷键"Shift＋Alt＋Insert"进入列编辑模式进行列编辑。

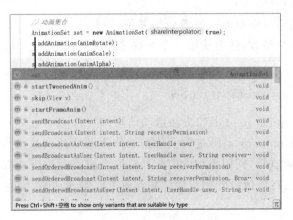

图 7.3 列编辑模式

📝 思考

如何实现将补间动画更改为 XML 配置文件的实现方式？哪种更方便？

实验 2　动画进阶

1. 实验目的

（1）在项目化开发场景中,掌握属性动画、转场动画和径向揭露动画的实现方法,利用动画美化界面,提高用户体验。

（2）掌握 CoordinatorLayout、AppBarLayout、NestedScrollView、RecyclerView 等常用控件的使用方法,实现控件的折叠、联动动画效果。

（3）熟悉 SharedPreference 存储数据的方法。

2. 属性动画

属性动画主要依靠 ValueAnimator 和 ObjectAnimator 两个类实现,与补间动画不同,属性动画不仅仅可以应用于视图（View）。ValueAnimator 是属性动画中最基本的类,ObjectAnimator 内部也是借助于 ValueAnimator 实现的。一般情况下,属性动画的使用方法主要有以下四个步骤。

（1）初始化 ValueAnimator。ValueAnimator 的初始化方法都是可变参数,通过初始化方法获取 ValueAnimator 对象,初始化方法有以下几种。

- ValueAnimator. ofInt(int… values):处理整型参数。
- ValueAnimator. ofFloat(float… values):处理浮点型参数。
- ValueAnimator. ofArgb(int… values):处理颜色。
- ValueAnimator. ofObject(TypeEvaluator evaluator, Object… values):处理 Object 对象,需要自定义估值器。
- ValueAnimator. ofPropertyValuesHolder(PropertyValuesHolder… values):处理 PropertyValuesHolder。

以下代码从初始值以整数形式过渡到结束值,即从 1 过渡到 10。如果有多个参数,则从初始值过渡到第二个参数,然后从第二个参数过渡到第三个参数,依次类推。

```
1.   ValueAnimator valueAnimator = ValueAnimator.ofInt(1, 10);
2.   valueAnimator.setDuration(1000);
```

（2）通过 valueAnimator. start()方法启动动画。

（3）设置 ValueAnimator 动画是数值从初始值逐渐变化到结束值,无法直接作用于对象,只能通过设置动画监听,利用添加的监听器获取当前动画的值,方法为 ValueAnimator. getAnimatedValue(),将该值设置为对象的属性就可以实现动画,代码如下所示。

```
1.  valueAnimator.addUpdateListener(new ValueAnimator.AnimatorUpdateListener() {
2.      @Override
3.      public void onAnimationUpdate(ValueAnimator valueAnimator) {
4.          int data = (int) animation.getAnimatedValue();
5.          textView.setText(data);
6.      }
7.  });
8.  valueAnimator.start();
```

（4）设置属性动画执行过程中的 AnimatorListenerAdapter 监听器，AnimatorListenerAdapter 是一个抽象类，它有 6 个回调函数可供子类覆盖，分别为动画取消 onAnimationCancel()、动画结束 onAnimationEnd()、动画重复 onAnimationRepeat()、动画开始 onAnimationStart()、动画暂停 onAnimationPause()和动画恢复 onAnimationResume()，注意这 6 个函数并不是抽象函数，可在需要的场景中单独实现某个回调函数。

```
1.  valueAnimator.addListener(new AnimatorListenerAdapter() {
2.      @Override
3.      public void onAnimationEnd(Animator animation) {
4.          super.onAnimationEnd(animation);
5.          // 当动画结束时设置 TextView 不可见
6.          textView.setVisibility(View.INVISIBLE);
7.      }
8.  });
```

控制具体动画过程中获取的值是通过估值器 Evaluator 实现的。对于 ofInt()、ofFloat() 和 ofArgb()方法，系统会自动根据 startValue 和 endValue 给动画指定估值器，但是 ofObject()方法需要自定义估值器，将估值器产生的值传递给系统动画运行过程中的值。自定义估值器需要实现 TypeEvaluator 接口，并且需要实现 evaluate()方法。

```
1.  public class MyEvaluator implements TypeEvaluator <MyObj> {
2.      @Override
3.      public MyObject evaluate(float fraction, MyObj startValue, MyObj endValue){
4.          MyObj myObj = new MyObj();
5.          …… // 利用 fraction 参数计算动画变化过程中 MyObj 的值
6.          Return myObj;
7.      }
8.  }
9.  valueAnimator = ValueAnimator.ofObject(new MyEvaluator(),startObj, endObj);
```

evaluate()方法 3 个参数的含义如下所述。

- fraction：动画运行的时间，如果设置动画持续时长为 1 000 ms，则达到 100 ms 时，fraction 值为 0.1，达到 200 ms 时为 0.2。

- startValue：开始变化的值。
- endValue：变化结束的值。

3. 转场动画

转场动画在界面交互效果方面具有一定的优势，转场动画主要有 3 种场景：Activity 之间的转场效果；两个 Activity 或者 Fragment 之间共享元素切换效果；同一个 Activity 中 View 的动画效果。不论哪种转场动画，均需设置以下几个步骤。

（1）因为转场动画只有在 Android 5.0（API 21）或者更高的版本中才能使用，所以需将 build. gradle 文件中的 minSdkVersion 设置为 21。

（2）在 styles. xml 文件中设置允许转场动画，即设置字段 android：windowActivityTransitions 为 true。

```
1.  < style name = "BaseAppTheme" parent = "android:Theme.Material">
2.      ……
3.      < item name = "android:windowActivityTransitions"> true </item>
4.  </style>
```

也可以在代码中动态地配置如下。

```
1.  ……
2.  getWindow().requestFeature(Window.FEATURE_CONTENT_TRANSITIONS);
3.  getWindow().setExitTransition(new Explode());
4.  ……
```

本实验使用了 Activity 之间的转场效果和两个 Activity 或者 Fragment 之间共享元素切换效果。其中，转场动画有以下几种。

- Explode：从屏幕的中间进入或退出。
- Slide：从屏幕的一边向另一边进入或退出。
- Fade：通过改变透明度来出现或消失。

一般情况下，将 3 种转场效果设置在不同的进场和出场场景中，如下所示。

- getWindow(). setEnterTransition(new Slide(). setDuration(2000))：设置进场动画为从一边进入，持续时间为 2 000 ms。
- getWindow(). setExitTransition(new Explode(). setDuration(2000))：设置出场动画为从屏幕的中间退出。
- getWindow(). setReturnTransition(new Fade(). setDuration(2000))：设置返回动画为淡入。
- getWindow(). setReenterTransition(new Explode(). setDuration(2000))：设置重新进入动画为从屏幕的中间进入。

4. 径向揭露动画

随着 Material Design 理念的提出，Android 5.0 为按钮与操作行为转换提供了一些默认动画，为用户提供视觉上的连续性。Android 5.0 提供了 ViewAnimationUtils 这个类，该类中仅提供了一个静态方法 public static Animator createCircularReveal（View view，int centerX，int centerY，float startRadius，float endRadius），该方法可以以某点为中心实现视

图径向或线性揭露动画。该方法中参数的含义如下所述。

- view：要设置动画的视图。
- centerX：动画径向渐变 x 方向的中点。
- centerY：动画径向渐变 y 方向的中点。
- startRadius：动画径向渐变开始时的半径。
- endRadius：动画径向渐变结束时的半径。

通过这几个参数可以实现视图的由内向外径向揭露动画、由外向内径向揭露动画等多种效果。由内向外径向揭露动画的代码如下所示。

```
1.    Animator anim = ViewAnimationUtils.createCircularReveal(myView, 0, 0, 0, myView.
                getWidth()); // 以(0,0)坐标值为视图中心,显示圆形揭露动画
2.    anim.setInterpolator(new LinearOutSlowInInterpolator()); // 设置动画为持续减速
3.    anim.setDuration(300);
4.    anim.start();
5.    anim.addListener(new AnimatorListenerAdapter() {
6.        @Override
7.        public void onAnimationEnd(Animator animation) {
8.            super.onAnimationEnd(animation);
9.            myView.setVisibility(View.VISIBLE);
10.       }
11.   });
```

由外向内径向揭露动画的代码如下所示。

```
1.    Animator anim = ViewAnimationUtils.createCircularReveal(myView,0, 0,
                myView.getWidth(), 0);
2.    anim.setDuration(300);
3.    anim.setInterpolator(new AccelerateDecelerateInterpolator());
4.    anim.start();
5.    animator.addListener(new AnimatorListenerAdapter() {
6.        @Override
7.        public void onAnimationEnd(Animator animation) {
8.            super.onAnimationEnd(anim);
9.            myView.setVisibility(View.INVISIBLE);
10.       }
11.   });
```

5. 折叠联动效果

如果需要实现折叠的 ActionBar 和控件联动的效果,可在 CoordinatorLayout 中使用 AppBarLayout 和可滚动的视图(RecyclerView 或 NestedScrollView)的组合。

CoordinatorLayout 即协调者布局,主要协调内部视图之间的联动和折叠等效果,当设计 Material Design 风格的应用程序时,通常使用该布局作为根节点,以便实现特定的 UI 交

互行为。

在 CoordinatorLayout 中可放入 AppBarLayout 和可滚动的视图。AppBarLayout 中的子控件设置 app:layout_scrollFlags 属性后,在可滚动视图上设置 app:layout_behavior = "@string/appbar_scrolling_view_behavior",这个字符串常量是 Android 系统提供的。当可滚动视图滚动时,AppBarLayout 会回调触发内部设置的控件滚动行为。 app:layout_scrollFlags 常用的参数有:

- scroll|exitUntilCollapsed:如果 AppBarLayout 的子控件设置该属性,可滚动视图向上滚动时,子控件不会完全退出屏幕,会随可滚动视图滚动直至最小高度。
- scroll|enterAlways:只要向上滚动可滚动视图,该布局就会向上折叠直至不见,只要向下滚动,该布局就会显示出来。
- scroll|enterAlwaysCollapsed:向下滚动可滚动视图到最底端时,该布局才会显示出来。
- scroll|snap:子视图不会存在局部显示的情况,当用户停止滚动时,子视图要么向上全部滚出屏幕,要么向下全部滚进屏幕。

另外,如果不设置属性,则 AppBarLayout 不能滑动。在下面的示例中,在 CoordinatorLayout 中放入了一个 AppBarLayout 和一个可滚动视图 RecyclerView。RecyclerView 设置了 layout_behavior 属性,并在 AppBarLayout 中放了两个视图,其中 ImageView 设置了 scrollFlags 属性,而 TextView 没有设置,所以当 RecyclerView 向上滚动时 TextView 是不会折叠的。

```
1.    < android. support. design. widget. CoordinatorLayout
2.        xmlns:android = "http://schemas. android. com/apk/res/android"
3.        xmlns:app = "http://schemas. android. com/apk/res-auto"
4.        android:layout_width = "match_parent"
5.        android:layout_height = "match_parent">
6.
7.        < android. support. design. widget. AppBarLayout
8.            android:layout_width = "match_parent"
9.            android:layout_height = "300dp">
10.
11.           < android. support. v7. widget. Toolbar
12.               android:layout_width = "match_parent"
13.               android:layout_height = "250dp"
14.               app:layout_scrollFlags = "scroll|exitUntilCollapsed">
15.
16.               < ImageView ……
17.                   app:layout_scrollFlags = "scroll|enterAlwaysCollapsed"/>
18.               < TextView
```

```
19.                     android:layout_width = "match_parent"
20.                     android:layout_height = "50dp"/>
21.             </android.support.v7.widget.Toolbar >
22.         </android.support.design.widget.AppBarLayout >
23.
24.     < android.support.v7.widget.RecyclerView
25.         android:layout_width = "match_parent"
26.         android:layout_height = "match_parent"
27.         app:layout_behavior = "@string/appbar_scrolling_view_behavior"/>
28. </android.support.design.widget.CoordinatorLayout >
```

6. CardView 的使用

CardView 继承自 FrameLayout,用法和 FrameLayout 相似,但该布局可以让控件具有类似于"卡"的效果,可以包含圆角和阴影效果等,提高用户对界面的体验。例如,以下属性可分别用于设置该控件的背景颜色、圆角大小、控件阴影、阴影最大值和控件内边距。

```
1.   < android.support.v7.widget.CardView
2.       app:cardBackgroundColor = "♯FFE4B5
3.       app:cardCornerRadius = "5dp"
4.       app:cardElevation = "5dp"
5.       app:cardMaxElevation = "5dp"
6.       app:contentPadding = "5dp"/>
```

7. SharedPreferences

SharedPreferences 是 Android 中轻量级数据的保存方式,可以将 NVP(Name/Value Pair,名称/值对)保存在 XML 文件中,该文件保存在 Android 的文件系统/data/data/< package name >/shared_prefs 目录下。开发人员只要调用 SharedPreferences 的方法就可以对文件进行操作。

(1) 获取 SharedPreferences 对象。

```
SharedPreferences sp = getSharedPreferences(fileName, context.MODE_PRIVATE );
```

(2) 通过 SharedPreferences.Editor 类对数据进行增删改查操作,SharedPreferences 可处理各种基本数据类型,包括整型、布尔型、浮点型和长型等,最后调用 commit()方法保存修改内容。

```
1.   SharedPreferences.Editor editor = sharedPreferences.edit();
2.   editor.putString("strKey", "strValue");
3.   editor.putInt("intKey", 20);
4.   editor.putFloat("floatKey", 1.00f);
5.   editor.commit();
```

(3) 调用 get < Type >()方法读取数据。该方法的第一个参数是名称/值对中的名称,即关键字,第二个参数为缺省值,即文件中若没有该数据,则返回缺省值代替。

```
1.   String name = sharedPreferences.getString("strKey", "Default Name");
2.   int age = sharedPreferences.getInt("intKey", 20);
3.   float height = sharedPreferences.getFloat("floatKey",1.00f);
```

8. RecyclerView 的使用

RecyclerView 是 Android 5.0 后出现的列表控件，被广泛使用。与 ListView 和 GridView 相比，RecyclerView 具有以下优点：使用 ViewHolder 类可以很好地优化适配器的性能；可以通过设置不同的 LayoutManager 实现 Item 不同的布局方式；可以实现 Item 之间的分割线、动画，滑动拖拽等效果。RecyclerView 的使用方法如下所述。

（1）在布局文件中定义 RecyclerView。

```
1.   < android.support.v7.widget.RecyclerView
2.       android:id = "@ + id/recycler_view"
3.       android:layout_width = "match_parent"
4.       android:layout_height = "match_parent"/>
```

（2）定义 RecyclerView 中每个 Item 的布局 item_layout，以下代码仅在每个 Item 中显示一张图片和一个文本控件。

```
1.   < LinearLayout ……>
2.       < ImageView android:id = "@ + id/imageView" …… />
3.       < TextView android:id = "@ + id/textView" …… />
4.   </LinearLayout >
```

（3）定义适配 Item 的 Bean 类，并在该类中根据 Item 的布局定义需要适配的数据类型，生成成员变量的 getter() 和 setter() 方法。

```
1.   public class BeanItem {
2.       private int icon;  // 用于存放 ImageView 的 ID
3.       private String str;  // 用于存放 TextView 对应的字符串
4.       …… // 生成 icon 和 str 的 getter() 和 setter() 方法
5.   }
```

（4）在代码中获取 RecyclerView，并设置 LayoutManager 和 Adapter，LayoutManager 可以控制 Item 的布局方式，可以设置为线性布局管理器 LinearLayoutManager（方向分为水平排列 RecyclerView. HORIZONTAL 和垂直排列 RecyclerView. VERTICAL）、网格布局管理器 GridLayoutManager 和瀑布流布局管理器 StaggeredGridLayoutManager，其中瀑布流布局管理器可以为不同 Item 适用不同布局，是很多商用 App 的必选。

```
1.   // 初始化数据
2.   List < BeanItem > datas = new ArrayList <>();
3.   …… // 设置 datas 的值
4.   // LayoutManager 就是 RecyclerView 的布局管理器，用以实现 Item 的不同排列方式
5.   recyclerView. setLayoutManager(new LinearLayoutManager(this));
6.   // 设置 Adapter
7.   recyclerView. setAdapter(myAdapter);
```

（5）在项目化开发中，RecyclerView 的适配器一般在应用程序中会被调用多次，所以一般先构造一个抽象的通用适配器，该适配器必须继承自 RecyclerView. Adapter 这个抽象类，并传入继承自 RecyclerView. ViewHolder 抽象类的 ViewHolder 的泛型约束，可将其定义为适配器的内部类。RecyclerView. Adapter 有 3 个必须实现的抽象方法，分别为 onCreateViewHolder()、onBindViewHolder()和 getItemCount()。

```java
1.   /* MyAdapter 是一个抽象类，需要定义一个抽象方法以便在适配不同的 Item 时扩展
     使用，本例中将其命名为 convert()。MyAdapter 继承自 RecyclerView. Adapter 类，并
     且必须传入 MyViewHolder 泛型约束，MyViewHolder 继承自 RecyclerView. ViewHolder，
     一般情况下将 MyViewHolder 定义为适配器的内部类 */
2.   public abstract class MyAdapter extends
                 RecyclerView. Adapter < MyAdapter. MyViewHolder >{
3.       // 当前上下文对象
4.       private int layoutId;
5.       // RecyclerView 填充 Item 数据的 List 对象
6.       List < BeanItem > datas;
7.
8.       public MyAdapter(int layoutId, List < String > datas){
9.           this.layoutId = layoutId;
10.          this.datas = datas;
11.      }
12.
13.      // 创建 MyViewHolder
14.      @Override
15.       public MyViewHolder onCreateViewHolder(@ NonNull ViewGroup parent, int
             viewType) {
16.          Context context = parent. getContext()
17.          View v = LayoutInflater. from(context). inflate(layoutId, parent, false);
18.          return new MyViewHolder(v);
19.      }
20.
21.      // 绑定数据
22.      @Override
23.      public void onBindViewHolder(@NonNull MyViewHolder holder,int pos) {
24.          // 使用对外提供方法适配数据
25.          convert(holder, pos);
26.      }
27.
28.      // 返回 Item 的数量
```

```
29.        @Override
30.        public int getItemCount() {
31.            return datas.size();
32.        }
33.
34.        public abstract void convert(BaseViewHolder holder, int position);
35. }
```

（6）在 MyAdapter 内部定义通用适配器 MyViewHolder。

```
1.  public class MyViewHolder extends RecyclerView.ViewHolder {
2.      private SparseArray<View> mViews; // 存储 Item 视图的控件
3.
4.      MyViewHolder(View itemView) {
5.          super(itemView);
6.          if (mViews == null)
7.              mViews = new SparseArray<View>(); // 初始化 mViews
8.      }
9.
10.     /* 通过 viewId 获得对应的视图,首先在 mViews 中查询该视图是否存在,如果不
        存在则通过 findViewById()找到该视图并将其放入 mViews 中,避免下次再执行
        findViewById() */
11.     public <V extends View> V getView(int viewId) {
12.         View view = mViews.get(viewId);
13.         if (view == null) {
14.             view = itemView.findViewById(viewId);
15.             mViews.put(viewId, view);
16.         }
17.         return (V) view;
18.     }
19.
20.     public RecyclerBaseAdapter.ViewHolder setText(int viewId, String text) {
21.         TextView tv = getView(viewId);
22.         tv.setText(text);
23.         return this;
24.     }
25. }
```

（7）在界面中使用定义 MyAdapter,并实现 convert()方法。

```
1.  MyAdapter myAdapter = new MyAdapter(R.layout.item_layout, datas){
2.      @Override
3.      public void convert(ViewHolder holder, int position) {
```

```
4.      ImageView iv = holder.getView(R.id.imageView);
5.      TextView tv = holder.getView(R.id.textView);
6.      BeanItem bean = datas.get(position);
7.      iv.setImageResource(bean.getIcon());
8.      tv.setText(bean.getStr());
9.    }
10. };
```

(8) 通过 myAdapter.notifyDataSetChanged()通知 RecyclerView 对数据进行更新,当数据发生变化时可以调用该方法。

9. 界面与程序结构

本实验以项目化开发为目的,采用简易记账 App 为示例,介绍属性动画、转场动画、径向揭露动画和控件自带的动画效果的实现方法。该 App 的主要功能为记录并展示本月的所有支出,其他月份的记录会自动清除。打开程序会出现图 7.4(a)所示的界面,首次打开没有任何支出记录,在该界面中点击悬浮按钮"+"增加本月的支出,会出现图 7.4(c)所示的界面,在该界面中选择支出类型,如果没有选择则弹出 Toast 提示"请选择支出类型"。选择支出类型后会出现支出类型图标飞入的动画,随后输入栏左边会展示选择的支出类型图标和文字,如图 7.4(d)所示。在输入支出金额后,点击右上角的"√"按钮,程序将支出金额、支出类型、记录时间持久化到 SharedPreferences 中,并且回到图 7.4(a)所示的界面进行展示。如果点击"×"按钮,则直接返回图 7.4(a)所示的界面。

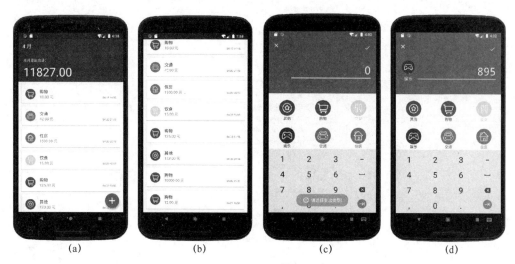

(a) (b) (c) (d)

图 7.4 简易记账 App

在本实验中使用的动画如下所述。

- 图 7.4(a)所示的界面中金额的显示使用了属性动画,每次打开该界面都会在 1 500 ms 内以数字递增的形式展示动画,直到最终数字加载完成。
- 图 7.4(a)所示的界面中使用了进入、退出、再次进入的转场动画。
- 图 7.4(a)所示的界面中使用了控件自带的折叠联动效果。该界面从外观上看分为上下两部分,当承载支出记录的 RecyclerView 记录较多时,向下滑动 RecyclerView

则上半部分会折叠不见，悬浮按钮也会随之隐藏，如图 7.4(b)所示，向上滑动 RecyclerView 至顶端上半部分和悬浮按钮会重新出现。

- 点击悬浮按钮后，图 7.4(c)所示的界面的上半部分会以由内向外径向揭露动画的形式出现，返回图 7.4(a)所示的界面时会以由外向内径向揭露动画的形式消失。
- 在图 7.4(c)所示的界面中点击下方的支出类型，会出现一个新的 ImageView 以画二阶贝塞尔曲线的动画快速移动到支出金额输入框左侧，并且立刻消失，在支出金额输入框左侧设置选中的支出类型的图片和文字。

该应用程序的结构如图 7.5 所示，包含 8 个类和 4 个布局文件。程序由两个界面组成：MainActivity 和 AddExpenseActivity，对应的布局文件分别为 activity_main.xml 和 activity_add_expense.xml。因为两个界面中都用到了 RecyclerView 控件，所以定义了 RecyclerView 适配器基类 RecyclerBaseAdapter，该类是一个抽象类，提供了适配器的通用功能，减少了代码冗余度。该抽象类的实现类为 RecyclerMainAdapter 和 RecyclerExpenseAdapter，当要适配 MainActivity 中的 RecyclerView 时，需要实例化 RecyclerMainAdapter 适配器，而当要适配 AddExpenseActivity 中的 RecyclerView 时，需要实例化 RecyclerExpenseAdapter 适配器。两个适配器需要适配的数据类型分别为 BillBean 和 ExpenseBean，用于存储 RecyclerView 中每个 Item 需要展示的数据。item_main.xml 和 item_add_expense.xml 为两个界面中 RecyclerView 中每个 Item 的界面布局文件。最后，DataHelper 用于持久化数据，使用 SharedPreferences 的存取数据功能把数据写入 XML 文件中，供界面调用。

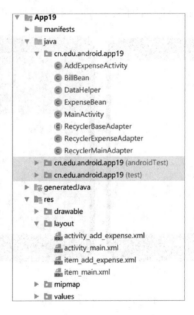

图 7.5　App19 程序结构

10. 实验步骤

步骤 1：新建工程 App19，将图片资源复制至 mipmap 目录下，如图 7.6 所示。

步骤 2：由于程序功能不能向低版本兼容，因此将模块 build.gradle 文件中的 minSdkVersion 改为 21，并增加如下依赖。

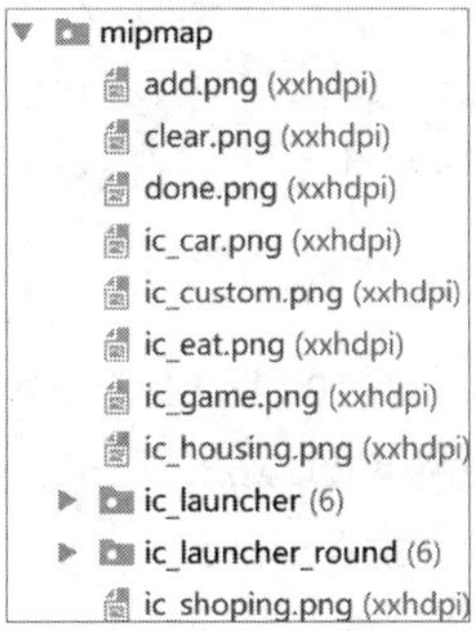

图 7.6 项目中的图片

```
1.  implementation 'com.github.GrenderG:Toasty:1.2.5'
2.  implementation 'com.android.support:design:28.0.0'
```

步骤 3：修改项目的 uild.gradle，在该文件中增加阿里云 Maven 仓库调用，保证能够下载步骤 2 中的依赖。

```
1.  maven {
2.      url 'http://maven.aliyun.com/nexus/content/groups/public/'
3.  }
4.  maven {
5.      url 'http://maven.aliyun.com/nexus/content/repositories/jcenter'
6.  }
```

步骤 4：修改 styles.xml 文件，设置默认样式支持转场效果，为 AddExpenseActivity 定义新的样式 AddExpenseTheme，设置状态栏、标题栏和控件选中时的默认颜色。

```
1.  <resources>
2.      <style name="AppTheme" parent="Theme.AppCompat.Light.NoActionBar">
3.          <item name="android:windowActivityTransitions">true</item>
4.          <item name="colorPrimary">@color/colorPrimary</item>
5.          <item name="colorPrimaryDark">@color/colorPrimaryDark</item>
6.          <item name="colorAccent">@color/colorAccent</item>
7.      </style>
8.      <style name="AddExpenseTheme" parent="Theme.AppCompat.Light.
            NoActionBar">
9.          <item name="colorPrimary">@color/colorAccent</item>
10.         <item name="colorPrimaryDark">@color/colorAccent</item>
11.         <item name="colorAccent">@color/colorAccent</item>
12.     </style>
13. </resources>
```

步骤 5：在 strings.xml 文件中增加常量字符串的定义，供程序调用。

1. < string name = "text_set_the_type">请选择支出类型！</string>
2. < string name = "set_the_money_value">未设置支出金额！</string>
3. < string name = "expense_sum">本月支出合计:</string>

步骤 6:在 colors.xml 文件中增加颜色,主要用于支出类型文字的颜色设置。

1. < color name = "colorCustom">#707070</color>
2. < color name = "colorsShoping">#E91E63</color>
3. < color name = "colorEat">#FFEB3B</color>
4. < color name = "colorGame">#9C27B0</color>
5. < color name = "colorCar">#03A9F4</color>
6. < color name = "colorHousing">#4CAF50</color>

步骤 7:删除 activity_main.xml 中原有的控件和布局,增加 CoordinatorLayout,在该布局中放入 AppBarLayout 和可滚动的布局 NestedScrollView。AppBarLayout 用于放入自定义的标题栏,NestedScrollView 中控件向上滑动时或当可滚动视图滚动时,AppBarLayout 会回调触发内部设置的控件滚动行为,标题栏会向上折叠直至不见。在布局底部放入悬浮按钮,为该按钮定义单击触发方法。

1. <?xml version = "1.0" encoding = "utf-8"? >
2. < android.support.design.widget.CoordinatorLayout
3. 　　xmlns:android = "http://schemas.android.com/apk/res/android"
4. 　　xmlns:app = "http://schemas.android.com/apk/res-auto"
5. 　　android:layout_width = "match_parent"
6. 　　android:layout_height = "match_parent">
7.
8. 　　< android.support.design.widget.AppBarLayout
9. 　　　　android:id = "@ + id/appbar_layout"
10. 　　　　android:layout_width = "match_parent"
11. 　　　　android:layout_height = "wrap_content">
12. 　　　　< android.support.v7.widget.Toolbar
13. 　　　　　　android:id = "@ + id/toolbar"
14. 　　　　　　android:layout_width = "match_parent"
15. 　　　　　　android:layout_height = "? attr/actionBarSize"
16. **　　　　　　app:layout_scrollFlags = "scroll|enterAlways"**
17. 　　　　　　app:title = "5"
18. 　　　　　　app:titleTextColor = "#fff" />
19. 　　</android.support.design.widget.AppBarLayout >
20. 　　< android.support.v4.widget.NestedScrollView
21. 　　　　android:layout_width = "match_parent"
22. 　　　　android:id = "@ + id/nsv_scroll_view"

```
23.        android:fillViewport = "true"
24.        android:layout_height = "match_parent"
25.        app:layout_behavior = "@string/appbar_scrolling_view_behavior">
26.    </android.support.v4.widget.NestedScrollView>
27.
28.    <android.support.design.widget.FloatingActionButton
29.        android:id = "@ + id/fab"
30.        android:layout_width = "wrap_content"
31.        android:layout_height = "wrap_content"
32.        android:layout_gravity = "bottom|end"
33.        android:layout_margin = "16dp"
34.        android:visibility = "visible"
35.        app:srcCompat = "@mipmap/add"
36.        android:onClick = "onFabClick"/>
37. </android.support.design.widget.CoordinatorLayout>
```

步骤 8：向 NestedScrollView 中放入一个线性布局，并根据图 7.4(a) 放入两个文本控件和一个 RecyclerView，RecyclerView 要设置 layout_behavior，以触发 AppBarLayout 回调事件。

```
1.  <android.support.v4.widget.NestedScrollView ⋯⋯>
2.      <!-- LinearLayout 覆盖子类控件而直接获得焦点，保证每次打开能正常显示该
           布局 -->
3.      <LinearLayout
4.          android:layout_width = "match_parent"
5.          android:layout_height = "match_parent"
6.          android:orientation = "vertical"
7.          android:descendantFocusability = "blocksDescendants">
8.          <!-- pin 属性可以保证在滑动过程中此布局会固定在它所在的位置不动 -->
9.          <LinearLayout
10.             android:id = "@ + id/ll_header"
11.             android:layout_width = "match_parent"
12.             android:layout_height = "wrap_content"
13.             android:background = "@color/colorPrimary"
14.             android:orientation = "vertical"
15.             app:layout_collapseMode = "pin">
16.
17.             <TextView
18.                 android:layout_width = "wrap_content"
```

```
19.                    android:layout_height = "wrap_content"
20.                    android:layout_marginTop = "16dp"
21.                    android:layout_marginLeft = "20dp"
22.                    android:text = "@string/expense_sum"
23.                    android:textColor = "#f9f9f9"
24.                    android:textSize = "14sp"/>
25.
26.              < TextView
27.                    android:id = "@ + id/tv_expense_sum"
28.                    android:layout_width = "wrap_content"
29.                    android:layout_height = "wrap_content"
30.                    android:layout_marginBottom = "8dp"
31.                    android:layout_marginLeft = "20dp"
32.                    android:layout_marginTop = "4dp"
33.                    android:text = "0.00"
34.                    android:textColor = "#f9f9f9"
35.                    android:textSize = "45sp"/>
36.          </LinearLayout >
37.
38.          <!-- RecyclerView 顶部填充 12 dp,保持和内置的控件上下左右间距一致 -->
39.          < android.support.v7.widget.RecyclerView
40.              android:id = "@ + id/recycler_view"
41.              android:layout_width = "match_parent"
42.              android:layout_height = "match_parent"
43.              app:layout_behavior = "@string/appbar_scrolling_view_behavior"
44.              android:paddingTop = "12dp"/>
45.       </LinearLayout >
46.
47.  </android.support.v4.widget.NestedScrollView >
```

步骤 9:采用 CardView 设计 item_main. xml。RecyclerView 的每个 Item 必须包含四个控件,包括一个 ImageView 和三个 TextView,和图 7.4(a)所示的界面相对应。为 CardView 设置 3 dp 的阴影。

```
1.   <?xml version = "1.0" encoding = "utf-8"? >
2.   < android.support.v7.widget.CardView
     xmlns:android = "http://schemas.android.com/apk/res/android"
3.        xmlns:app = "http://schemas.android.com/apk/res-auto"
4.        xmlns:tools = "http://schemas.android.com/tools"
5.        android:layout_width = "match_parent"
```

```
6.          android:layout_height = "wrap_content"
7.          android:layout_marginLeft = "12dp"
8.          android:layout_marginRight = "12dp"
9.          android:layout_marginBottom = "14dp"
10.         app:cardElevation = "3dp">
11.
12.     < LinearLayout
13.             android:layout_width = "match_parent"
14.             android:layout_height = "70dp"
15.             android:gravity = "center_vertical"
16.             android:orientation = "horizontal"
17.             android:paddingLeft = "16dp"
18.             android:paddingRight = "16dp">
19.
20.             <!-- 支出类型对应的图片 -->
21.             < ImageView
22.                 android:id = "@ + id/iv_type_icon"
23.                 android:layout_width = "40dp"
24.                 android:layout_height = "40dp"
25.                 android:scaleType = "fitCenter"
26.                 android:src = "@mipmap/ic_shoping" />
27.
28.             < LinearLayout
29.                 android:layout_width = "match_parent"
30.                 android:layout_height = "match_parent"
31.                 android:layout_marginLeft = "16dp"
32.                 android:gravity = "center_vertical"
33.                 android:orientation = "vertical">
34.
35.                 <!-- 支出类型文字描述 -->
36.                 < TextView
37.                     android:id = "@ + id/tv_title"
38.                     android:layout_width = "wrap_content"
39.                     android:layout_height = "wrap_content"
40.                     android:textColor = "# aa000000"
41.                     android:textSize = "16sp"
42.                     tools:text = "Shopping" />
43.
44.                 < LinearLayout
```

```
45.                android:layout_width = "match_parent"
46.                android:layout_height = "wrap_content"
47.                android:orientation = "horizontal">
48.                <!-- 支出金额 -->
49.                <TextView
50.                    android:id = "@ + id/tv_expense"
51.                    android:layout_width = "0dp"
52.                    android:layout_height = "wrap_content"
53.                    android:layout_weight = "1"
54.                    android:gravity = "left"
55.                    android:textColor = "#60000000"
56.                    android:textSize = "14sp"
57.                    tools:text = "56.88" />
58.                <!-- 记录时间 -->
59.                <TextView
60.                    android:id = "@ + id/tv_date"
61.                    android:layout_width = "wrap_content"
62.                    android:layout_height = "wrap_content"
63.                    android:textColor = "#60000000"
64.                    android:textSize = "10sp"
65.                    tools:text = "4 - 11 19:00" />
66.            </LinearLayout>
67.        </LinearLayout>
68.    </LinearLayout>
69. </android.support.v7.widget.CardView>
```

步骤 10：定义数据存取的 DataHelper 类。该类为静态类，提供的方法均为静态的方法。

```
1.    public class DataHelper {
2.
3.        private static final String FILE_NAME = "DataSaving"; // 保存的文件名
4.        private static int month = 0; // 当前月份
5.        private static int count = 0; // 本月已经保存的支出记录数目
6.        private static SharedPreferences sp;
7.        // 定义全局常量支出类型、支出类型的图片、支出类型对应的颜色,供其他类使用
8.        static final String[] EXPENSE_TITLE = new String[]{"其他", "购物", "饮食", "娱乐", "交通", "住房"};
```

```
9.      static final int[] EXPENSE_ICON = new int[]{R.mipmap.ic_custom,
                R.mipmap.ic_shoping, R.mipmap.ic_eat, R.mipmap.ic_
                game, R.mipmap.ic_car, R.mipmap.ic_housing};
10.     static final int[] EXPENSE_COLOR = new int[]{R.color.colorCustom,
                R.color.colorShoping, R.color.colorEat, R.color.colorGame,
                R.color.colorCar, R.color.colorHousing};
11.
12.     // 在初始化方法中初始化 SharedPreferences
13.     public static void init(Context context) {
14.         sp = context.getSharedPreferences(FILE_NAME, context.MODE_PRIVATE);
15.     }
16.
17.     // 已经保存的记录数
18.     private static void getCount() {
19.         count = sp.getInt("COUNT", 0);
20.     }
21.
22.     // 获取当前的月份
23.     private static void getMonth() {
24.         Calendar calendar = Calendar.getInstance();
25.         month = calendar.get(Calendar.MONTH) + 1;
26.     }
27.
28.     // 保存数据至 SharedPreferences, expense 为支出金额, title 是支出类型
29.     public static void saveData(float expense, String title) {
30.         getCount();
31.         // 全局变量 month 和 count 组成全局唯一的关键字, 根据关键字存取数据
32.         getMonth();
33.         SharedPreferences.Editor editor = sp.edit();
34.         String savedRecord = "EXPENSE" + month + count;
35.         float savedData = sp.getFloat(savedRecord, 0);
36.         // 只保留当前月的数据, 没有这个月的数据时, 将上个月的数据全部清空
37.         if (savedData == 0) {
38.             editor.clear();
39.             count = 0;
40.         }
41.         // 增加新记录
42.         String expenseKey = "EXPENSE" + month + count;
43.         String titleKey = "TITLE" + month + count;
```

```
44.        String addTimeKey = "ADDTIME" + month + count;
45.        editor.putFloat(expenseKey, expense);
46.        editor.putString(titleKey, title);
47.        editor.putLong(addTimeKey, System.currentTimeMillis());
48.        // 存入当月总的记录数
49.        editor.putInt("COUNT", count);
50.        editor.commit();
51.    }
52.
53.    // 获取已持久化的所有数据
54.    public static ArrayList < BillBean > getAllData() {
55.        getMonth();
56.        getCount();
57.        ArrayList < BillBean > billList = new ArrayList <>();
58.        for (int i = 1; i <= count; i++) {
59.            String expenseKey = "EXPENSE" + month + i;
60.            String titleKey = "TITLE" + month + i;
61.            String addTimeKey = "ADDTIME" + month + i;
62.            BillBean bill = new BillBean (sp.getFloat(expenseKey, 0),
63.                    sp.getString(titleKey, ""),sp.getLong(addTimeKey, 0));
64.            billList.add(bill);
65.        }
66.        return billList;
67.    }
68. }
```

步骤 11：为首页中 RecyclerView 的适配器定义适配的 Bean 类。

```
1.  public class BeanBill {
2.      private String title; // 支出类型
3.      private float expense; // 支出金额
4.      private int type = 0; // 支出类型数字标识,用于取出对应的图片
5.      private long addTime; // 记录时间
6.
7.      // 构造方法用于初始化成员变量
8.      BeanBill(float expense, String title, long addTime) {
9.          this.title = title;
10.         this.expense = expense;
11.         this.addTime = addTime;
12.         // 根据支出类型获取 type 的值
```

```
13.            for (int i = 0; i < DataHelper.EXPENSE_TITLE.length; i++) {
14.                if (DataHelper.EXPENSE_TITLE[i].equals(title)) {
15.                    type = i;
16.                }
17.            }
18.        }
19.        …… // 生成 4 个成员变量的 getter()方法
20.    }
```

步骤 12: 定义 RecyclerView 的适配器。因为本实验的两个界面中都使用了 RecyclerView,但需适配不同的数据,所以需要定义一个抽象类作为适配器基类,在该抽象类中提供适配器的通用功能。然后为两个 RecyclerView 定义各自的适配器,并继承自适配器基类,在各自的适配器中提供特有的功能,完成界面数据的适配。适配器基类代码和本实验"RecyclerView 的使用"部分介绍的相似,具体细节请参考相关描述。

```
1.   public abstract class RecyclerBaseAdapter < T > extends
                     RecyclerView.Adapter < RecyclerBaseAdapter.ViewHolder > {
2.       private int itemLayoutId; // 适配的布局,MainActivity 即为 R.layout.item_main
3.       private List < T > data; // 需要适配的数据
4.       protected ItemClickListener itemClickListener; // 点击 Item 的监听器
5.
6.       public RecyclerBaseAdapter(@LayoutRes int itemLayoutId, @NonNull List < T > data) {
7.           this.itemLayoutId = itemLayoutId;
8.           this.data = data;
9.       }
10.
11.      @Override
12.      public ViewHolder onCreateViewHolder(ViewGroup parent, int viewType) {
13.          View view = LayoutInflater.from(parent.getContext()).
                                         inflate(itemLayoutId, parent, false);
14.          ViewHolder holder = new ViewHolder(view);
15.          // 该方法由子类实现,用于指定触发的具体控件
16.          setItemEvent(holder);
17.          return holder;
18.      }
19.
20.      @Override
21.      public void onBindViewHolder(RecyclerBaseAdapter.ViewHolder holder, int
             position) {
22.          convert(holder, position);
```

```
23.        }
24.
25.        // 抽象方法,子类必须实现,用于指定控件和数据的映射关系以及设置特殊属性
26.        protected abstract void convert(ViewHolder holder, int position);
27.
28.        @Override
29.        public int getItemCount() {
30.            int count = data.size();
31.            return count;
32.        }
33.
34.        // 由子类实现,如果不设定 Item 点击事件则可以不实现
35.        protected void setItemEvent(final ViewHolder holder) {}
36.
37.        // 供界面绑定 Item 点击事件,将该事件传递给全局变量 itemClickListener
38.        public BaseAdapter setItemClickListener(ItemClickListener
             itemClickListener) {
39.            this.itemClickListener = itemClickListener;
40.            return this;
41.        }
42.
43.        // 返回适配的数据,供子类调用
44.        public List<T> getData() {
45.            return data;
46.        }
47.
48.        /* 界面要实现 Item 点击事件必须绑定该监听器的实例,而且必须回调
           onItemClick(),在该方法中写入界面点击 Item 的触发事件 */
49.        public interface ItemClickListener {
50.            void onItemClick(View view, RecyclerBaseAdapter.ViewHolder holder);
51.        }
52.  }
```

步骤 13：参照本实验"RecyclerView 的使用"部分的相关内容,完成内部类 RecyclerBaseAdapter. ViewHolder 的实现。

步骤 14：完成 MainActivity 的适配器。

```
1.   public class RecyclerMainAdapter extends RecyclerBaseAdapter<BillBean> {
2.
3.        // 调用父类进行初始化
```

```
4.    public RecyclerMainAdapter(@LayoutRes int itemLayoutId, @NonNull
         List<BillBean> data) {
5.        super(itemLayoutId, data);
6.    }
7.
8.    // 实现父类的抽象方法,实现数据和界面控件的适配过程
9.    @Override
10.   protected void convert(ViewHolder holder, int position) {
11.       // 获取需适配的数据
12.       BillBean bill = getData().get(position);
13.       // 获取支出金额
14.       float expense = bill.getExpense();
15.       NumberFormat nf = NumberFormat.getInstance();
16.       // 不使用分组方式显示数字
17.       nf.setGroupingUsed(false);
18.       // 数字保留两位小数
19.       nf.setMinimumFractionDigits(2);
20.       // 调用 RecyclerBaseAdapter.ViewHolder 的方法设置文本和图片
21.       holder.setText(R.id.tv_expense, nf.format(expense) + "元");
22.       holder.setText(R.id.tv_title, bill.getTitle());
23.       // 设置事件格式
24.       SimpleDateFormat sdf = new SimpleDateFormat("MM-dd HH:mm");
25.       Date date = new Date(bill.getAddTime());
26.       String time = sdf.format(date);
27.       holder.setText(R.id.tv_date, time);
28.       ImageView ivIcon = holder.getView(R.id.iv_type_icon);
29.       ivIcon.setImageResource(DataHelper.EXPENSE_ICON[bill.getType()]);
30.   }
31. }
```

步骤 15: 完成 MainActivity 的实现,该类的结构如图 7.7 所示。该类的全局变量如下所示。

```
1.  private Toolbar toolbar;
2.  private TextView tvExpenseSum;
3.  private RecyclerView recyclerView;
4.  private NestedScrollView nsvScrollView;
5.  private AppBarLayout appBarLayout;
6.  private FloatingActionButton fab;
7.
```

```
8.   private RecyclerBaseAdapter itemAdapter;
9.   Private ArrayList<BillBean> billsList = new ArrayList<>();
10.  float expenseSum = 0.0f;
```

图 7.7   MainActivity 代码结构

步骤 16:完成 onCreate()方法的设计。

```
1.   protected void onCreate(Bundle savedInstanceState) {
2.       super.onCreate(savedInstanceState);
3.       setTransition(); // 转场动画
4.       initView(); // 初始化界面
5.       selectAdapter(); // 设置适配器
6.   }
```

步骤 17:在 setTransition()方法中设置进入、返回、退出的转场动画。

```
1.   private void setTransition() {
2.       getWindow().setEnterTransition(new Slide().setDuration(2000));
3.       getWindow().setReturnTransition(new Fade().setDuration(3000));
4.       getWindow().setExitTransition(new Explode().setDuration(2000));
5.   }
```

步骤 18:initView()中需要先设置布局文件的绑定、控件获取,然后设置标题栏 toolbar 显示的内容,并对 RecyclerView 进行初始化,最后设置悬浮按钮的动画。

```
1.   private void initView() {
2.       …… // 参照步骤 15 完成布局文件的绑定、控件获取
3.       // 设置标题栏,并且设置当前月份为标题栏显示内容
4.       setSupportActionBar(toolbar);
5.       Calendar calendar = Calendar.getInstance();
```

```
6.        int month = calendar.get(Calendar.MONTH) + 1;
7.        toolbar.setTitle(month + "月");
8.
9.        // 为 RecyclerView 定义线性布局管理器,各个 Item 采用默认的垂直排列方式显示
10.       LinearLayoutManager linearLayoutManager = new LinearLayoutManager(this);
11.       linearLayoutManager.setSmoothScrollbarEnabled(true);
12.       linearLayoutManager.setAutoMeasureEnabled(true);
13.       recyclerView.setItemAnimator(new DefaultItemAnimator());
14.       recyclerView.setLayoutManager(linearLayoutManager);
15.       recyclerView.setHasFixedSize(true);
16.
17.       appBarLayout.addOnOffsetChangedListener(new
              AppBarLayout.OnOffsetChangedListener() {
18.           @Override
19.           public void onOffsetChanged(AppBarLayout appBarLayout, int i) {
20.               /* 如果 appBarLayout 滑动距离大于等于最大偏移值则隐藏悬浮按钮,
                  否则显示该按钮 */
21.               if (Math.abs(i) >= appBarLayout.getTotalScrollRange()) {
22.                   fab.hide();
23.               } else if (i == 0) {
24.                   fab.show();
25.               }
26.           }
27.       });
28.   }
```

步骤 19:在 onStart()生命周期回调函数中实现本月总支出金额的属性动画,根据 Activity 的生命周期,该函数在绘制界面时被调用,而且当重新进入该界面时依旧会调用该函数,这样打开该界面和重新进入该界面时,本月总支出金额的属性动画都会被显示,提高了用户的体验。

```
1.    protected void onStart() {
2.        super.onStart();
3.        // 加载数据,保证总支出金额是最新的
4.        loadBillsData();
5.        // 定义从 0 到总支出金额的浮点数属性动画
6.        ValueAnimator animator = ValueAnimator.ofFloat(0, expenseSum);
7.        animator.setDuration(1500);
8.        animator.addUpdateListener(new ValueAnimator.AnimatorUpdateListener() {
9.            @Override
```

```
10.        public void onAnimationUpdate(ValueAnimator valueAnimator) {
11.            // 获取到 0 到总支出金额的浮点数,定时更新至界面
12.            float value = (float) valueAnimator.getAnimatedValue();
13.            tvExpenseSum.setText(String.format("%.2f", value));
14.        }
15.    });
16.    animator.start();
17. }
```

步骤 20:通过 DataHelper 从持久化数据中加载数据,将加载的数据赋给全局变量 billsList,并且计算总支出金额,供界面显示。

```
1.  private void loadBillsData() {
2.      DataHelper.init(MainActivity.this);
3.      ArrayList<BillBean> bills = DataHelper.getAllData();
4.      billsList.clear();
5.      billsList.addAll(bills);
6.      expenseSum = 0.00f;
7.      for (BillBean bill : billsList) {
8.          expenseSum += bill.getExpense();
9.      }
10.     // 通知界面更新
11.     notifyView();
12. }
```

步骤 21:为 RecyclerView 设置适配器,将 billsList 数据按照 item_main. xml 布局文件进行适配,并显示在 RecyclerView 中。

```
1.  private void selectAdapter() {
2.      itemAdapter = new RecyclerMainAdapter(R.layout.item_main, billsList);
3.      notifyView();
4.      recyclerView.setAdapter(itemAdapter);
5.      // RecyclerView 的焦点定位到顶端
6.      nsvScrollView.fullScroll(NestedScrollView.FOCUS_UP);
7.  }
```

步骤 22:通过 Handler 的 post()方法启动线程,通知界面更新。

```
1.  private void notifyView() {
2.      new Handler().post(new Runnable() {
3.        @Override
4.        public void run() {
5.            // 通知 RecyclerView 界面更新数据
```

```
6.            itemAdapter.notifyDataSetChanged();
7.            tvExpenseSum.setText(String.format("%.2f", expenseSum));
8.            // 数据更新完成后,滚动控件到顶部
9.            nsvScrollView.fullScroll(NestedScrollView.FOCUS_UP);
10.        }
11.    });
12. }
```

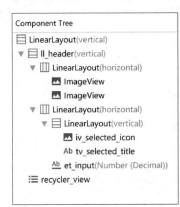

图 7.8　线性布局的结构

步骤 23： 完成 public void onFabClick(View v)，在该方法中实现从 MainActivity 到 AddExpenseActivity 的跳转，请读者自行完成。

步骤 24： 为界面 AddExpenseActivity 设计布局文件。在 layout 目录下新建 activity_add_expense.xml 布局文件，该界面采用垂直的线性布局，该线性布局中包含一个线性布局 ll_header 和一个 RecyclerView，如图 7.8 所示。先向 ll_header 中增加标题栏，并为标题栏的两个图标分别增加 exit 和 submit 点击回调函数。

```
1.  <LinearLayout
2.      android:id = "@ + id/ll_header"
3.      android:layout_width = "match_parent"
4.      android:layout_height = "wrap_content"
5.      android:orientation = "vertical"
6.      android:paddingTop = "10dp"
7.      android:paddingBottom = "40dp"
8.      android:background = "@color/colorAccent">
9.
10.     <LinearLayout
11.         android:layout_width = "match_parent"
12.         android:layout_height = "? attr/actionBarSize"
13.         android:gravity = "center_vertical"
14.         android:orientation = "horizontal">
15.
16.         <ImageView
17.             android:layout_width = "40dp"
18.             android:layout_height = "40dp"
19.             android:layout_gravity = "left"
20.             android:layout_marginLeft = "8dp"
21.             android:layout_marginRight = "310dp"
```

```
22.            android:clickable = "true"
23.            android:onClick = "exit"
24.            android:padding = "8dp"
25.            android:src = "@mipmap/clear"/>
26.
27.        < ImageView
28.            android:layout_width = "40dp"
29.            android:layout_height = "40dp"
30.            android:layout_marginRight = "8dp"
31.            android:clickable = "true"
32.            android:onClick = "submit"
33.            android:padding = "8dp"
34.            android:src = "@mipmap/done"/>
35.
36.    </LinearLayout >
37. </LinearLayout >
```

步骤 25：为线性布局增加输入金额等控件。

```
1.  < LinearLayout
2.      android:layout_width = "match_parent"
3.      android:layout_height = "wrap_content"
4.      android:layout_marginLeft = "16dp"
5.      android:layout_marginTop = "8dp"
6.      android:layout_marginRight = "16dp"
7.      android:gravity = "center_vertical"
8.      android:orientation = "horizontal">
9.
10.     < LinearLayout
11.         android:layout_width = "wrap_content"
12.         android:layout_height = "wrap_content"
13.         android:layout_margin = "8dp"
14.         android:gravity = "center_vertical"
15.         android:orientation = "vertical">
16.
17.         < ImageView
18.             android:id = "@ + id/iv_selected_icon"
19.             android:layout_width = "50dp"
20.             android:layout_height = "50dp"
21.             android:scaleType = "centerCrop"
```

```
22.              android:gravity = "center"
23.              tools:src = "@mipmap/ic_game" />
24.
25.          < TextView
26.              android:id = "@ + id/tv_selected_title"
27.              android:layout_width = "40dp"
28.              android:layout_height = "wrap_content"
29.              android:layout_marginTop = "8dp"
30.              android:gravity = "center"
31.              android:layout_gravity = "center_horizontal"
32.              android:textSize = "16sp"
33.              android:textColor = " # fff"/>
34.      </LinearLayout >
35.
36.      < EditText
37.          android:id = "@ + id/et_input"
38.          android:layout_width = "match_parent"
39.          android:layout_height = "wrap_content"
40.          android:fontFamily = "monospace"
41.          android:gravity = "end"
42.          android:hint = "0.0"
43.          android:inputType = "numberDecimal"
44.          android:maxLength = "10"
45.          android:singleLine = "true"
46.          android:backgroundTint = " # f9f9f9"
47.          android:textColor = " # f9f9f9"
48.          android:textColorHint = " # f9f9f9"
49.          android:textSize = "41sp"
50.          android:textStyle = "normal"/>
51. </LinearLayout >
```

步骤 26：界面 AddExpenseActivity 中使用了 RecyclerView 控件，以下内容为该控件中 Item 的布局。

```
1.  < LinearLayout xmlns:android = "http://schemas. android. com/apk/res/android"
2.      xmlns:tools = "http://schemas. android. com/tools"
3.      android:id = "@ + id/ll_item_root"
4.      android:layout_width = "wrap_content"
5.      android:layout_height = "wrap_content"
6.      android:layout_marginTop = "25dp"
```

```
7.        android:layout_marginLeft = "40dp"
8.        android:layout_gravity = "center_horizontal"
9.        android:clickable = "true"
10.       android:gravity = "center"
11.       android:orientation = "vertical">
12.
13.    < ImageView
14.        android:id = "@ + id/iv_type_icon"
15.        android:layout_width = "60dp"
16.        android:layout_height = "60dp"
17.        tools:src = "@mipmap/ic_game" />
18.
19.    < TextView
20.        android:id = "@ + id/tv_type_title"
21.        android:layout_width = "wrap_content"
22.        android:layout_height = "wrap_content"
23.        android:ellipsize = "end"
24.        android:fontFamily = "monospace"
25.        android:gravity = "center"
26.        android:singleLine = "true"
27.        android:textSize = "14sp"
28.        tools:text = "Game" />
29.  </LinearLayout >
```

步骤 27:AddExpenseActivity 中 RecyclerView 需要适配的数据类型为 ExpenseBean,所以定义 ExpenseBean. java 文件,并定义界面显示中对应的数据,生成全局变量的 getter()和 setter()方法。

```
1.   public class ExpenseBean {
2.        // 类型的名称:购物、烟酒等
3.        private String expenseTitle;
4.        // 类型的图标
5.        private int expenseIcon;
6.        // 文本颜色
7.        private int titleColor = - 1;
8.        …… // 生成 3 个全局变量的 getter()和 setter()方法
9.   }
```

步骤 28:同 MainActivity 的适配器一样,AddExpenseActivity 中 RecyclerView 的适配器需继承自 RecyclerBaseAdapter,RecyclerExpenseAdapter 仅需适配支出类型和支出类型对应的图片。当点击该组合时需要产生属性动画,所以适配器中需要定义 Item 的点击

事件。

```
1.  public class RecyclerExpenseAdapter extends RecyclerBaseAdapter < ExpenseBean > {
2.      public RecyclerExpenseAdapter(@LayoutRes int itemLayoutId, @NonNull
            List < ExpenseBean > data) {
3.          super(itemLayoutId, data);
4.      }
5.
6.      @Override
7.      protected void convert(ViewHolder holder, int position) {
8.          // 获取控件
9.          ImageView ivTypeIcon = holder.getView(R.id.iv_type_icon);
10.         TextView tvTypeTitle = holder.getView(R.id.tv_type_title);
11.         // 获取数据
12.         ExpenseBean expenseBean = getData().get(position);
13.         // 将数据设置在控件上
14.         tvTypeTitle.setText(expenseBean.getExpenseTitle());
15.         ivTypeIcon.setImageResource(expenseBean.getExpenseIcon());
16.         int textColor = expenseBean.getTextColor();
17.         if (textColor != -1) {
18.             tvTypeTitle.setTextColor(tvTypeTitle.getContext().
                                        getResources().getColor(textColor));
19.         }
20.     }
21.
22.     // 为每个 Item 设置监听器
23.     @Override
24.     protected void setItemEvent(final ViewHolder holder) {
25.         holder.getView(R.id.ll_item_root).setOnClickListener(new
                            View.OnClickListener() {
26.             @Override
27.             public void onClick(View v) {
28.                 itemClickListener.onItemClick(v, holder);
29.             }
30.         });
31.     }
32. }
```

步骤 29：AddExpenseActivity 的代码结构如图 7.9 所示，包含 8 个方法和 5 个全局变量，以及一个用于实现动画的内部类。其中，initView() 和 initRecyclerView() 被 onCreate() 方

法调用。initView()方法中设置了该界面对应的布局文件的绑定和控件获取,并在获取控件后实现 ll_header 的径向揭露动画,只要该界面被初始化就会出现 ll_header 的径向揭露动画。

图 7.9　AddExpenseActivity 的代码结构

```
1.    public class AddExpenseActivity extends AppCompatActivity {
2.
3.        private LinearLayout ll_header;
4.        private EditText et_input;
5.        private ImageView ivSelectedIcon;
6.        private TextView tvSelectedTitle;
7.        private RecyclerView recyclerView;
8.
9.        @Override
10.       protected void onCreate(Bundle savedInstanceState) {
11.           super.onCreate(savedInstanceState);
12.           initView();
13.           initRecyclerView();
14.       }
15.       private void initView() {
16.           …… // 完成布局文件的绑定、控件获取
17.
18.           ll_header.post(new Runnable() { // 通过 View 的 post()方法启动线程运行动画
19.               @Override
20.               public void run() {
```

```
21.          float endRadius = (float) Math.hypot(ll_header.getWidth(),
                     ll_header.getHeight()); // 求两参数的平方和的平方根
22.          /* 定义揭露动画的中心点为左上角,开始时半径为 0,结束时半径
             为长宽的平方和的平方根 */
23.          Animator anim = ViewAnimationUtils.createCircularReveal(
                     ll_header, 0, 0, 0, endRadius);
24.          anim.setDuration(400);
25.          // 在动画开始时速率较慢,在中间时加速
26.          anim.setInterpolator(new AccelerateDecelerateInterpolator());
27.          anim.addListener(new AnimatorListenerAdapter() {
28.              @Override
29.              public void onAnimationEnd(Animator animation) {
30.                  super.onAnimationEnd(animation);
31.                  recyclerView.setVisibility(View.VISIBLE);
32.                  ll_header.setVisibility(View.VISIBLE);
33.              }
34.          });
35.          anim.start();
36.      }
37.  });
38.  }
39. }
```

步骤 30: initRecyclerView()方法中实现了 RecyclerView 数据的绑定,该控件的数据都是已在 DataHelper 中定义的静态数据,且采用网格布局管理器进行显示,当点击其中的 Item 时,启动属性动画。

```
1.  private void initRecyclerView() {
2.      // 初始化适配的数据
3.      ArrayList < ExpenseBean > expenseBeans = new ArrayList <> ();
4.      for (int i = 0; i < DataHelper.EXPENSE_ICON.length; i++) {
5.          expenseBeans.add(new ExpenseBean()
6.              .setExpenseTitle(DataHelper.EXPENSE_TITLE[i])
7.              .setExpenseIcon(DataHelper.EXPENSE_ICON[i])
8.              .setTitleColor(DataHelper.EXPENSE_COLOR[i]));
9.      }
10.     // 设置网格布局管理器,每行设置 3 列数据
11.     GridLayoutManager layoutManager = new GridLayoutManager(this, 3);
12.     recyclerView.setLayoutManager(layoutManager);
13.     RecyclerExpenseAdapter adapter = new
```

```
                RecyclerExpenseAdapter(R.layout.item_add_expense, expenseBeans);
14.     recyclerView.setAdapter(adapter);
15.     adapter.setItemClickListener(new RecyclerBaseAdapter.ItemClickListener() {
16.         @Override
17.         public void onItemClick(View view, RecyclerBaseAdapter.ViewHolder
                holder) {
18.             startValueAnim(view);
19.         }
20.     });
21. }
```

步骤 31：startValueAnim()的基本原理是先获取动画开始的坐标，再实例化一个ImageView，将其放在窗口中，并使其向目标坐标做二阶贝塞尔曲线运动，最后该控件消失，设置目标位置的图片和文字。

```
1.  public void startValueAnim(View view) {
2.      // 每个 Item 的布局均为线性布局,将入参 view 转变为线性布局
3.      LinearLayout itemRootView = (LinearLayout) view;
4.      final TextView tvTypeTitle = itemRootView.findViewById(R.id.tv_type_title);
5.      final ImageView ivTypeIcon = itemRootView.findViewById(R.id.iv_type_icon);
6.      final String typeTitle = tvTypeTitle.getText().toString();
7.      // 实例化一个 ImageView,并设置其图片为选中的 Item 对应的图片
8.      final ImageView iv = new ImageView(this);
9.      iv.setImageDrawable(ivTypeIcon.getDrawable());
10.     // 获取动画开始的坐标
11.     int startPos[] = new int[2];
12.     view.getLocationInWindow(startPos);
13.     iv.setX(startPos[0]);
14.     iv.setY(startPos[1]);
15.     Point startPosition = new Point(startPos[0], startPos[1]);
16.     // 设置 iv 的宽度和高度,并使其可见
17.     int width = ivSelectedIcon.getWidth();
18.     FrameLayout.LayoutParams params = new FrameLayout.LayoutParams(width,
                width);
19.     iv.setLayoutParams(params);
20.     iv.setVisibility(View.VISIBLE);
21.
22.     /* decorView 是 Window 中的最顶层 View,可从 Window 中通过 getDecorView()获
                取,通过 decorView 可获取程序显示的区域,包括标题栏,但不包括状态栏 */
23.     ViewGroup decorView = (ViewGroup) getWindow().getDecorView();
```

```
24.     decorView.addView(iv);
25.

26.     // 获取动画的结束坐标,ivSelectedIcon 为当前动画的目的位置
27.     int endPos[] = new int[2];
28.     ivSelectedIcon.getLocationInWindow(endPos);
29.     Point endPosition = new Point(endPos[0], endPos[1]);
30.     endPosition.x = endPos[0];
31.     endPosition.y = endPos[1];
32.

33.     // 设置动画控制点,二阶贝塞尔曲线需要一个控制点去绘制曲线
34.     int pointX = (startPosition.x + endPosition.x) / 2 - 100;
35.     int pointY = startPosition.y - 200;
36.     Point controllPoint = new Point(pointX, pointY);
37.

38.     // 根据贝塞尔估值器显示动画
39.     ValueAnimator valueAnimator = ValueAnimator.ofObject(new
            BezierEvaluator(controllPoint), startPosition, endPosition);
40.     valueAnimator.start();
41.     valueAnimator.addUpdateListener(new
            ValueAnimator.AnimatorUpdateListener() {
42.         @Override
43.         public void onAnimationUpdate(ValueAnimator valueAnimator) {
44.             Point point = (Point) valueAnimator.getAnimatedValue();
45.             // 在二阶贝塞尔曲线的每个点上显示 iv
46.             iv.setX(point.x);
47.             iv.setY(point.y);
48.         }
49.     });
50.

51.     valueAnimator.addListener(new AnimatorListenerAdapter() {
52.         @Override
53.         public void onAnimationEnd(Animator animation) {
54.             super.onAnimationEnd(animation);
55.             // 动画显示结束移除 iv,并设置原控件的图片和文字
56.             ViewGroup rootView = (ViewGroup) getWindow().getDecorView();
57.             rootView.removeView(iv);
58.             tvSelectedTitle.setText(typeTitle);
59.             Drawable drawable = ivTypeIcon.getDrawable().
                                getConstantState().newDrawable();
```

```
60.            ivSelectedIcon.setImageDrawable(drawable);
61.        }
62.    });
63. }
```

步骤 32：BezierEvaluator 是 AddExpenseActivity 的内部类，必须实现 TypeEvaluator 接口，并实现 evaluate()方法。初始化 BezierEvaluator 必须传入二阶贝塞尔曲线的控制点，evaluate()方法计算出二阶贝塞尔曲线上的每个坐标值并返回。

```
1.  public class BezierEvaluator implements TypeEvaluator<Point> {
2.      // 控制点
3.      private Point controllPoint;
4.      public BezierEvaluator(Point controllPoint) {
5.          this.controllPoint = controllPoint;
6.      }
7.
8.      @Override
9.      public Point evaluate(float t, Point startValue, Point endValue) {
10.         /* 实现二阶贝塞尔曲线须知 3 个点的坐标,起点 P0(x,y),控制点 P1(x,y),
            终点 P2(x,y),公式为 (1-t)^2 * P0 + 2 * t * (1-t) * P1 + t^2 * P2, t 为
            动画发生的时间 */
11.         int x = (int)((1 - t) * (1 - t) * startValue.x +
                2 * t * (1 - t) * controllPoint.x + t * t * endValue.x);
12.         int y = (int)((1 - t) * (1 - t) * startValue.y +
                2 * t * (1 - t) * controllPoint.y + t * t * endValue.y);
13.         return new Point(x, y);
14.     }
15. }
```

步骤 33：当点击底部面板中的返回按钮时会触发 onBackPressed()回调函数，AddExpenseActivity 界面中的上半部分会以由外向内径向揭露动画的形式退出，并返回至 MainActivity。按钮"×"的点击事件 exit()方法也是通过调用 onBackPressed()实现的。

```
1.  @Override
2.  public void onBackPressed() {
3.      Animator anim = ViewAnimationUtils.createCircularReveal(ll_header, 0, 0,
                ll_header.getWidth(), 20);
4.      anim.setDuration(400);
5.      anim.setInterpolator(new LinearOutSlowInInterpolator());
6.      anim.addListener(new AnimatorListenerAdapter() {
7.          @Override
```

```
8.        public void onAnimationEnd(Animator animation) {
9.            super.onAnimationEnd(animation);
10.           recyclerView.setVisibility(View.INVISIBLE);
11.           ll_header.setVisibility(View.INVISIBLE);
12.           // 调用默认的回退回调函数
13.           defaultBackPressed();
14.       }
15.   });
16.   anim.start();
17. }
18.
19. private void defaultBackPressed() {
20.     super.onBackPressed();
21. }
22.
23. public void exit(View v) {
24.     onBackPressed();
25. }
```

步骤 34：点击 AddExpenseActivity 界面中的按钮"√"后，会对支出类型进行检查，然后对支出金额输入框进行检查。如果检查通过，则在存储数据后退出。如果检查没有通过，则弹出第三方封装的 Toasty 提示信息。

```
1.  public void submit(View v) {
2.      // 检查选择的支出类型是否为空
3.      if (TextUtils.isEmpty(tvSelectedTitle.getText())) {
4.          Toasty.warning(this, getString(R.string.text_set_the_type)).show();
5.          return;
6.      }
7.      String string = et_input.getText().toString();
8.      float expense = 0.00f;
9.      // 检查输入的金额是否为空
10.     if (!TextUtils.isEmpty(string)) {
11.         expense = Float.parseFloat(string);
12.     }
13.     else {
14.         Toasty.warning(this, getString(R.string.set_the_money_value)).show();
15.         return;
16.     }
17.     // 检查通过后存储数据
```

```
18.        DataHelper.saveData(expense, tvSelectedTitle.getText().toString());
19.        // 调用退出动画
20.        onBackPressed();
21. }
```

步骤 35：在 AndroidManifest. xml 文件中增加 AddExpenseActivity 组件，并设置样式为步骤 4 中定义的样式"AddExpenseTheme"。

```
1. < activity android:name = ".AddExpenseActivity"
2.     android:theme = "@style/AddExpenseTheme">
3. </activity>
```

步骤 36：运行并测试 App19。

 ## 知识拓展：Git 和 GitHub

Git 是一个开源的分布式版本控制系统，可以有效、高速地进行各种项目的版本管理，通过该工具可以对代码托管服务器进行操作，知名的代码托管服务器有 GitHub、Gitlab 等。同时，Git 可以使计算机在离线的情况下，仅在本地使用 Git 管理文件，包括查看原来提交过的内容、查看历史提交记录、还原更改等操作。Git 的工作流程如图 7.10 所示。

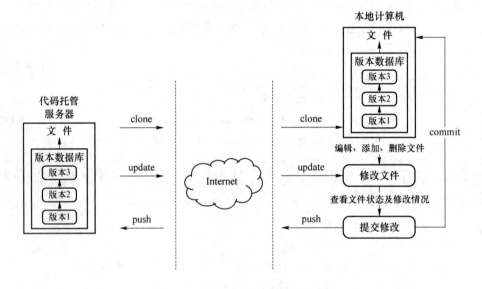

图 7.10　Git 的工作流程

- 在本地克隆（clone）代码托管服务器上的 Git 资源作为工作目录。
- 在克隆的资源上添加或修改文件。
- 如果他人修改了文件，本地可以更新（update）资源，保持与托管服务器一致。
- 在提交前查看修改。
- 提交修改。

- 在修改完成后,如果发现错误,可以撤回提交并再次修改、提交。

GitHub 是世界闻名的、在线的、基于 Git 的代码托管服务器,同时提供付费账户和免费账户,GitHub 可以创建公开的代码仓库,只有付费账户可以创建私有的代码仓库。

Git 和 GitHub 的操作较复杂,开发者可掌握最常用的功能,然后不断地使用以熟练掌握每个功能。Android Studio 使用 Git 和 GitHub 的常用操作如下所述。

(1) 在 GitHub 上注册账号,网址为 https://github.com/。

(2) 下载并安装 Git。Git 的下载地址为 http://git-scm.com/download/,下载完成后双击文件进行安装,安装完成后在操作系统的开始菜单中找到"Git Bash"并运行,如果出现图 7.11 所示的界面,则说明 Git 安装成功。

图 7.11 Git 安装成功

(3) 安装成功后,在图 7.11 所示的界面中执行以下命令。

```
$ git config --global user.name "你的名字"
$ git config --global user.email "你的邮箱"
```

(4) 本地 Git 仓库和 GitHub 仓库之间的传输是需要通过 SSH 加密的,所以需要配置验证信息,使用以下命令生成 SSH key。

```
$ ssh-keygen -t rsa -C "youremail@example.com"
```

"your_email@youremail.com"为 GitHub 上注册的邮箱,输入之后需要依次输入文件名和密码,可直接键入 3 次"Enter"键。执行成功后会在 ~/(即命令行执行的目录,可通过命令 pwd 查看)下生成 .ssh 文件夹,该文件夹中会有一个 id_rsa.pub,使用记事本软件打开,复制其中的 key。

(5) 打开 GitHub 的网址 https://github.com/,单击账户弹出菜单,选择"Settings"对账户进行配置,如图 7.12 所示,在弹出的窗口中选择"SSH and GPG keys",然后单击"New SSH key"按钮,如图 7.13 所示。

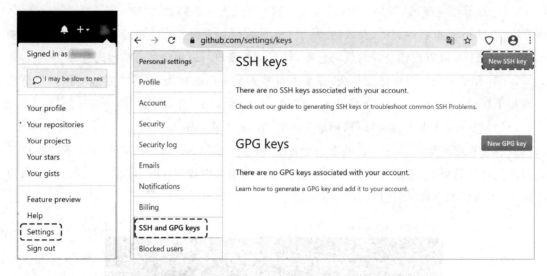

图 7.12　配置 GitHub　　　　　　　　　　图 7.13　新建 SSH 密钥

（6）在弹出的图 7.14 所示的窗口中，"Title"一栏填入任意标题，"Key"一栏填入（4）中生成的 key，单击"Add SSH key"转到图 7.15 所示的界面，从图 7.15 中可以看出已经增加了 SSH key。自此，Git 或 Android Studio 即可通过 SSH 协议访问 GitHub。

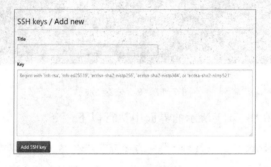

图 7.14　增加 SSH 密钥

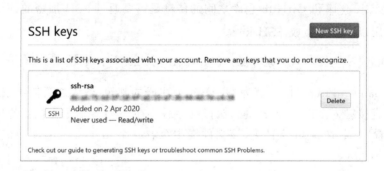

图 7.15　增加完成的 SSH 密钥

（7）在 Android Studio 的 File 菜单中依次选择"Settings"|"Version Control"|"Git"，在"Path to Git executable"文本输入框中输入安装 Git 的位置，输入完成后单击"Test"按钮

出现"Git Executed Successfully"窗口说明配置成功,如图 7.16 所示。

图 7.16　在 Android Studio 中配置 Git 目录

（8）启用 Git 进行版本控制。在菜单栏中选择"VCS"|"Enable Version Control Integration…",如图 7.17 所示,在弹出的图 7.18 所示的窗口中选择"Git"。

图 7.17　启用版本控制菜单

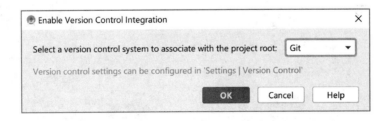

图 7.18　启用版本控制

（9）在 Android Studio 中配置 GitHub 账号,方法为选择"File"|"Settings"|"Version Control"|"GitHub"|"Add account",在弹出的对话框中输入 GitHub 的账号和密码并完成设置,如图 7.19 所示。设置完成后在弹出的窗口中单击"Add"增加 vcs. xml 文件,如图 7.20 所示。

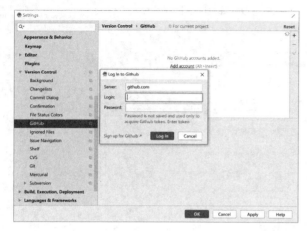

图 7.19 配置 GitHub 账号

图 7.20 为工程添加 vcs. xml 文件

（10）在菜单中依次选择"VCS"|"Import into Version Control"|"Share Project on GitHub"，将弹出图 7.21 所示的窗口，输入 GitHub 上要创建的仓库名称（Repository name)和分支名(Remote)，单击"Share"按钮后出现图 7.22 所示的窗口，在该窗口中选择要提交的文件，单击"Add"提交（push）文件至 GitHub。

图 7.21 分享工程至 GitHub

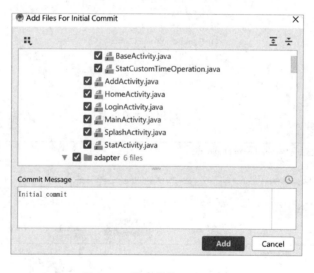

图 7.22 提交文件至 GitHub

（11）登录 GitHub，单击账户下拉菜单中的"repositories"选项可以查看当前用户创建的仓库，从图 7.23 所示的界面中可以看出刚刚提交的仓库已经创建。单击"Application"，即可查看刚刚提交的代码。

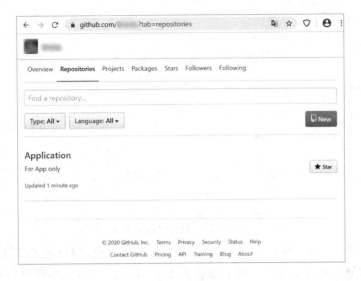

图 7.23　新创建的仓库

（12）在 Android Studio 中向 GitHub 创建的仓库中新增文件。右击新创建的文件,选择"Git"|"Add"将文件添加到暂存区,通过"Commit File…"提交文件到本地仓库中,再使用"Push…"将文件提交到 GitHub 的仓库中,如图 7.24 所示。

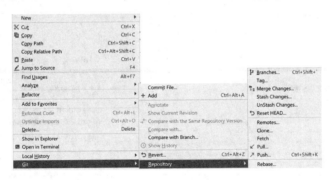

图 7.24　Git 的功能菜单

（13）修改 GitHub 仓库中的文件。在修改 Android Studio 文件后,右击文件选择"Git"|"Commit File…",然后选择"Push…"即可提交文件到 GitHub 中。

（14）在使用 GitHub 进行团队开发时,团队其他成员更改代码后,需要在 Android Studio 菜单栏选择"VCS"|"Update Project…",然后在别人修改的文件的基础上再修改,否则会导致冲突。

（15）删除 GitHub 仓库中的文件。文件删除后,右击 Android Studio 的项目,选择"Git"|"Repository",然后选择"Push…"即可删除 GitHub 中的文件。一般使用 Git 和 GitHub 是和其他人合作开发项目,所以删除时需要谨慎。

（16）添加团队成员。在 GitHub 中打开指定的仓库,依次选择"Settings"|"Manage access",单击"Invite a collaborator",在随后出现的窗口中添加团队成员的账号,再单击"Pending Invite"将会得到邀请的链接,如图 7.25 所示,用户打开该链接后接受邀请即可对该项目的代码进行更改。

(a)　　　　　　　　　　　　　　　　　(b)

图 7.25　邀请团队成员

　　(17) 导入其他项目。在 GitHub 中合作开发开源项目时,用户除了可以接受以上邀请外,还可以申请加入其他项目等。拥有合作开发权限后,在 GitHub 项目中单击"Clone or download"弹出的复制按钮,获取项目的地址,如图 7.26 所示。然后,在 Android Studio 菜单栏中选择"VCS"|"Checkout from Version Control"|"Git",如图 7.27 所示,在弹出的对话框中输入项目的 URL 即可导入其他项目进行开发,如图 7.28 所示,开发过程中可以对GitHub 中的项目进行修改等操作。

图 7.26　获取 GitHub 项目地址

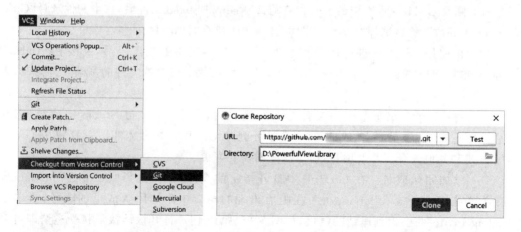

图 7.27　导入其他项目菜单　　　　　　　图 7.28　导入其他项目

（18）删除仓库。打开 GitHub 上要删除的仓库中的"Settings"选项，如图 7.29 所示，在弹出的图 7.30 所示的界面中选择"Delete this repository"，并按要求输入仓库的名称，完成 GitHub 上仓库的删除。然后删除当前 Android Studio 项目目录下的.git 文件夹，修改项目目录下的.idea\vcs.xml 文件，将 mapping 节点中的属性设置为空，即< mapping directory＝""vcs＝""/>。

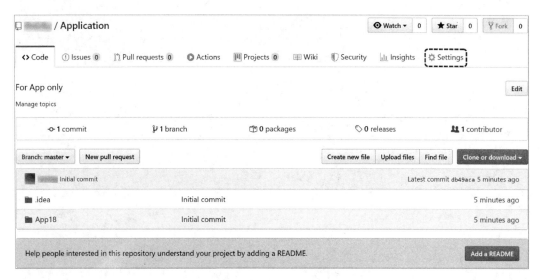

图 7.29　GitHub 项目

图 7.30　删除 GitHub 项目